图书在版编目（CIP）数据

多彩动植物 / 纸飞机冒险队编 .
-- 北京 : 新华出版社 , 2025.4
-- (远古发现).
-- ISBN 978-7-5166-7939-5

Ⅰ. Q914-49；Q915-49

中国国家版本馆 CIP 数据核字第 20251NU876 号

目录

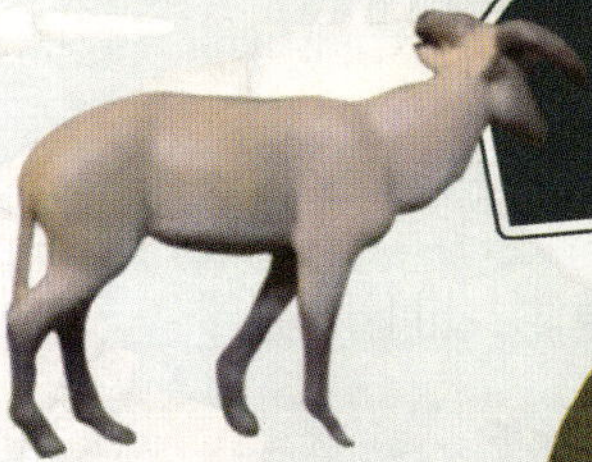

1.3 亿年前这些鱼吃了啥？科学家 CT 了它们的便便

2021 年，中科院古脊椎动物与古人类研究的科研人员通过对早白垩世查干察布组的 7 件粪便化石标本的详细研究，推测这些粪便化石可能来源于鲟形目的成员和肉鳍鱼类。这项研究由该所 3 名博士生主导完成。

7 件粪便化石出土于蒙古国西部 Tatal 盆地，其中 6 件是螺旋状粪化石、1 件是涡旋状粪化石。曾有研究表明，蒙古国 Tatal 盆地在 1.3 亿年前的早白垩世有着一片广阔的水域。本次研究证明了其中生活着丰富、大量的鱼类生物，这些鱼有草食性、杂食性和肉食性的。“一次偶然机会，让这些鱼类粪便深埋水底，留存到今天，成为我们揭秘远古生物生活习性的钥匙。”研究人员说。

粪便化石是一类遗迹化石，包含了反映其造迹者相关情况的丰富信息，对研究古生物和古生态环境具有重要意义。该研究涉及的 7 件标本，是由中科院古脊椎动物与古人类研究所汪筱林研究员于 1998 年参与蒙古高原国际恐龙项目科考期间采集的。

研究发现，这些粪便化石的造迹者具有肉食性类群特征。高精度的计算机显微断层扫描（CT）显示，这 7 件粪便化石标本中均存在骨骼残片和鳞片，其中还存有完整的围眶骨。研究人员推断，产生这些粪便化石的生物的消化系统环境可能并非强酸性，并不足以溶解食物中的骨骼等。

较小尺寸的粪便化石标本中发现了疑似植物花粉，被摄食动物完整的眶下骨、成团的骨骼碎片和菱形的硬鳞片，表明其造迹者有可能是以动物和植物为食的杂食性类群，或者是捕食了植食性动物所造成的残留。

该研究发现了 4 个新的粪便化石遗迹类别，研究人员推测，其中 3 个类别的造迹者可能与鲟形目的成员有关，另一类别目前还无法确定具体是哪一类特定鱼类产生，但有可能来源于肉鳍鱼类。其中未被消化完全的对象可能为叉鳞鱼目的成员。

此项研究得到了国家自然科学基金和中国科学院战略重点研究项目的资助，相关研究成果在国际学术期刊《科学报告》发表。

【知识补给站】

除了文中提到的 CT 扫描外，粪化石研究还可有以下方法：

- 形态学观察：研究粪化石的形状、大小和表面纹理，推断造迹者的消化道结构和食物种类。
- 化学分析：检测粪化石中的元素和有机物成分，帮助确定造迹者的食物来源，比如植物或动物。
- 同位素分析：通过分析粪化石中的同位素组成，了解造迹者的饮食习性和所处的生态环境。

这些方法帮助科学家更好地解读粪化石，还原远古生物的生活习性。

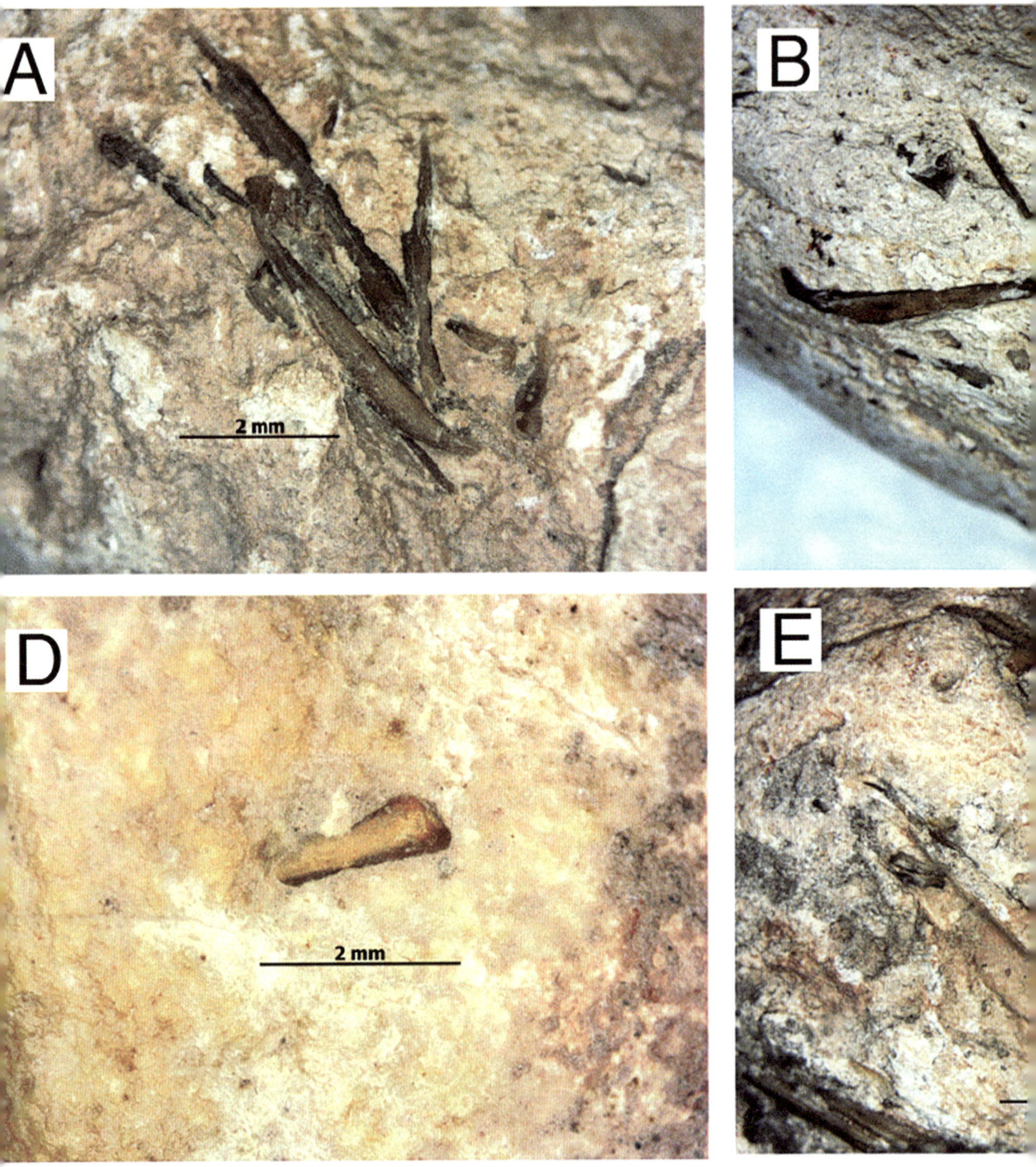

◆ 化石表面暴露的骨骼残片。（中科院古脊椎动物与古人类研究所 供图）

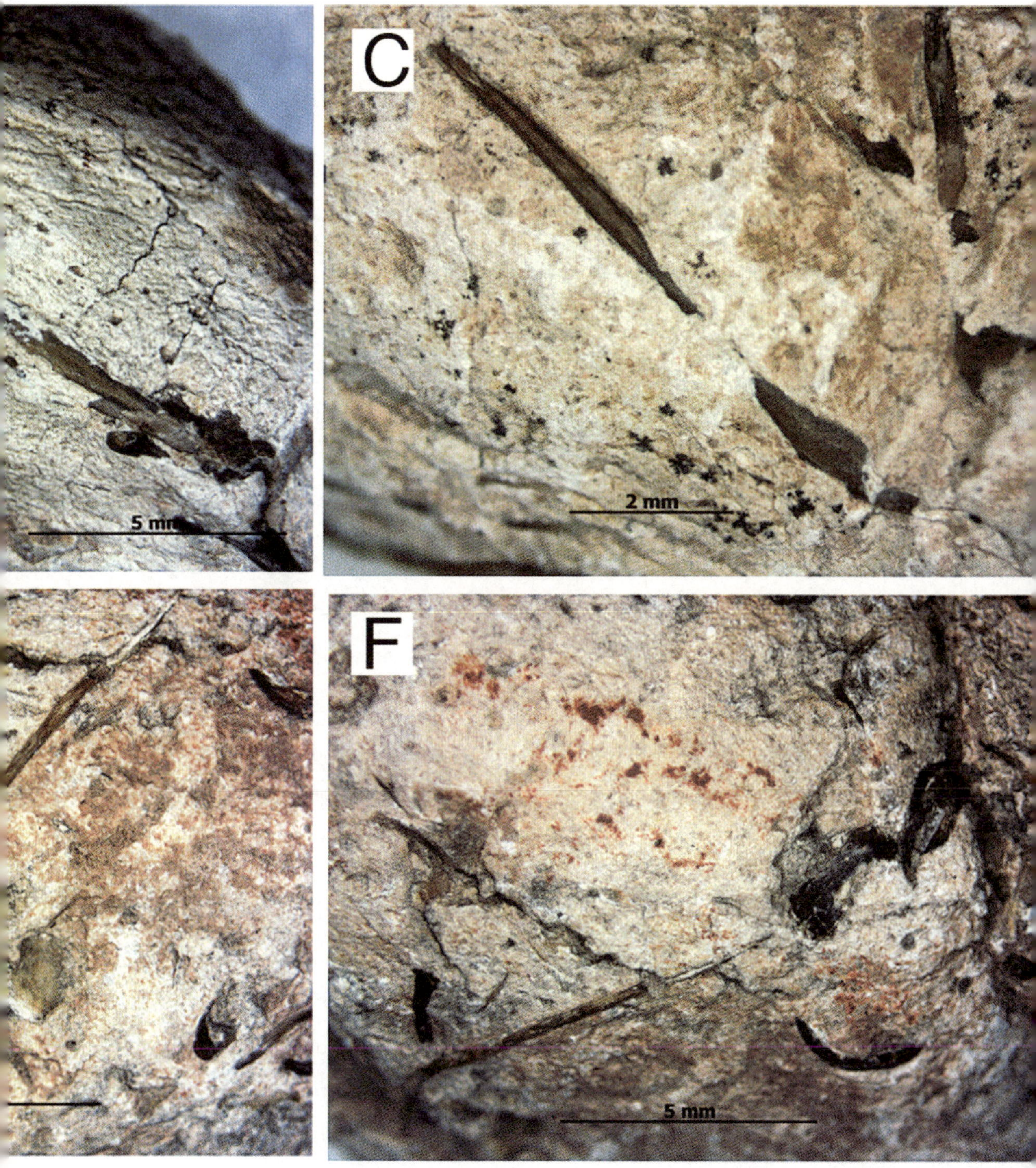
C
2 mm
5 mm
F
5 mm

4.1 亿年前这条鱼，长得咋像古代兵器三叉戟？

2021 年，中国科学院古脊椎动物与古人类研究所的科学家首次在云南曲靖“古鱼王国”发现了一种生活在 4.1 亿年前早泥盆世的小鱼——长吻三歧鱼的踪影。相关研究成果已在线发表在国际期刊《古生物多样性与古环境》上。

论文第一作者、中科院古脊椎所副研究员盖志琨介绍，长吻三歧鱼是一种约 10 厘米长的小鱼，前面吻突最长可达 5 厘米。这种鱼在分类上属于无颌类盔甲鱼亚纲三歧鱼科，其头甲形状形似古代兵器三叉戟。目前三歧鱼科仅有 1 属 3 个种，分别是长吻三歧鱼、昭通三歧鱼和越南三歧鱼，堪称三歧鱼三兄弟。

长吻三歧鱼为何长成这样？盖志琨解释，长吻三歧鱼处于食物链的底端，它们演化出厚厚的盔甲和像三叉戟一样的角和中背棘，主要用于防御有颌类和大型无脊椎动物的捕杀。“因为没有长有牙齿的上下颌，长吻三歧鱼不能主动捕食，只能‘靠天吃饭’，主要以滤食海底有机物为生，因此多生活在江河入海口、三角洲等靠近海岸、有机碎屑比较丰富的地方。”

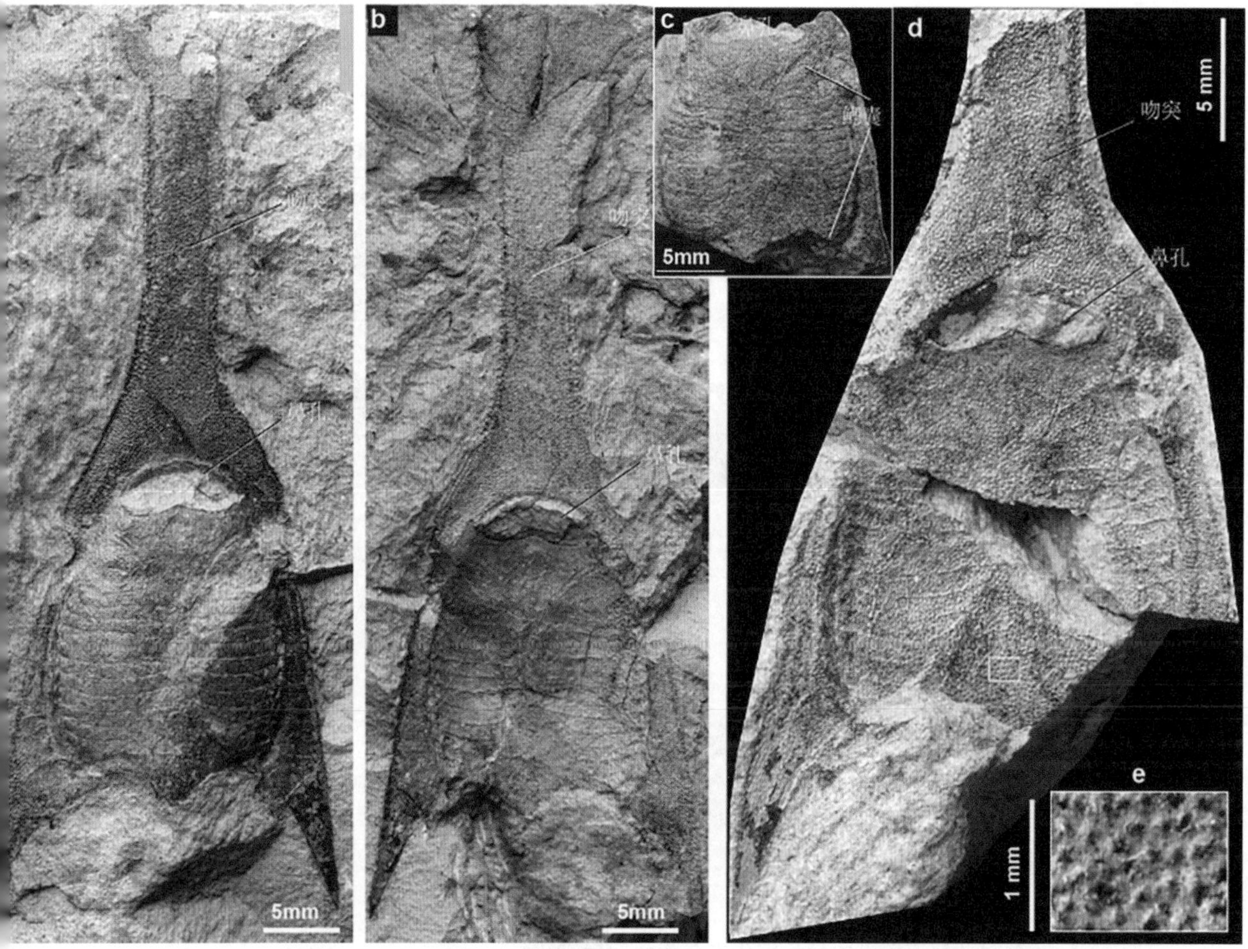

◆ 4.1 亿年前云南曲靖早泥盆世布拉格期长吻三歧鱼化石。（中科院古脊椎所副研究员 盖志琨 供图）

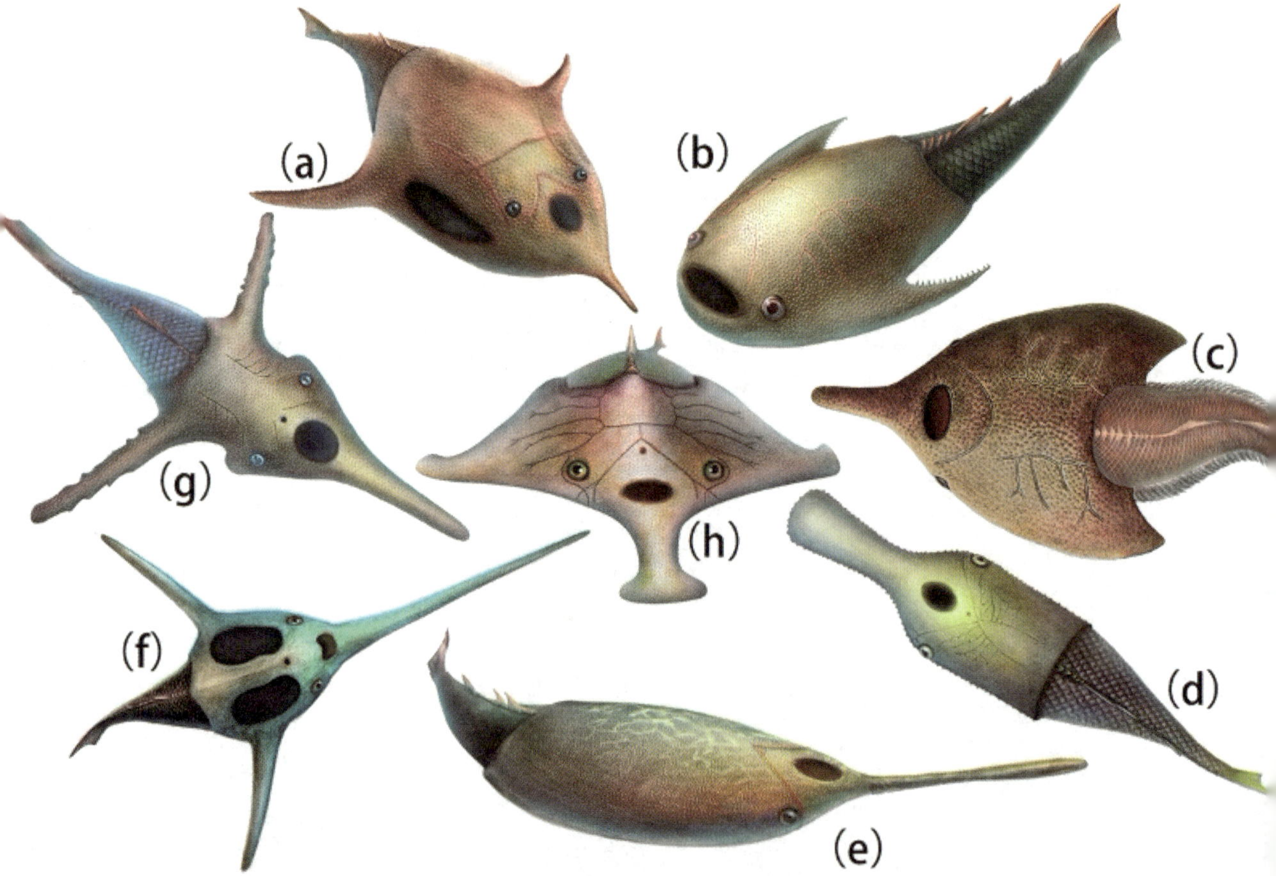

◆ 4.1 亿年前早泥盆世布拉格期华南鱼类的辐射演化。
（杨定华、郭肖聪 绘，中科院古脊椎所 供图）

【选一选】

长吻三歧鱼为什么长成这样？

A. 会减小阻力

B. 防御有颌类和大型无脊椎动物的捕杀

C. 环境变化的影响

答案见 P13

研究人员介绍，长相如此“奇特”的三歧鱼并非游泳好手，多栖息在海底。但在我国四川、云南以及越南发现的化石表明，这种鱼可以进行上千公里的长距离迁徙。它们是如何做到的，至今仍是未解之谜。此次发现长吻三歧鱼的云南曲靖，恰好处在四川到越南中间，为研究三歧鱼的南北迁徙路线提供了重要资料。

在 4.1 亿年前，三歧鱼所生活的华南海，是一片近于封闭的陆表海湾，有一个间歇性向南的开口，形成了类似现代红海的封闭环境。“由于封闭海效应，生物的演化表现出很高的多样性和很强的土著性。当时，这片海域演化出三歧鱼、曲师鱼、鸭吻鱼等各种带有吻突和各种角的华南鱼类，其中一些甚至告别单纯的底栖生活，开始具有更高的游泳能力。”盖志琨说。

2.9 亿年前这种巨鲨，游泳能力挺不赖？

2021 年，中科院古脊椎动物与古人类研究所宣布，我国首次发现了 2.9 亿年前海洋杀手瓣齿鲨的化石。这拓展了瓣齿鲨在北半球的古地理分布范围，为这种史前巨鲨跨越大洋迁徙提供了重要证据，揭示了瓣齿鲨可能是一种游泳能力很强的顶级掠食者。相关成果已作为封面文章发表在国际期刊《地质学报》（英文版）上。

中科院古脊椎所副研究员盖志琨介绍，瓣齿鲨是一种十分神秘且原始的鱼类，主要生活在距今约 3.6 亿年至 2.5 亿年之间，在分类上属于软骨鱼类中的真软骨头类，意思是“具有真正的软骨头颅的鱼类”。目前，瓣齿鲨目仅有 17 个属种被描述，且大部分是零散的牙齿化石。

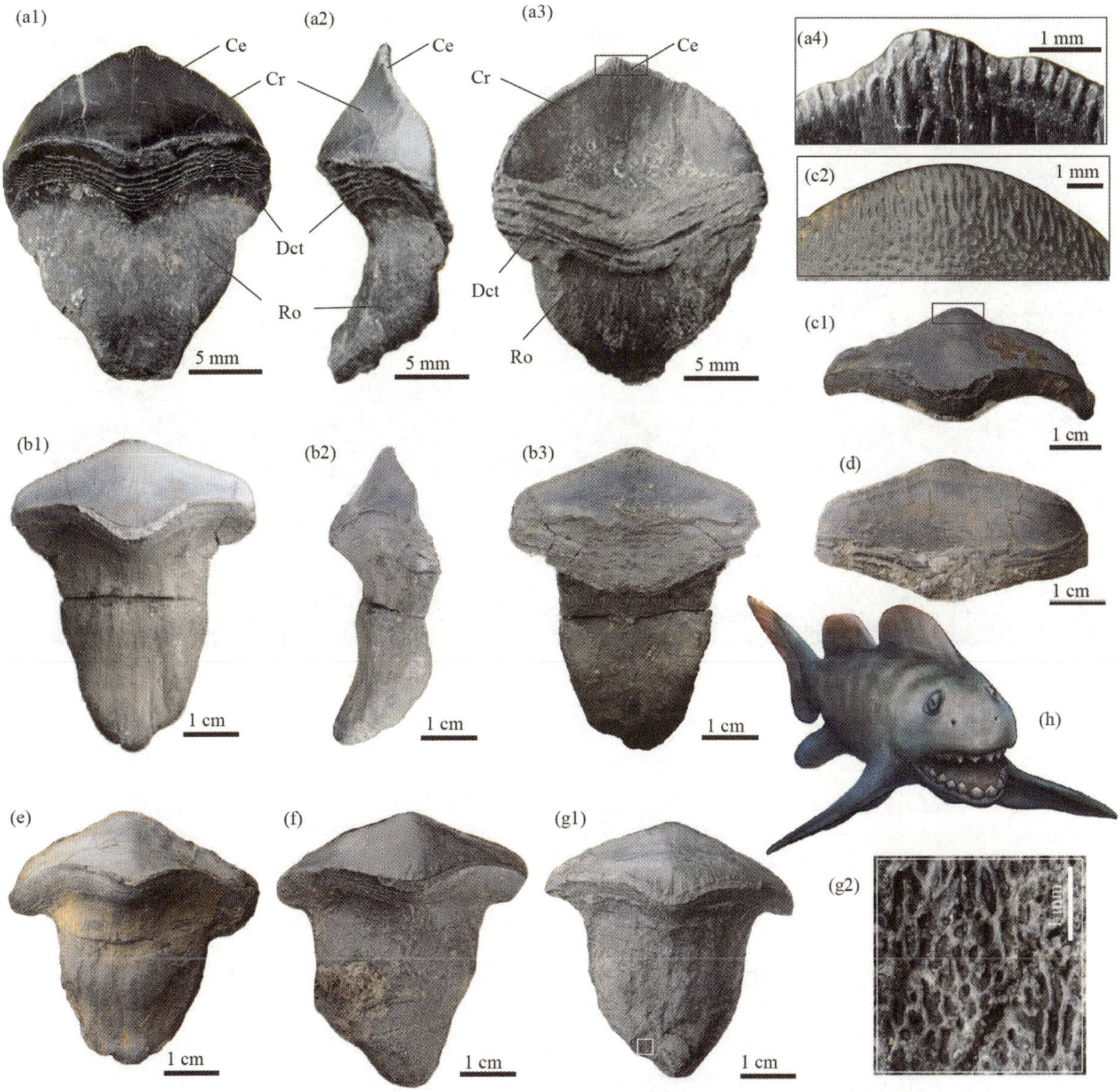

◆ 山西阳泉发现的瓣齿鲨的牙齿化石及瓣齿鲨复原图。（盖志琨 摄，杨定华 绘，中科院古脊椎所 供图）

◆ 2.9 亿年前山西阳泉瓣齿鲨的生态复原图。（杨定华 绘，中科院古脊椎所 供图）

此次在山西阳泉地区共发现 7 件瓣齿鲨牙齿化石，经过对比研究，确定为瓣齿鲨科瓣齿鲨属中的俄亥俄瓣齿鲨。丰富的海洋生物化石证据表明，在 2 亿多年前，阳泉是一片靠近赤道、温暖透光的浅海，适宜各类海洋生物生存。

参与此项研究的中科院古脊椎所研究人员林翔鸿称，从尺寸上看，此次发现的瓣齿鲨牙齿化石大小与现生的大白鲨相仿，可以推测它是一类体长可达 3 米到 5 米的史前巨鲨，“化石保存散乱的状态也说明，瓣齿鲨可能和今天的大部分鲨鱼一样，牙齿是终身替换的。”目前，在北半球的多个地区都发现了瓣齿鲨化石，但尚未在南半球发现它的踪影。

在几亿年前的海洋里，瓣齿鲨究竟是怎样生活和捕食的呢？林翔鸿介绍，传统观点认为，它们是一种底栖的运动缓慢的食壳鱼类，以底栖的腕足类、双壳类等具壳生物为食。但此次研究发现，环绕在瓣齿鲨齿冠基部的水平叠瓦状脊纹条带，可能具有在牙齿刺穿肌肉软组织时，通过增加摩擦来防止猎物逃脱的功能。

这表明，瓣齿鲨可能类似于现生的大白鲨，是古生代海洋里的顶级掠食者。而瓣齿鲨化石在欧美以外的中国和日本发现，表明它具有跨大洋迁徙能力，可能是一类游泳能力很强的捕食者。

P9 答案：B. 防御有颌类和大型无脊椎动物的捕杀

流着蓝色血液的鲎，是如何活过 4 亿多年的？

2021 年，中科院南京地质古生物研究所发现了 4.3 亿年前板足鲎一新属种“秀山恐鲎”。而板足鲎的“亲属”——鲎（hòu），同是起源于恐龙尚未崛起的 4 亿多年前。不同的是，在漫长的进化过程中，许多生物和板足鲎一样早已灭绝，但鲎却一直存活到了今天。

◆ 志愿者在北海金海湾红树林生态旅游区发现的中国鲎幼鲎。（新华社记者 陈露缘 摄）

◆ 在广西北部湾沿海滩涂上栖息的鲎。（新华社发）

金秋十月，在广西北部湾沿海滩涂上，如果仔细寻觅，也许你能和一只“远古生物”的幼崽相遇。它们有着坚硬的外壳，身体分为头部、腹部和一根长长的“剑尾”。这些鲎的幼崽从哪来？原来，每年的 4 月至 9 月是鲎的繁殖季节，成年的鲎会到滩涂上产卵再返回海中。

北部湾大学广西北部湾海洋生物多样性养护重点实验室主任关杰耀是一名来自马来西亚的学者，2024 年是他研究鲎的第 10 年。他介绍，鲎之所以能够存活几亿年，主要是因为它们有坚硬的甲壳质外壳包裹，常年生活在河口和近岸海域，对水质要求不太高。据目前的发现，它们的天敌仅有鳄鱼、猴子和海龟。而更重要的是“鲎拥有一套独特、有效的防御和凝血免疫系统”。鲎是地球上罕见的流着蓝色血液的动物，它们的蓝色血液对细菌非常敏感，可以抵御细菌入侵。

◆ 广西海洋研究所副所长陈瑞芳与同事查看用于育苗的中国鲎的情况。（新华社记者 杨驰 摄）

◆ 志愿者测量在北海金海湾红树林生态旅游区发现的中国鲎幼鲎的头胸甲宽度。（新华社记者 陈露缘 摄）

目前，世界上仅存 4 种鲎，即分布在北美洲东岸至墨西哥湾的美洲鲎和亚洲地区的中国鲎、南方鲎和圆尾蝎鲎。由于栖息地破坏与缩小、不可持续的采捕等原因，近年来中国鲎数量急剧下降。2019 年 3 月，世界自然保护联盟（IUCN）正式将中国鲎在红色名录中的等级从“数据缺乏”调整为“濒危”。

广西北部湾海域及其沿岸滩涂是中国鲎最集中、最主要的栖息地与繁育地。为更好保护鲎资源，1993 年，广西壮族自治区将中国鲎列为自治区重点保护水生野生动物。2006 年，广西壮族自治区水产畜牧局发布了《关于加强东方鲎资源保护管理的通知》，按照“侧重保护、严格限制利用”的原则，对广西范围内的中国鲎资源加强管理。2021 年 2 月，新的国家重点保护野生动物名录公布，中国鲎被列为国家二级野生保护动物。

为了挽救鲎种群，一些机构尝试人工繁育、放流幼鲎。广西海洋研究所副所长陈瑞芳长期从事鲎的育苗和养殖工作。“2014 年以来，北海地区开始增殖放流幼鲎。现在北海滩涂上看到的幼鲎数量比 10 年前有所增加。”陈瑞芳说。近年来，广西海洋研究所还为广东、福建、香港、台湾等地提供增殖放流鲎苗。

“鲎种群基线数据的缺失是横亘在鲎保护道路上的一大障碍。”关杰耀说，成年鲎生活在潮下带的浅海地带，要调查它们的种群数量比较困难。

为了更好地保护鲎，世界自然保护联盟（IUCN）鲎专家组于 2020 年启动了“亚太区鲎观测站网络计划”，根据亚洲地区鲎生境特征构建一套科学、有效的鲎资源监测体系，通过“中国方案”推动亚太区三种鲎种群的长期系统性监测。截止至 2021 年，在福建、广东、广西和香港等沿海区域已设置 25 个观测站。

一些环保公益组织也加入到保护鲎的行列中。从 2014 年起，每年夏季，广西生物多样性研究和保护协会在广西沿海开展幼鲎的基底数据收集、“不吃鲎”倡导、走进校园科普宣传等行动。“当地群众对鲎的保护意识越来越强。”协会相关负责人介绍，越来越多的大学生、社会人士和保护区一线从业人员加入保护鲎的队伍。

“走过数亿年的鲎是一类古老而坚韧的物种，只要为它们留下合适的栖息地，让它们过上不受干扰的生活，它们的种群恢复就有希望。”关杰耀说。

【想一想】

鲎能存活至今都有哪些因素？蓝色血液在鲎的存活中起到了什么样的作用？

4.5 亿年前，这种远古“萌物”竟是海洋中的凶猛“捕手”

中国科学院南京地质古生物研究所研究人员与英国古生物学者合作，在我国浙江省安吉县发现一种约 4.5 亿年前的远古节肢动物——安吉古鲎。安吉古鲎长着圆滚滚的脑袋，外形非常可爱。不过，它其实是当时海洋中的一种凶猛肉食动物，堪称远古海洋中的“萌系霸主”。

研究主要参与者、中科院南京地质古生物研究所博士生王晗介绍，安吉古鲎属于远古重要节肢动物板足鲎中的一种。板足鲎类动物生活在淡水或海水中，以生活在海水中更为常见。以往发现的板足鲎，形态有些类似现在的蝎子，故亦被俗称为海蝎。

新发现的安吉古鲎，形态比以往发现的多种板足鲎类动物更加圆润可爱。从化石上看，完整的安吉古鲎身体长度约 15 厘米。它们头部轮廓圆滑，躯干前粗后细，分为多节，整体形态类似一根圆润的棒槌。只有尾部拖着的尖刺

安吉古鲎复原图。（中科院南京地质古生物研究所 杨定华 绘）

◆ 安吉古鲎化石照片。（中科院南京地质古生物研究所 供图）

状尾巴和前端伸出的多对钳子提醒着观察者，它们曾是远古海洋中的凶猛肉食动物。

“安吉古鲎生活在约 4.5 亿年前，是迄今我国发现的最古老的板足鲎类动物。在它周围，我们还发现了生活在深海中的海绵等生物的化石。这些发现对了解、还原当时的深海环境，以及研究早期节肢动物的演化，都有重要参考价值。”参与此项研究的中科院南京地质古生物研究所研究员张元动说。

相关研究成果发表在国际古生物期刊《古生物学杂志》上。

【想一想】

如果安吉古鲎生活在现代海洋，它会对现有的海洋生态系统产生什么影响？

【趣味互动】

请阅读下文，制作一个时间轴，将草鱼在不同时期的分布范围和重大演化事件对应标注在时间轴上。

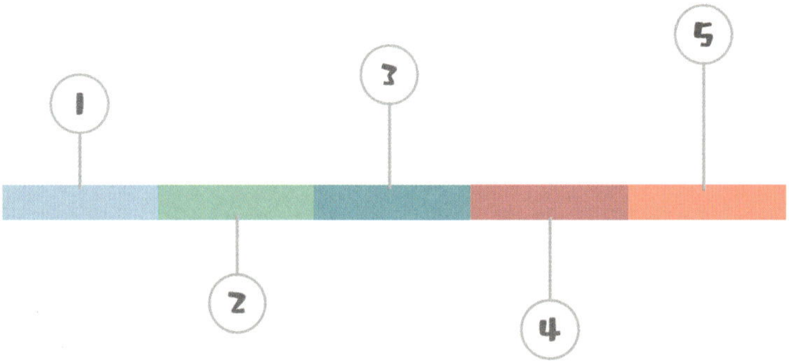

3300 万年来，草鱼在我国的分布范围“大变样”

2021 年，通过对约 3000 余枚草鱼和类草鱼咽齿化石的研究，中科院科研人员发现草鱼可能是起源于渐新世早期我国西部的一种肉食性鱼类，分布范围曾比现在广泛。相关成果已作为封面文章发表在学术期刊《中国科学：地球科学》上。

草鱼是我国“四大家鱼”之一，主要分布在我国东部的大江大河中，

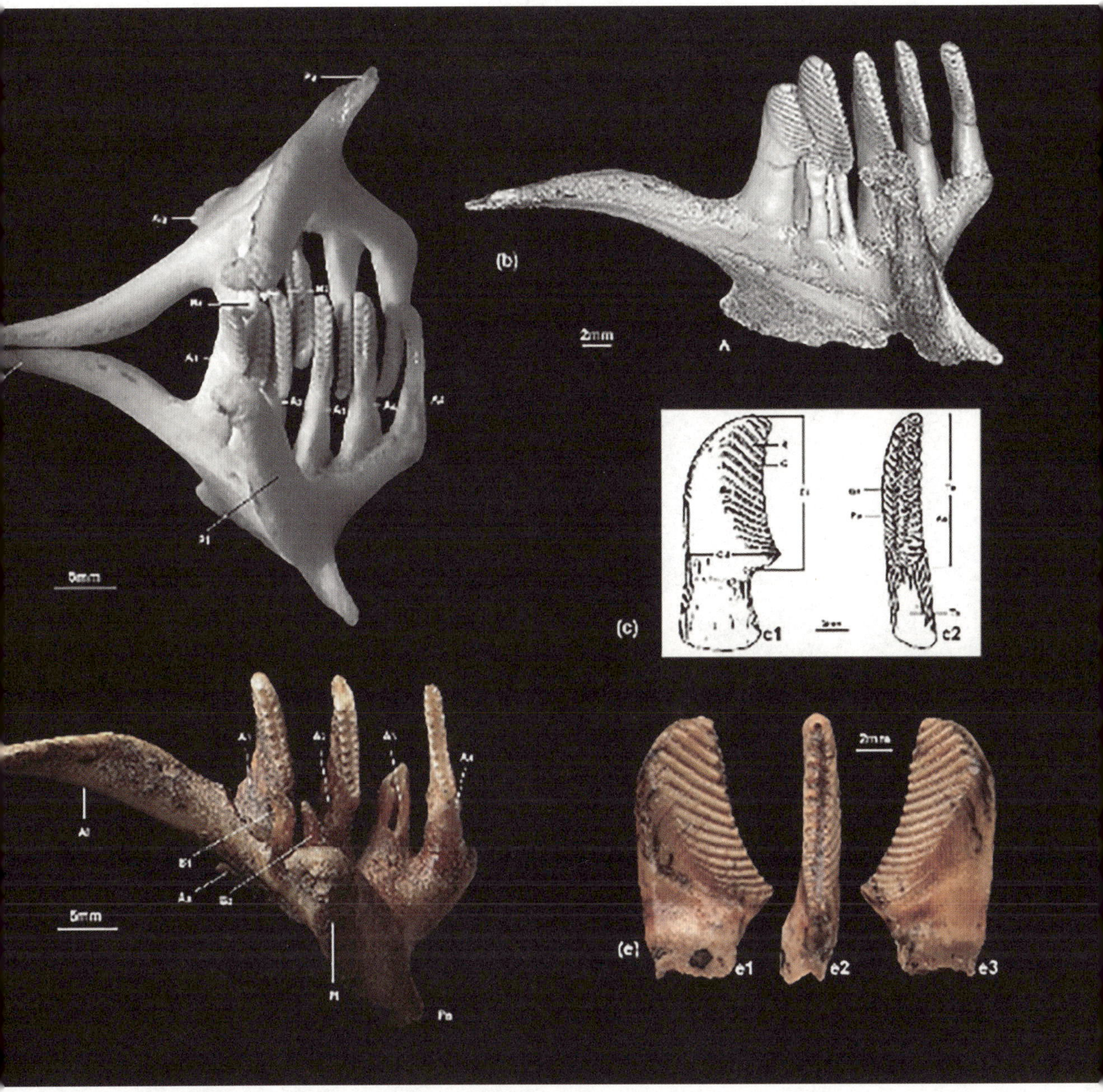

◆ 草鱼的咽喉骨及其上的梳状咽齿。（中科院 供图）

包括黄河中下游、长江中下游、淮河和海河流域等。草鱼利用梳状咽齿取食水中的大型植物，是目前世界上唯一具有梳状咽齿的鲤科鱼类，磨损脱落后被地层掩埋的咽齿也是科学家研究草鱼演化的珍贵材料。

中科院北京生命科学研究院副研究员苏瑞凤介绍，此研究对我国

◆ 草鱼的梳状咽齿。（中科院 供图）

22 个化石地点出土的草鱼和类草鱼咽齿化石进行分析发现，齿冠前后都有脊和沟的梳状咽齿在距今约 3300 万年的渐新世早期已经出现。“根据内蒙古出土的咽齿化石，我们新建立了一个绝灭属种三盛公德造鱼，这是目前发现的最早的类草鱼，可能是草鱼的肉食性祖先。”

研究推测，草鱼是起源于渐新世早期我国西部的一种肉食性鱼类，那里当时为温带草原环境，与现今草鱼的栖息环境不同。在约 3300 万年至 900 万年前，草鱼向东扩散迁徙，分布范围遍及我国西部、东部和北部。在距今 500 万年至 250 万年左右，伴随青藏高原隆升的增强，东亚地区向东流入太平洋的大江大河形成，同时受亚洲夏季风增强影响，草鱼逐渐演变为现生种并形成现在的分布范围和繁殖习性。

这一研究还解答了一个有趣的问题：我国黑龙江和黄河水系都有草鱼分布，为何两大河流中间的辽河水系却没有草鱼记录？研究人员推测，辽河很可能也曾有草鱼分布，当时嫩江还是辽河的上游。但第四纪以来，随着古嫩—辽流域的上游被黑龙江的大支流松花江袭夺，包括草鱼在内的许多鱼类被带到北部的黑龙江，辽河的水量及长度不再能够满足草鱼的生存和繁殖。

研究由中科院北京生命科学研究院、中科院古脊椎动物与古人类研究所和广西自然博物馆共同完成。

重庆发现距今约 4.36 亿年新的鱼化石类型——滨海涌洞鱼

2022 年，重庆市规划和自然资源局联合中国科学院古脊椎动物与古人类研究所，在重庆秀山发现一种新的鱼化石类型——滨海涌洞鱼，并揭示了滨海涌洞鱼在早期脊椎动物演化过程中的重要位置，为世界远古鱼类新增了一个新的高等级生物类型。相关研究成果已在国际期刊《地质学报》（英文版）上发表。

据化石实物，滨海涌洞鱼头部有一层硬骨，像是戴上了半圆形的“头盔”，全身只有 4 厘米至 5 厘米长。化石发现者之一、重庆地质矿产研究院高级工程师陈阳博士介绍，该化石被发现于重庆市秀山土家族苗族自治县涌洞镇，地层距今约 4.36 亿年。滨海涌洞鱼是一种盔甲鱼类，是东亚地区特有的无颌类脊椎动物，主要生存于浅海和滨海环境。

研究成果论文通讯作者、中国科学院院士、古鱼类学家朱敏表示，滨海涌洞鱼生活的志留纪是地球演化的关键时期，期间构造运动剧烈，生态环境强烈波动，形成了一“黑”一“红”两套特色地层，其中红层缺少化石发现，被地质学家称为“哑地层”。滨海涌洞鱼在“哑地层”中被发现，为华南地区志留纪地层的精细划分对比提供了新的化石证据，具有重要的地层学意义。

◆ 滨海涌洞鱼复原图。（重庆市规划和自然资源局 供图）

研究发现远古章鱼有 10 条腕

美国一项研究发现，现代章鱼的祖先有 10 条腕，生活在距今 3.28 亿年前的海洋中。

美国自然历史博物馆和耶鲁大学研究人员分析一块远古章鱼化石得出上述结论，研究报告刊载于 2022 年 3 月 8 日出版的英国《自然·通讯》杂志。

研究报告作者克里斯托弗·惠伦说，先前发现化石中的章鱼都只有 8 条腕，这是首次发现有 10 条腕的章鱼。

化石中的生物体长 12 厘米，体型接近现代乌贼，有 10 条腕，其中的两条腕格外长，长度相当于其他腕的两倍，腕上吸盘清晰可见。

研究人员命名这种生物为 Syllipsimopodi bideni，称其是章鱼和吸血鬼乌贼目前已知的最古老祖先，是章鱼所属头足类动物八腕总目下幽灵蛸目的新物种。

研究人员发表声明说，化石研究证实了科学家先前的猜想，即幽灵蛸目动物最初有 10 条腕，后来逐渐演化为 8 条。

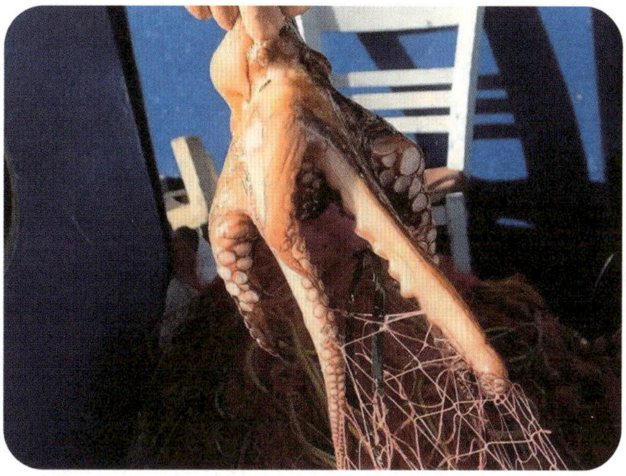

◆ 在希腊斯科派洛斯岛附近的海面上，渔民从网中抓起捕获的章鱼。（新华社发，马里奥斯·罗洛斯 摄）

研究显示，这块化石的发现，把先前科研人员认为幽灵蛸目动物出现的时间提前了约 8200 万年。

据美国有线电视新闻网报道，这块化石 1988 年出土于美国蒙大拿州，后来捐赠给加拿大皇家安大略博物馆，长时间被搁置一旁，直到有古生物学家注意到其上生物有 10 条腕。

【想一想】

现代章鱼有 8 条腕，但它们的祖先却有 10 条腕。为什么生物会从 10 条腕演化为 8 条腕？这种演化对章鱼的生存和生活方式带来了哪些好处？

3.9 亿年前这种鱼有特别的“吃饭”方式

提到鱼，人们的第一印象是它们生活在水中、用鳃呼吸。但有一类特殊的鱼，不仅能用鳃呼吸，还能通过类似肺的鱼鳔直接呼吸空气，这就是“肺鱼”。

中科院古脊椎动物与古人类研究所朱敏院士团队，在云南曲靖会泽县发现了约3.9 亿年前的肺鱼化石新属种“会泽滇双翼鱼”。这是我国发现的第 9 种泥盆纪肺鱼，研究表明，它与其他肺鱼很可能有着不同的“食谱”和进食方式。相关成果已在线发表在国际学术期刊《系统古生物学杂志》上。

论文第一作者、中科院古脊椎所博士研究生罗彦超介绍，借助高精度 CT 设备

◆ 会泽滇双翼鱼生态复原图。（罗彦超、马萌 绘，罗彦超 供图）

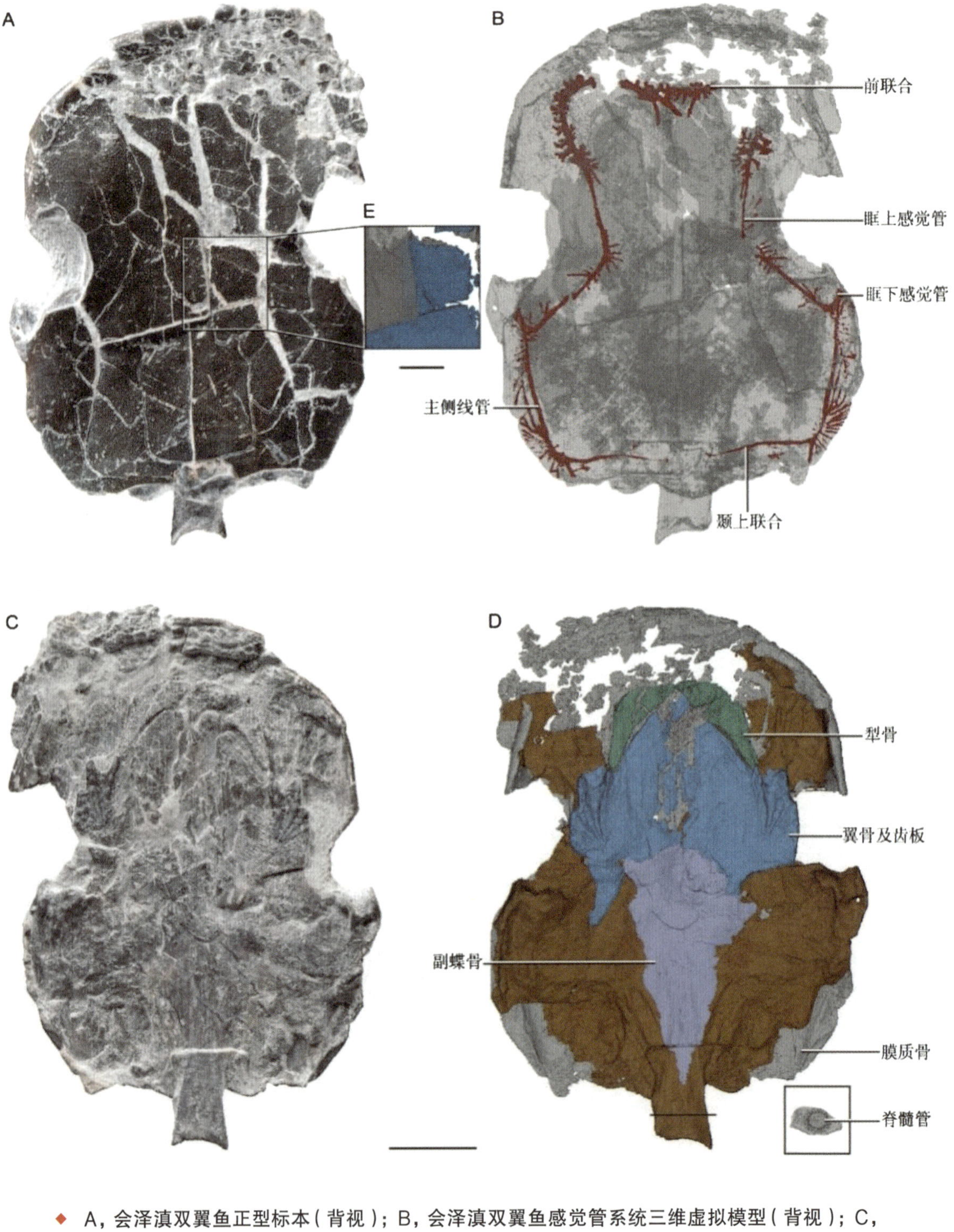

◆ A，会泽滇双翼鱼正型标本（背视）；B，会泽滇双翼鱼感觉管系统三维虚拟模型（背视）；C，会泽滇双翼鱼正型标本（腹视）；D，会泽滇双翼鱼膜质骨、犁骨、翼骨与副蝶骨三维模型虚拟（腹视）。（罗彦超 供图）

与三维复原技术，团队对标本进行了详细的形态学研究和系统学分析，发现了会泽肺鱼拥有一种特殊的齿板类型。

“齿板是肺鱼的标志性结构，一般在口腔内占据相当大的面积、有相当的厚度，同时咬合面有小齿突起，如同磨盘一般，可以磨碎坚硬的带壳食物，如节肢动物或腕足动物。”罗彦超解释。

他介绍，会泽肺鱼的齿板只在中心处有牙齿，这种特殊构造，使得其上下颌只能进行较松散的咬合，可能无法像其他肺鱼那样取食质地坚硬的带壳食物。“因此我们推测，会泽肺鱼更常用吸食的方式捕食，食物可能是一些鱼类和软体动物。”

目前现生的肺鱼共 3 个属。同其他鱼类相比，肺鱼与包括人类在内的四足动物有着更近的亲缘关系，二者构成“姊妹群”。不过，早在 4.2 亿年前，我们的祖先便与这个亲戚“分道扬镳”了。

罗彦超介绍，在传统印象里，泥盆纪海洋里主要是各式各样、体态相对较大的盾皮鱼类。肺鱼只能瑟瑟发抖地游荡在海底“扫货”。会泽肺鱼的发现改变了我们对肺鱼饮食结构的认识，也表明肺鱼可能在泥盆纪食物链中占有更高的地位。

4.4 亿年前鱼类化石揭示有颌脊椎动物的崛起

2022 年，我国科学家在重庆、贵州等地约 4.4 亿年前的志留纪早期地层中发现“重庆特异埋藏化石库”和“贵州石阡化石库”，首次为有颌脊椎动物的崛起与最早期辐射分化提供了确切证据，并据此取得一系列新发现，刷新了对有颌类早期演化历史的传统认知。

该研究由中科院古脊椎动物与古人类研究所朱敏院士团队完成，相关成果形成 4 篇学术文章，在国际学术期刊《自然》在线发表。

包括人类在内，地球上现存 99.8% 的脊椎动物都具有颌骨，有颌类的出现与崛起是脊椎动物演化史上最关键的跃升之一。然而，这一跃升具体发生在何时、何地？又是如何发生的？科学界长期以来缺乏古生物学证据，有颌类的早期演化存在一段至少 3000 万年的巨大空白。

重庆、贵州两地化石库的发现填补了这一空白。“贵州石阡化石库”含有数量多、保存好的有颌类微体化石，“重庆特异埋藏化石库”的古鱼化石不仅数量众多、种类齐全，而且保存十分完整、精美。研究团队应用高精度 CT、性状大数据分析等新技术新方法，向世界首

◆ 志留纪早期五种古鱼的三维复原图。（中科院古脊椎动物与古人类研究所 供图）

◆ 志留纪兰多维列世重庆生物群生态复原图。（中科院古脊椎动物与古人类研究所 供图）

次展示出最早有颌类的牙齿、头部等身体结构与解剖学信息。

其中，双列黔齿鱼的齿旋将有颌类牙齿最早化石证据前推了1400万年；有颌的蠕纹沈氏棘鱼是迄今所知最早的保存完好的软骨鱼，确证了鲨鱼是从“披盔戴甲”的祖先演化而来；有颌鱼类奇迹秀山鱼糅合了多个盾皮鱼大类的特征，为探究有颌类“生命之树”根部主要类群的起源，以及脊椎动物头骨演化提供了珍贵资料。

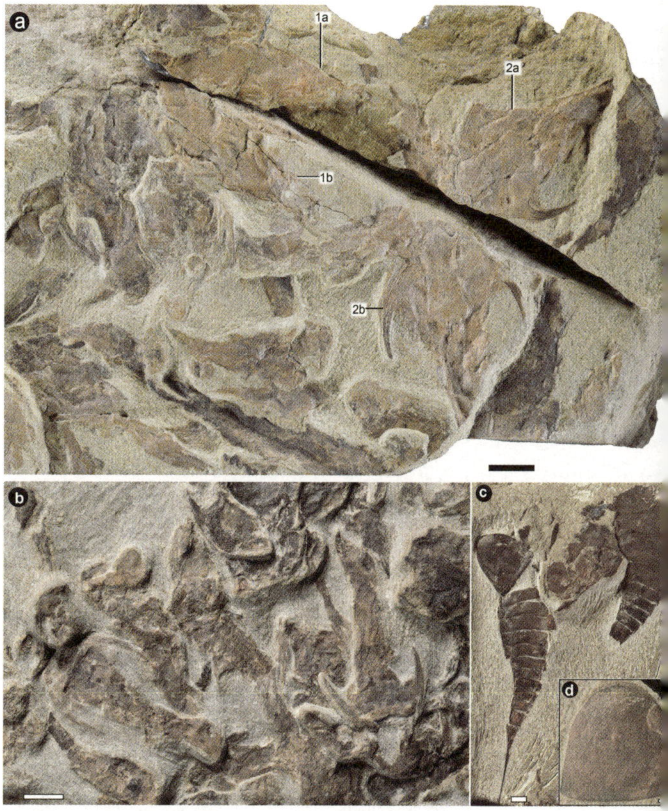

“重庆特异埋藏化石库”化石照片。（中科院古脊椎动物与古人类研究所 供图）

朱敏介绍，这一发现第一次大规模展示了志留纪鱼群特别是有颌类的面貌，揭示了早期有颌类崛起的过程：最迟到4.4亿年前，有颌类各大类群已经在华南地区欣欣向荣；到志留纪晚期，更多样、更大型的有颌类属种出现并开始扩散到全球。

“可以预见，‘重庆特异埋藏化石库’和‘贵州石阡化石库’未来还将继续为解开有颌类起源的重重谜团做出持续贡献。”朱敏说。

【想一想】

如果有颌脊椎动物没有出现，地球生物的进化方向可能会发生哪些改变？

尾巴上有九个分叉，4.1亿年前这种鱼为何游得快？

2023年，中国科学院古脊椎动物与古人类研究所盖志琨、林翔鸿、山显任与英国布里斯托大学合作，在距今约4.1亿年前（早泥盆世布拉格期）广西古鱼类特异埋藏生物群中，发现了一个盔甲鱼类新属种“九尾狐甲鱼”。这是目前发现的世界首个完整保存尾鳍的盔甲鱼类化石。

中科院古脊椎所研究员盖志琨介绍，这一新属种的尾鳍具有9个手指状分叉，将其命名为“九尾狐甲鱼”。

我国最早发现盔甲鱼类化石可以追溯到1913年。然而，由于盔甲鱼类的身体主要由软骨和零散鳞片组成，很难完整保存为化石，因此，其头后身体解剖难题在过去100多年里都没有解决。2022年，“重庆特异埋藏化石库”中发现的灵动土家鱼首次揭示了盔甲鱼类身体的全貌，但仍缺失尾鳍细节。此次发现的九尾狐甲鱼，补上了最后一块拼图，揭开了盔甲鱼类尾巴的神秘面纱。

此次发现的九尾狐甲鱼长约10厘米，身体和头甲长度均约5厘米，全身覆盖细小的菱形鳞片，并呈现有规律的、倾斜排列的鳞列。

九尾狐甲鱼生态复原图。（中科院古脊椎所 供图）

尾巴上有九个分叉，4.1 亿年前这种鱼为何游得快？

除了拥有盔甲鱼类典型的下歪尾，其尾鳍还具有 9 个手指状分叉，是原始的叉形尾，上面覆盖有整齐排列的鳞质鳍条，表明鳍条之下有强壮的辐状肌附着。

鱼类尾鳍的面积和形状被认为是检验鱼类游泳能力的关键指标。最为难得的是，这一化石的正模标本和副模标本分别完整保存了尾鳍收缩和舒张时的两种不同状态，最大程度揭示出盔甲鱼类尾鳍的形态细节。“这指示了盔甲鱼可能是灵活的游泳者，能够很好地利用肌肉收缩来控制尾鳍与水流的接触面积，从而产生不同的推动力。”盖志琨说。

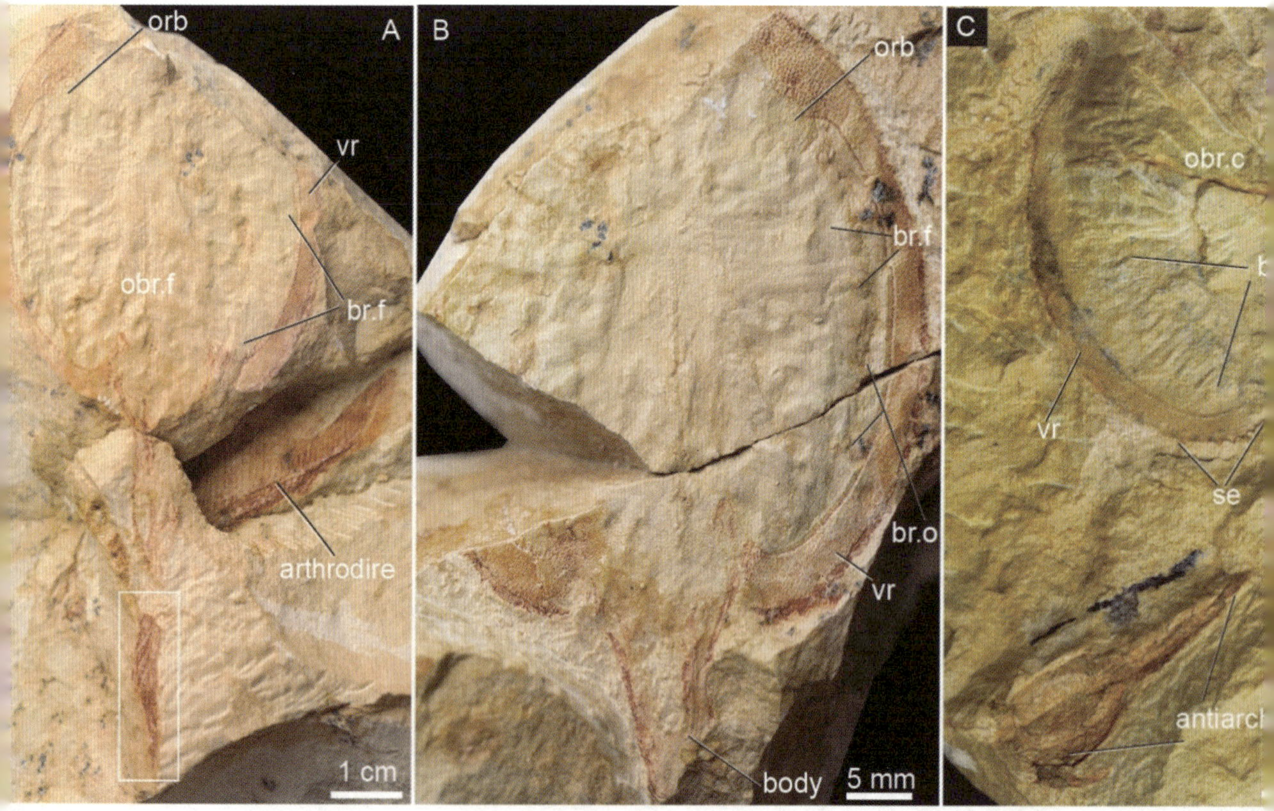

◆ 九尾狐甲鱼及其一起特异保存的盾皮鱼类化石标本照片。（中科院古脊椎所 供图）

◆ 九尾狐甲鱼特异保存的“九指分叉”的尾鳍。（中科院古脊椎所 供图）

在此基础上，研究团队对九尾狐甲鱼尾鳍的几何形态进行了游泳速度分析，结果也表明盔甲鱼类是一类游泳能力较强的快速游泳者，它的巡航游泳速度甚至要比一些更进步的有颌鱼类还要快，从而否定了传统的“积极的捕食策略倾向导致有颌类起源”假说。

上述研究成果在线发表于学术期刊《国家科学评论》。

珠峰地区发现新的喜马拉雅鱼龙化石

2023 年，中国科学院古脊椎动物与古人类研究所第二次青藏高原综合科学考察的科考人员在珠穆朗玛峰地区发现新的喜马拉雅鱼龙化石。新发现将深化细化对这一青藏高原迄今已知的最庞大史前动物的科学认知，有助于该地区中生代生命演进研究。

鱼龙是一种已灭绝的中生代海生爬行动物，早在恐龙称霸陆地之前，鱼龙就成为海上霸主。20 世纪 60 年代，我国科研人员在珠穆朗玛峰地区考察后，采集到两件鱼龙化石标本。这种嘴长、牙齿锋利，身长 10 余米的巨型鱼龙，被命名为“喜马拉雅鱼龙”，生活在两亿一千万年前的海洋中，主要以海洋鱼类和其他无脊椎动物为食。

2023 年 3 月至 4 月在珠穆朗玛峰极高海拔地区综合科学考察过程中，中国科学院古脊椎动物与古人类研究所尚庆华研究员等科考队员，发现了一些新的喜马拉雅鱼龙化石。

此次发现的鱼龙脊椎骨、肋骨化石保存良好，而在之前的科学考察中，保存良好的喜马拉雅鱼龙化石并不多见。由于反复搬运和修理

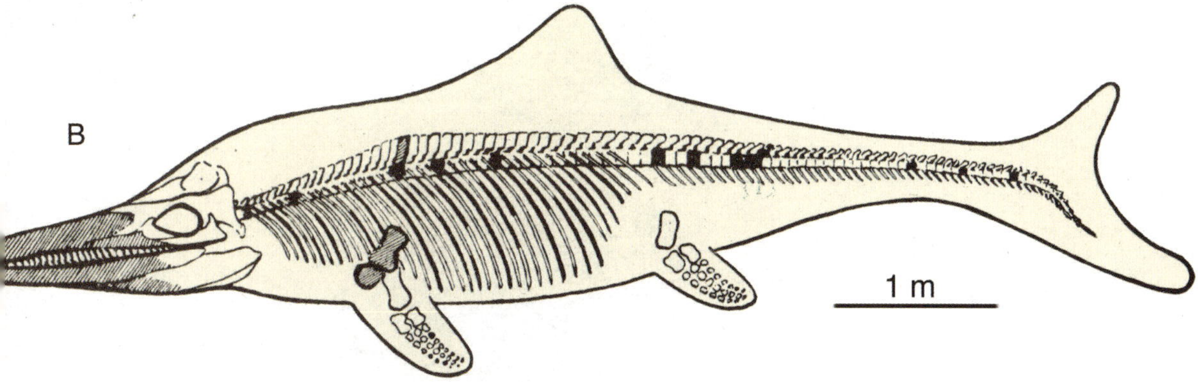

◆ 喜马拉雅鱼龙化石及复原图。（中国科学院古脊椎动物与古人类研究所 供图）

加固，20 世纪 60 年代发现的两件喜马拉雅鱼龙化石材料如今已很残破，而在定日地区发现的同类材料保存得更加完整和清晰，必将提供关于这种珠峰地区“史前海怪”更多、更确切的科学信息。

新发现让科考队员王维欣喜不已。“化石是会‘说话’的，喜马拉雅鱼龙为什么能长这么大？有什么样的习性？与同时期全球哪个地区的鱼龙更为接近？这些都将是我们研究的重点。”王维说。

据王维介绍，人类脊椎骨横截面大小大约相当于一枚一元硬币，而新发现的喜马拉雅鱼龙脊椎骨横截面有一顶棒球帽那么大。结合过去几十年来已发现的大量古生物化石证据，可以帮助我们更好地认识

青藏高原生命演化的过程。

中国科学院古脊椎动物与古人类研究所所长邓涛说，早期青藏高原科考活动和发现填补了古生物知识的空白，积累了大量基础科学

◆ 西藏定日地区三叠纪曲龙共巴组岩层中的鱼龙化石锥体（圆盘状物体）和肋骨。（中国科学院古脊椎动物与古人类研究所 供图）

资料。近年来，青藏高原古生物的一系列新发现，都在帮助古生物学家全面审视青藏高原在影响新生代生物多样性演变进程中所起的重要作用。

已知最原始的铰齿鱼“现身”：揭示凶猛雀鳝鱼类的起源

◆ 圆尾滇东鱼模式标本。（中国科学院古脊椎所 供图）

如今凶猛的大型肉食淡水鱼类雀鳝，2 亿年前的祖先竟是一种拇指长的梭形小鱼。2023 年，中国科学院古脊椎动物与古人类研究所科研人员在云南发现了一种新的古鱼类并将其命名为“圆尾滇东鱼”，它代表了世界上已知最古老最原始的铰齿鱼类，为揭示雀鳝鱼类的起源提供了重要化石证据。

现生的雀鳝鱼类生活于北美的淡水环境，属于大型肉食性鱼类，成年体长可达 3 米。早在 1 亿年前的白垩纪，雀鳝就和恐龙生活在同一时代，因其具有全身覆盖铠甲般坚硬的菱形鱼鳞、鱼卵有剧毒、鱼鳔具备呼吸功能等优势，得以存活至今成为“活化石”。

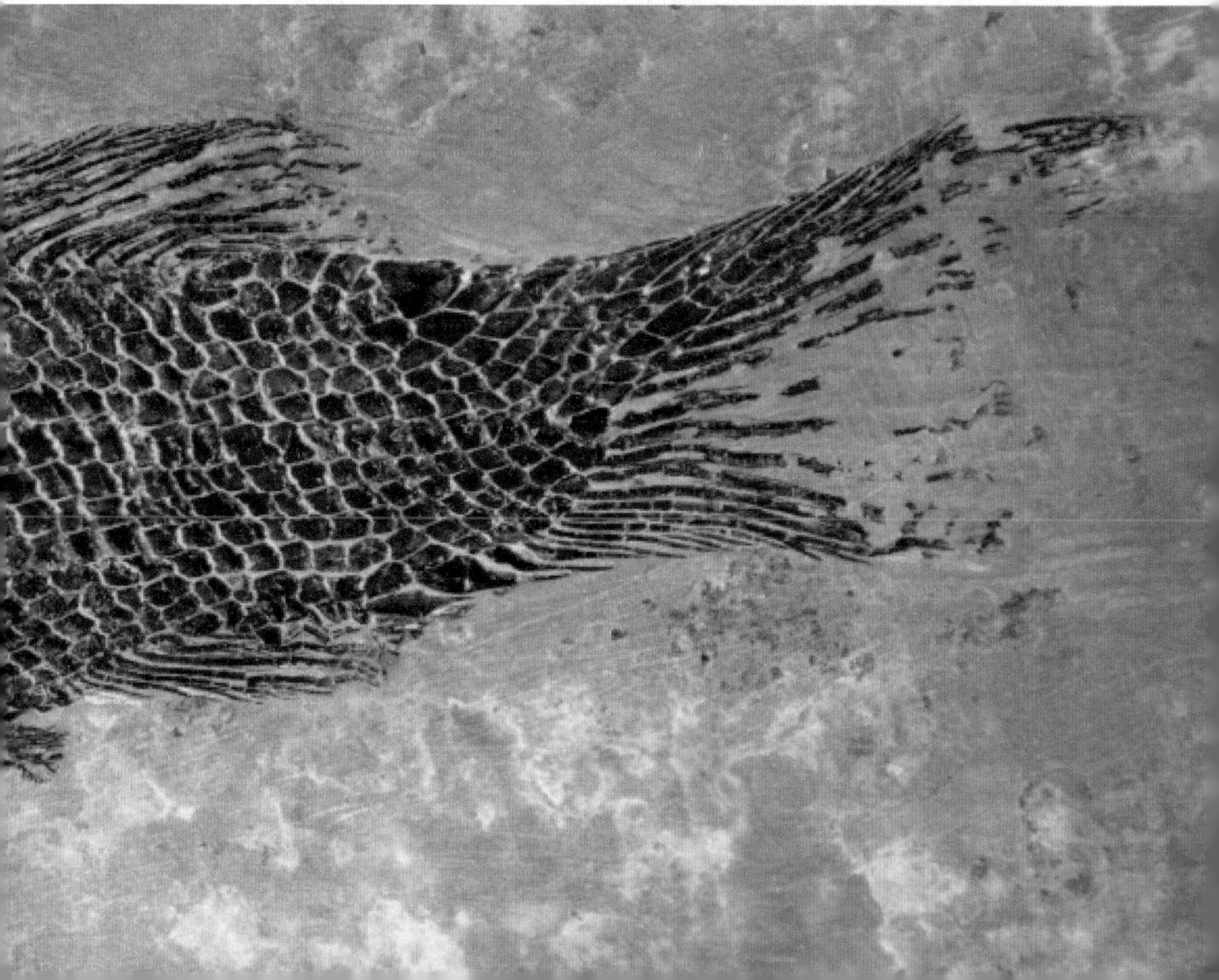

圆尾滇东鱼生态复原图。（中国科学院古脊椎所 供图）

分类学上，雀鳝及其祖先类型（如半椎鱼目和拱鱼目）统称为铰齿鱼类。中国科学院古脊椎所中生代鱼类研究团队的研究表明，铰齿鱼类的起源时间比恐龙还要早，在我国中三叠世早期（约2.44亿年前）的罗平生物群中就已经出现，以拱鱼目和新发现的圆尾滇东鱼为代表。

该成果主要研究者、中国科学院古脊椎所研究员徐光辉介绍，新命名的圆尾滇东鱼被发现于云南省曲靖市罗平县中三叠世海相地层，化石共有13块，最大个体全长仅5厘米。

“这是一种长梭形小鱼，次圆形尾，全身布满乌黑发亮的方鳞。研究结果显示，圆尾滇东鱼比此前发现的拱鱼目及欧美所有铰齿鱼类都要古老，代表了现生雀鳝鱼类这一演化支系最原始的祖先类型。”徐光辉说。

相关研究成果在国际期刊《林奈学会动物学杂志》上发表。

4.3 亿年前，华南板块浅海的顶级捕食者是它？

生活在古生代海洋中的板足鲎是一种重要的节肢动物，它们形似蝎子，故俗称“海蝎子”。2021 年，中科院南京地质古生物研究所的研究人员联合其他科研团队在重庆秀山县发现了 4.3 亿年前志留纪时期的板足鲎一新属种：秀山恐鲎。相关成果发表在国际期刊《科学通报》（英文版）上。

中科院南古所硕士生王晗介绍，秀山恐鲎在系统分类上属于板足鲎目混翅鲎科，体型较大，体长可达近 1 米。其第三对附肢特化增大，具有密度较高的硬质长刺，后体及尾部似蝎。“恐鲎是属名，秀山是种名，因其外形比较恐怖，所以命名为恐鲎。”

王晗说，混翅鲎独特的附肢被认为可用于固定猎物，是其较强捕食能力的体现。然而，学界一直以来对此类动物缺乏深入了解，此前报道的混翅鲎共两属四种，均依据来自志留纪劳俄古陆（现欧洲、北美地区）的少数化石标

◆ 秀山恐鲎生态复原图。（杨定华 绘，中科院南古所 供图）

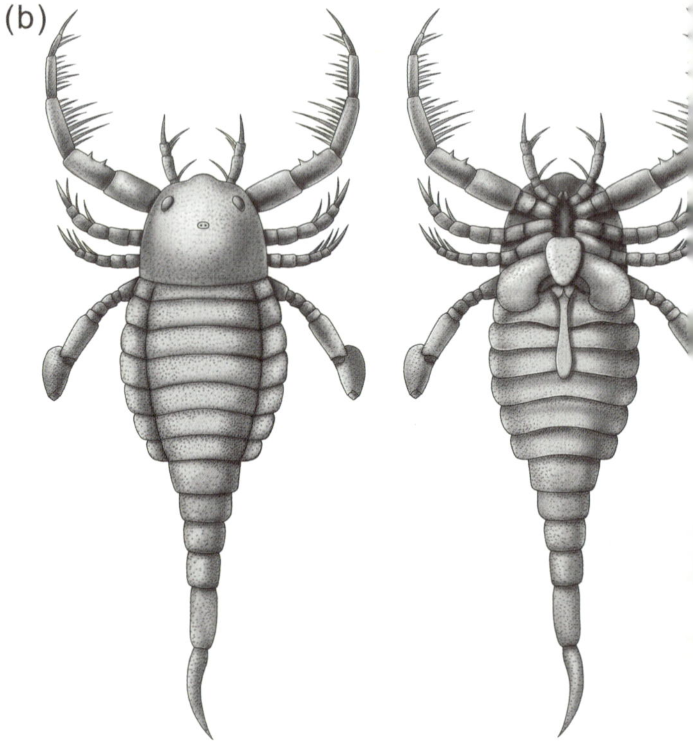

◆ 秀山恐鲎的化石图。（中科院南古所 供图）

【想一想】

关于秀山恐鲎的描述，下列说法正确的是：

A. 秀山恐鲎是一种生活在志留纪时期的板足鲎，属于混翅鲎科

B. 秀山恐鲎体型较小，体长不足 50 厘米

C. 秀山恐鲎的附肢没有特化，捕食能力较弱

D. 秀山恐鲎的化石发现于冈瓦纳大陆及其周边地区

答案见 P55

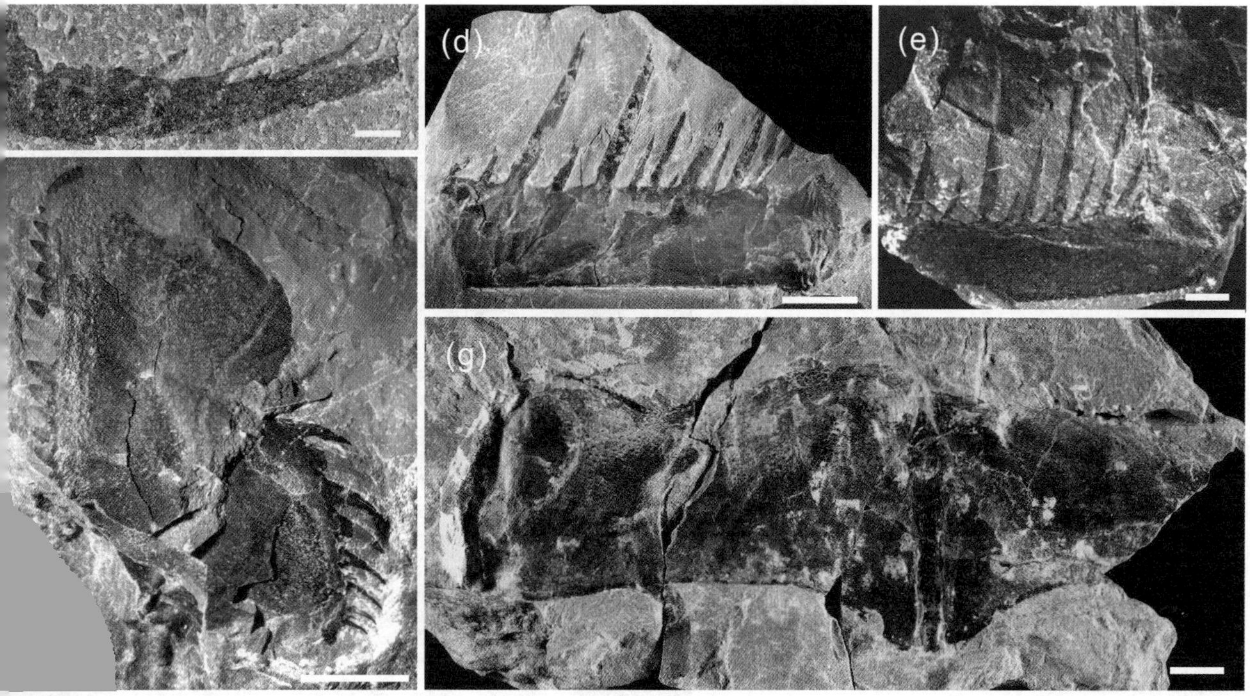

本建立，近 80 年来没有发现新的属种。

“此次发现的化石材料保存了恐鲎附肢、躯干、生殖附属器和尾部等身体结构，展现了体表纹饰等细节特征，为混翅鲎科形态多样性讨论提供了新证据。”王晗说。

现今的中国在 4 亿多年前由多个板块构成，其中之一是包括秦岭以南地区在内的华南板块。此前，在华南板块志留纪早期的浅海地区未发现大型捕食性动物，恐鲎作为具有捕食“利器”的大型节肢动物，极有可能在这一环境中扮演着顶级

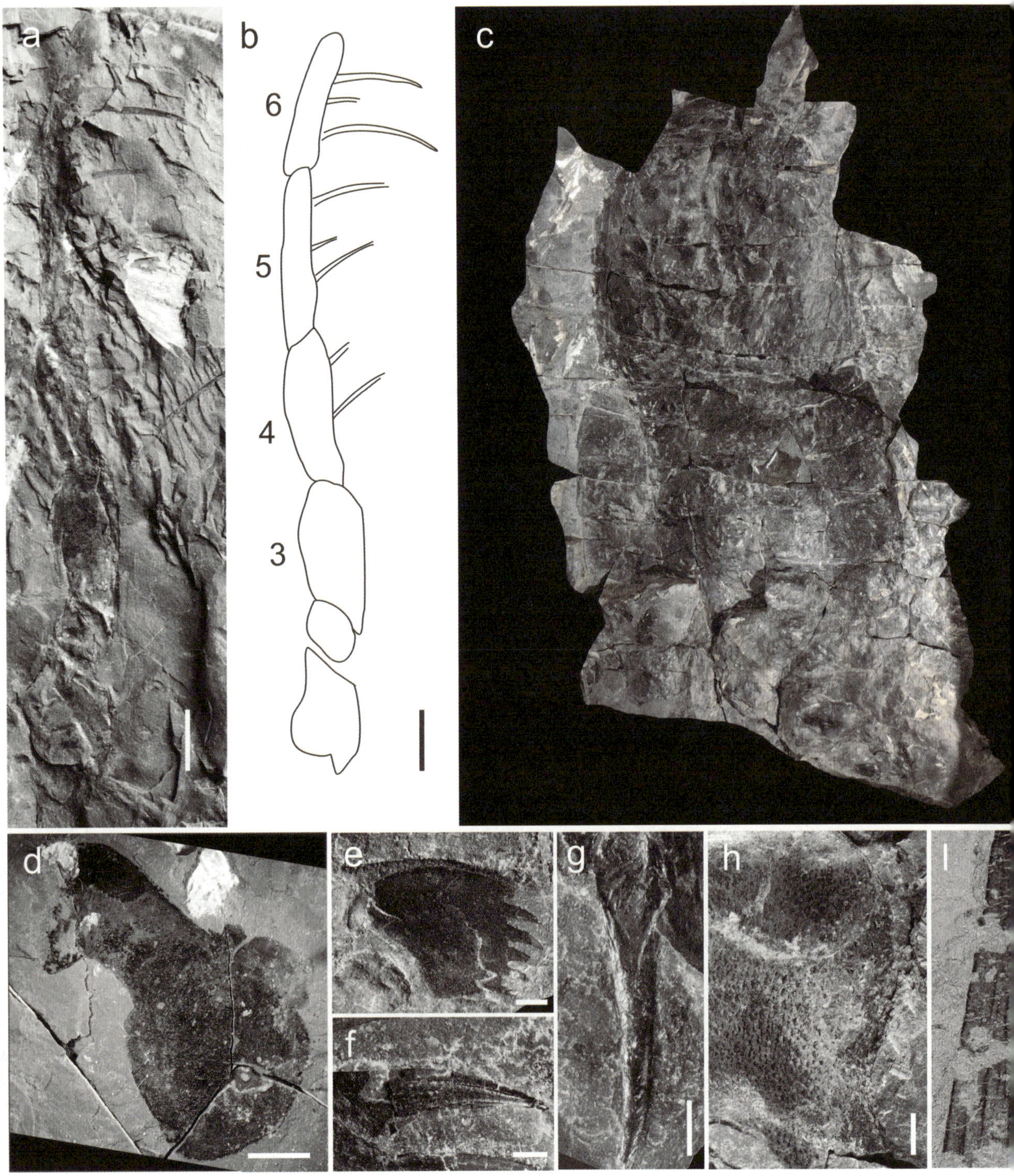

◆ 恐鲎未定种（a-c）及秀山恐鲎（d-i）的化石图。（中科院南古所 供图）

捕食者的角色，是同时期生活在一起的无颌类盔甲鱼的恐怖噩梦。

领导此项研究的中科院南古所研究员王博介绍，一直以来，志留纪板足鲎的化石记录多集中于劳俄古陆及其周边地区，而在广大的冈瓦纳大陆及周边很少发现它们的踪迹。冈瓦纳大陆是泛指曾分布在南半球的一个超级大陆，在 4 亿多年前，该大陆包括了我国的华南板块。“本次研究以及近年来多种板足鲎化石在华南板块的发现，提示我们冈瓦纳大陆及其周边可能也存在着繁盛的板足鲎类群。”

该研究由中科院南古所与中科院古脊椎动物与古人类研究所及德国、英国方面的科研团队合作完成。

P52 答案：A

“水下杀手”七鳃鳗1.6亿年前可能“吃肉”不“饮血”

蛇形身体光滑无鳞、圆形吸盘布满利齿，以吸血为生——长相怪异、摄食方式独特的七鳃鳗是许多科幻电影中的水下怪物原型。现实中，这一古老的无颌脊椎动物已在地球上存活了约3.6亿年，对于研究脊椎动物进化有着重要意义。

2023年，中国科学院古脊椎动物与古人类研究所的科学家对1.6亿年前侏罗纪燕辽生物群中新发现的大型七鳃鳗化石进行研究发现，现代七鳃鳗的祖先可能是食肉而非吸血的类型，进一步揭示了七鳃鳗奇特进食方式的演化及其对这一类群演化进程的影响。

该研究化石由中国科学院古脊椎所研究员汪筱林、王敏采集，相关研究成果由该所研究员吴飞翔、张驰和法国国家自然历史博物馆菲利普·让维叶合作完成，在线发表于国际学术期刊《自然·通讯》。

燕辽鳗的生态复原图。（中国科学院古脊椎所 供图）

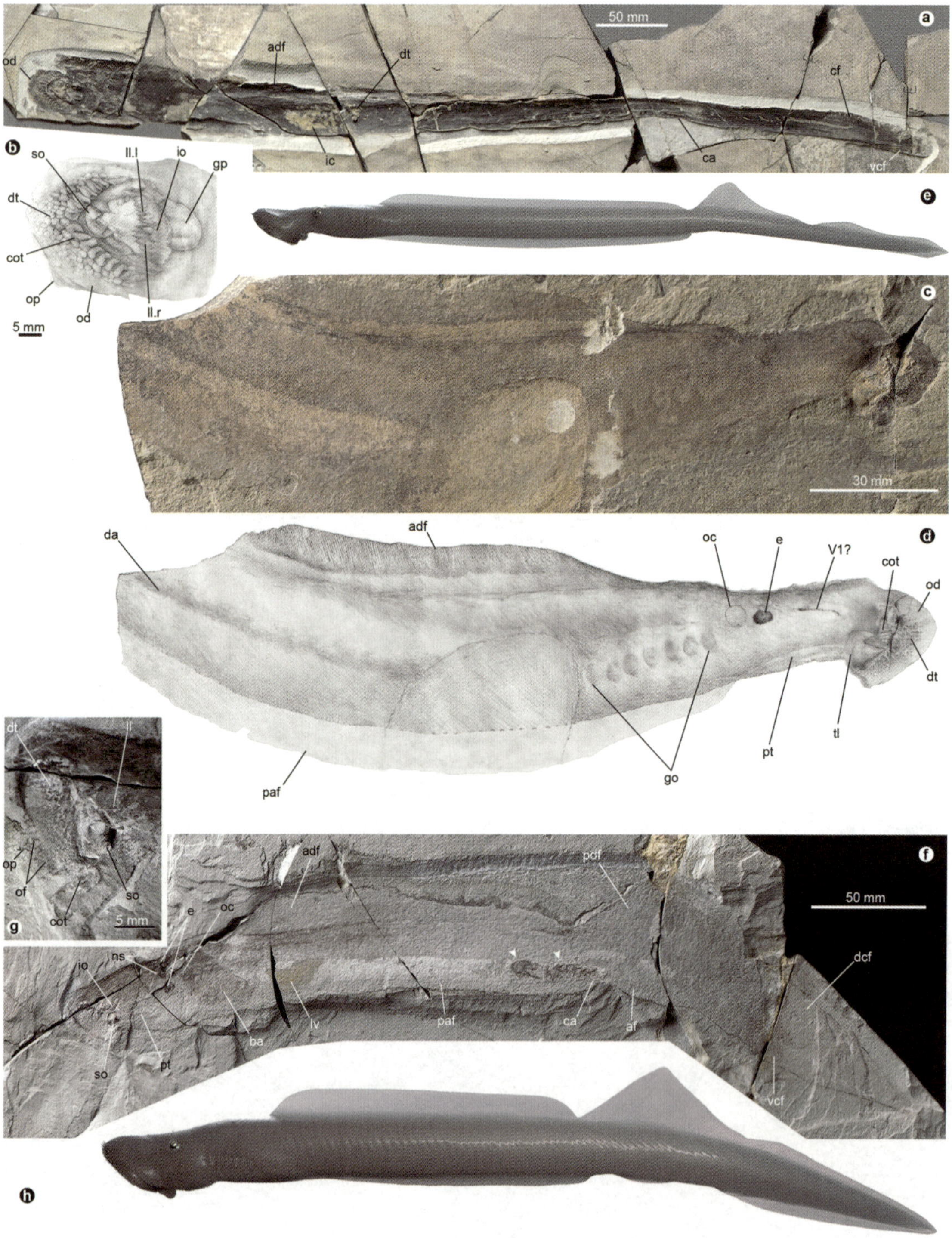

◆ 杀手燕辽鳗和大牙燕辽鳗的化石标本及复原图。（中国科学院古脊椎所 供图）

【对比思考】

将 1.6 亿年前吃肉的七鳃鳗与现代吸血的七鳃鳗进行对比，分析它们在生存环境和竞争关系上的差异。

七鳃鳗身无硬骨，牙齿为角质，很难保存为化石。而在燕辽生物群中发现的“杀手燕辽鳗”和“大牙燕辽鳗”两种化石，不仅保存完整，而且吸盘和牙齿以近乎立体的状态保存。其中，杀手燕辽鳗体长超过 64 厘米，是目前已知七鳃鳗化石中体型最大的，且与现代大型七鳃鳗相当。

现代七鳃鳗的进食方式多样，其中吸血种类最为人熟知，食肉的种类较少，不同的取食方式对应着不同的牙齿特征。令人意外的是，燕辽鳗的牙齿结构与如今北半球常见的吸血型七鳃鳗差别明显，却和生活在南半球的肉食性囊七鳃鳗有诸多相似之处，特别是吸盘牙齿和用来剜切肉块的牙齿形态与囊七鳃鳗非常接近。

“这说明这些侏罗纪时期的七鳃鳗是典型的肉食性七鳃鳗，燕辽鳗化石消化道中的骨片残骸也印证了这一点。这些发现打破了此前人们通常认为现代七鳃鳗的祖先是吸血类型的认知，表明现代七鳃鳗的祖先更可能吃肉。”吴飞翔说，研究还发现，燕辽鳗是目前已知的现代七鳃鳗最近的化石祖先。

穿越“石”空
打开贵州史前海洋“盲盒”，都有啥？

走进贵州省地质博物馆，一个造型奇特的模型引人注目——这是6亿年前的“海绵宝宝”贵州始杯海绵化石放大后的样子。而真实的贵州始杯海绵化石只有米粒大小，由3根管状物缠绕组成，外观像是一枚心脏。

◆ 贵州始杯海绵化石放大模型。（新华社记者 杨欣 摄）

◆ 八臂仙母虫化石。（新华社记者 杨欣 摄）

海绵动物是所有动物门类中结构形态复杂程度最低的动物，被学术界广泛认为是最接近动物原始祖先的类群。贵州始杯海绵化石的发现，将原始动物在地球上出现的实证记录从寒武纪向前推进了 6000 万年。

2006 年夏天，中科院南京地质古生物研究所研究员殷宗军从贵州瓮安采集了一些岩石，其中就藏着这枚“海绵宝宝”。从把标本带回去，到 2015 年研究完成，花了足足 9 年时间。

◆ 梁氏关岭鱼龙化石。（新华社记者 杨欣 摄）

穿越“石”空，来贵州看史前“海洋世界”。不只是贵州省地质博物馆，贵州省博物馆、贵州大学等地，同样“珍藏”了不少史前海洋生物化石。

在贵州省博物馆，讲解员宋曼解释，这是因为在几亿年前，贵州基本上是一片汪洋。三叠纪时期，这片浩瀚的史前海洋一直延伸到现在的欧洲和北美。此后由于复杂的地质作用，地壳慢慢上升、高原隆起，最终形成今天的云贵高原。

打开这个孕育了最初动物生命的海洋“盲盒”，我们都能看到啥？

在贵州大学资源与环境工程学院古生物研究中心的陈列室里，一枚长着八根触手、呈螺旋放射状的化石十分特别。它有着一个美丽的名字——八臂仙母虫，因外形酷似仙女星系而得名。数亿年前的动物，和百万光年外的星空，就这样被联系到了一起。

学院老师兰天介绍，八臂仙母虫发现于贵州江口庙河（瓮会）生物群，来自距今约 5.8 亿年至 5.5 亿年的埃迪卡拉纪。“和海绵这类底栖动物相比，仙母虫已经属于浮游动物，拥有更复杂和高级的生物形态。通俗来讲，它是一只极为原始的‘虫’。”兰天说。

陈列室的另一头，一枚距今约 5.4 亿年至 4.8 亿年寒武纪时期的林乔利虫化石，则是小龙虾的祖先。这枚化石能够回答一些有趣的问题，例如，小龙虾的虾线为什么是在背部而不是腹部？

兰天解释道，现代节肢动物的神经系统在腹部，消化系统在背部，与人类相反。“而我们最新的一项研究揭示了林乔利虫的脑部结构，并通过荧光技术区分了它神经系统和消化系统的位置。”兰天说，研究发现，在几亿年前小龙虾的祖先就已经是今天这样的内部形态了。

◆ **东方恐头龙化石。（新华社记者 杨欣 摄）**

◆ **中三叠世贝氏罗平鱼化石。（新华社记者 杨欣 摄）**

时间来到 2.2 亿年至 2 亿年前的三叠纪时期，生物形态变得更高级，海生爬行类动物逐渐成为这片海洋的主宰。和海绵、虫类这样的“小不点”比起来，这一时期的动物很多已经是“大家伙”了。

在贵州省地质博物馆，“镇馆之宝”梁氏关岭鱼龙 9.3 米的身长，昭示着它曾经在海洋里的霸主地位。而在贵州盘县生物群发现的东方恐头龙，脖子有 1 米多长，是躯干的两倍。

在这个史前海洋“盲盒”里，有许多现代人难以想象的神奇生物，可也有一些生物仿佛掉进了“时间的缝隙”，数亿年并没有将它们改变多少。

走进贵州省博物馆，有些三叠纪时期的鱼化石，形态与今天的鱼类并无太大差异。一种在三叠纪时期极为繁盛的空棘鱼，一度被认为在白垩纪时期灭绝。“1938 年，南非海域首次发现了这类鱼的活体，

◆ 空棘鱼化石。（新华社记者 杨欣 摄）

被命名为‘拉蒂迈鱼’，形态结构几乎没有改变，被称为‘活化石’。”宋曼介绍道。

贵州大学资源与环境工程学院古生物研究中心赵元龙教授介绍，贵州是一个古生物王国，这里从埃迪卡拉纪到寒武纪阶段的早期后生生物化石资源在全国乃至全世界都非常重要。“贵州这个阶段的化石，可以说是动物生命的黎明。”赵元龙说。

在殷宗军看来，贵州拥有全球独一无二的化石宝库，例如瓮安生物群。“未来我们会继续推进瓮安生物群的研究，找到更多与动物相关的化石类群，为还原动物起源这个宏大的故事提供关键拼图。”殷宗军说。

这两坨 1 亿年前的便便，谁留下的？

ǎ 光学显微镜下的昆虫粪便化石。（中国科学院南京地质古生物研究所 供图）

2024 年，中、英古生物学者在约 1 亿年前的缅甸琥珀中发现两枚由大量花粉组成的昆虫粪便化石。在粪便化石附近，还有身上沾着花粉的昆虫化石，这为证实昆虫在约 1 亿年前就已经为被子植物传播花粉提供了直接证据。

领导此项研究的中科院南古所研究员蔡晨阳介绍，在琥珀化石中发现昆虫和它的粪便非常罕见。这一研究中，科研团队共研究了超过 2.5 万枚琥珀，才在其中发现一个这样的案例。从形态上看，新发现的两枚昆虫粪便整体呈长柱状，由上千

◆ 此次新发现的短翅花甲昆虫化石。（中国科学院南京地质古生物研究所 供图）

枚极为微小的椭球型花粉粒组成。距离粪便不到 2 毫米处，即为新发现的短翅花甲昆虫化石。这种昆虫的腹部和腿，长有便于附着花粉的毛。其虫体表面和四周，也散落着不少花粉颗粒。

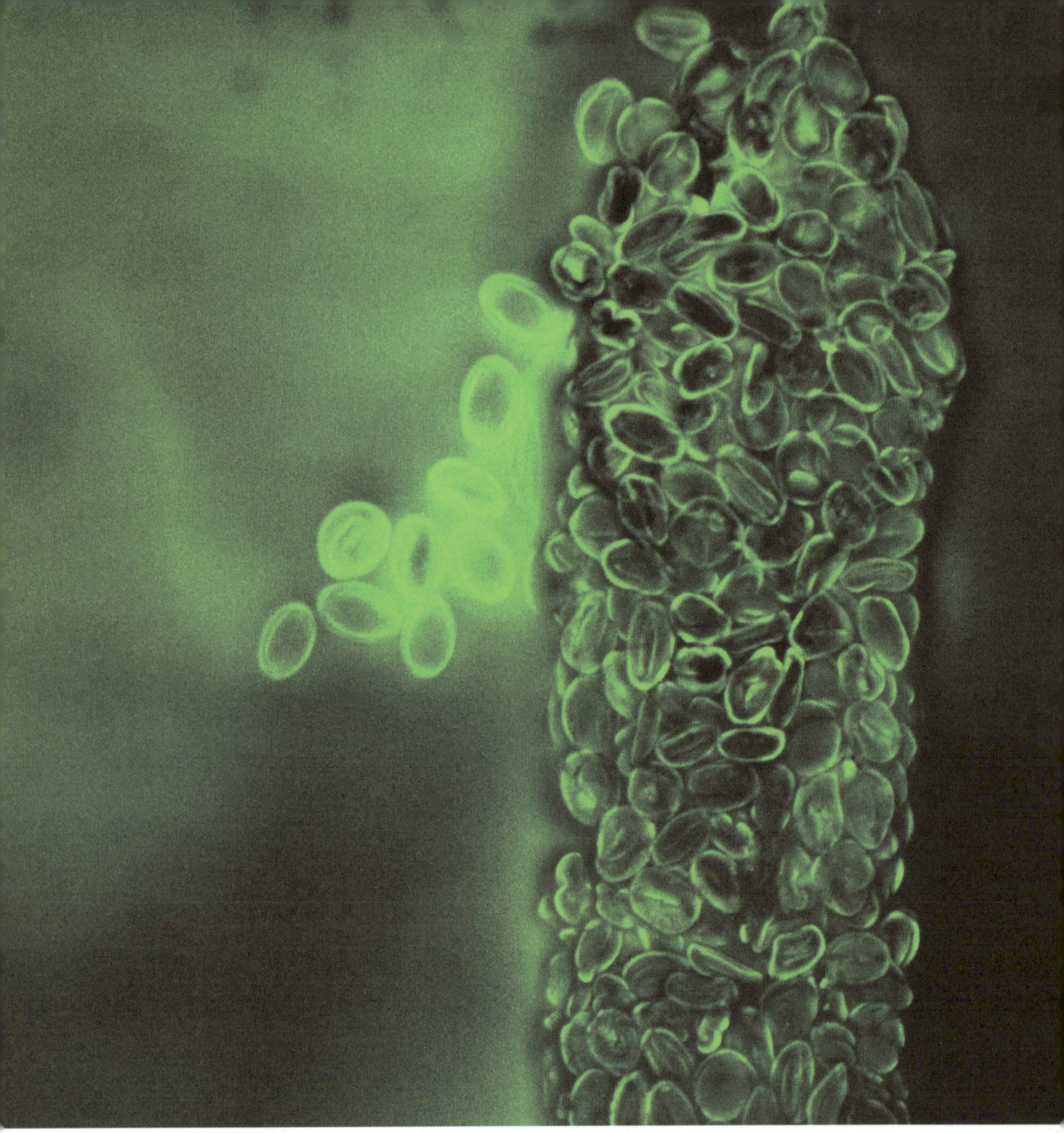

◆ 两枚昆虫粪便化石在激光共聚焦显微镜下的图像。
（中国科学院南京地质古生物研究所 供图）

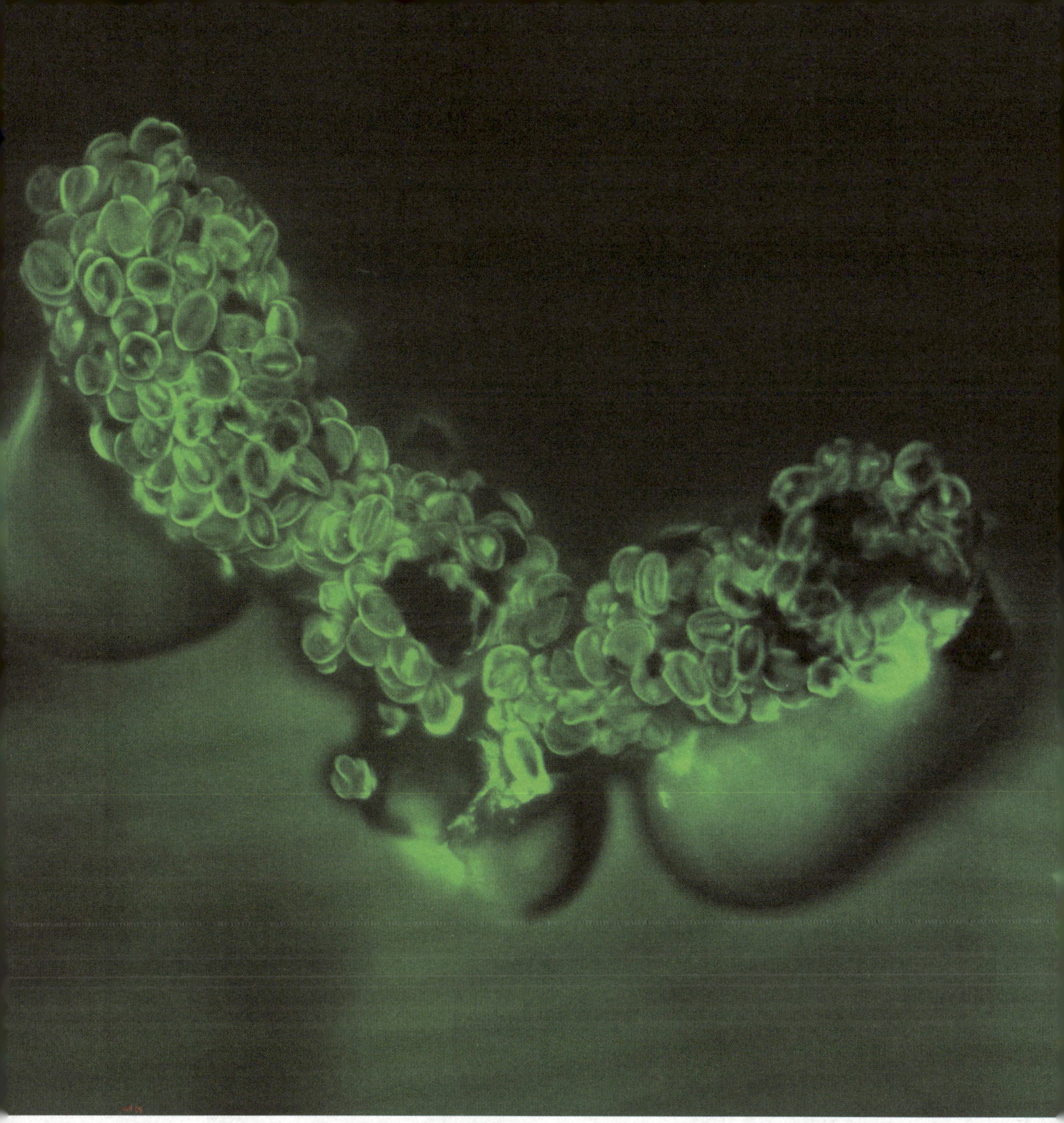

进一步的分析比对表明，这种远古昆虫的形态，和现在一类以花粉为食的昆虫非常相近。而散落在虫身周围及组成粪便的花粉，则与菊类和蔷薇类植物花粉相似。这些特征都说明，早在大约 1 亿年前，名为短翅花甲的昆虫就已经在为高等被子植物传粉，这种生活习性一直延续至今。

◆ 昆虫为早期高等被子植物传粉的生态复原图。（中国科学院南京地质古生物研究所 孙捷 绘）

“在远古时代的缅甸热带雨林，一只昆虫刚刚取食了花粉。它排出由花粉粒组成的粪便，身上和身边还沾满了花粉粒。正在这时，一粒树脂落下，将昆虫和它的粪便包裹其中，并留存到约1亿年后的今天。”蔡晨阳说。

相关研究成果发表在植物学权威刊物《自然·植物》上。

【想一想】

除了短翅花甲昆虫，还有哪些现代昆虫在为菊类和蔷薇类植物传粉？不同昆虫在植物传粉中的作用一样吗？

1 亿年前的“伪装大师”，竟是……

中国科学院南京地质古生物研究所的研究人员通过人工智能技术，从 1 亿年前白垩纪缅甸琥珀中发现了昆虫“伪装术”的化石记录，包括一类奇特的拟态植物行为和一系列覆物行为。相关研究成果已在线发表在国际期刊《冈瓦纳研究》和《历史生物学》上。

领导此项研究的中科院南古所研究员王博介绍，在自然界中，为了躲避天敌或更高效地捕捉猎物，许多昆虫拥有奇特的“伪装术”，其中就包括拟态植物和覆物伪装。拟态植物是指昆虫模拟其生活环境中的植物以达到伪装的效果，覆物伪装则是指昆虫主动利用环境中的各种材料遮盖体躯以伪装自己。

这一研究发现的拟态植物昆虫属于直翅目蚤蝼科，该物种被命名为王氏拟叶蚤蝼。从形态上观察，王氏拟叶蚤蝼与同时期苔类和卷柏类植物表现出了极高的相似性，经过度量，王氏拟叶蚤蝼与卷柏类等植

王氏拟叶蚤蝼生态复原图。（杨定华 绘，中科院南古所 供图）

物在尺寸上也极为接近，更加证明了王氏拟叶蚃蝼的拟态行为。

研究还发现了 7 枚覆物伪装昆虫，包括 6 枚啮虫目昆虫和 1 枚半翅目蟾蜍科昆虫。其中，蟾蜍科昆虫的背上覆盖有大量的碎屑物，包括土壤颗粒、砂砾和植物碎屑等，极有可能是利用背部的刚毛将碎屑物质粘在其背上。研究还发现在有花植物大辐射之前，一些昆虫已经演化出了覆物伪装这一复杂行为。

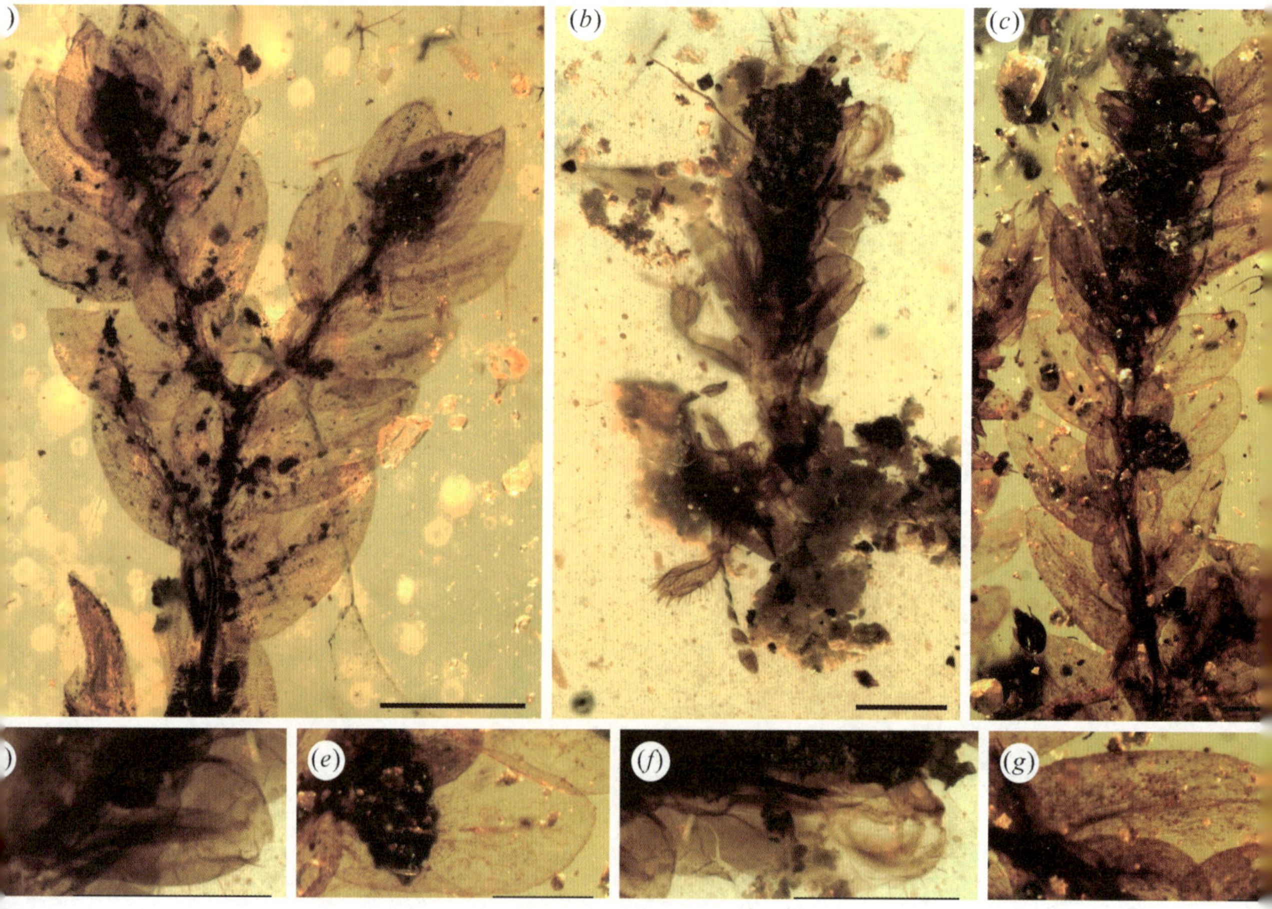

◆ 王氏拟叶蚃蝼（编号 b、d、f）与卷柏类植物（编号 a、c、e、g）的显微镜图。（中科院南古所 供图）

◆ 有覆物行为的啮虫目昆虫的显微镜图。(中科院南古所 供图)

◆ 王氏拟叶蚤蝼和半翅目蟾蝽科昆虫的生态复原图。（杨定华 绘，中科院南古所 供图）

“覆物行为是昆虫‘伪装术’中非常奇特复杂的一类。在漫长的地质历史中，由于化石保存的不完备性，人们对化石中拟态行为的判定只能依靠肉眼观察与主观判定，缺少定量化的分析与判定。”王博说，他们通过和武汉大学合作，在研究中首次应用孪生神经网络对琥珀内昆虫的拟态行为展开定量分析，进而验证了古昆虫的拟态行为，并提供了新的判定模型与方法。孪生神经网络是近年来新发展的人工智能分析技术，被广泛应用于图像相似度衡量中。

【知识补给站】

拟态和覆物伪装是昆虫常用的两种“伪装术”。拟态昆虫通过自身形态和颜色模仿环境中的物体，比如叶䗛模仿树叶，竹节虫模仿竹枝，兰花螳螂伪装成花朵，以此躲避天敌或捕捉猎物。覆物伪装的昆虫则会利用外界物体覆盖自己，比如覆物蛉会在背上堆积树枝或沙粒，伪装成一堆杂物。远古昆虫的伪装多是简单模仿自然物体，而现代昆虫由于生活在更复杂的环境中，伪装方式更加多样化，甚至能适应人造环境。虽然远古和现代昆虫的伪装目的相同，但现代昆虫的伪装行为经过长期进化，更加精细和复杂。

这种 1 亿年前的昆虫堪称“影帝”

年幼模仿蚂蚁、长大模仿泥蜂，拥有如此实力派“演技”的，竟然是一类 1 亿年前的小小昆虫。2022 年，由中科院南京地质古生物研究所领衔的一项国际研究发现，生活在 1 亿年前的一类昆虫奇翅虫，

会随自己的生长模拟不同动物，堪称远古时期的“超级演员”。

研究团队对来自中国、美国、德国、斯洛伐克等地的 100 多块奇翅虫化石展开研究。其中，研究人员发现了十多只形态类似蚂蚁的奇翅幼虫。化石里的奇翅幼虫体长 3 至 5 毫米，腹部很瘦，类似蚂蚁的腹部。它们的触角和腿，也和当时的原始蚂蚁非常接近。

有趣的是，奇翅虫长大后，还变换了模仿对象。“奇翅成虫长出翅膀后，没法再‘扮演’没翅膀的蚂蚁了，又假装起了蜂类。”领导此项研究的中科院南古所研究员王博说，奇翅成虫的胸腹部变得很像蜂类的“细腰”，它们翅膀以及身体的形状和大小，也非常接近当时的一种原始蜂类：长背泥蜂。

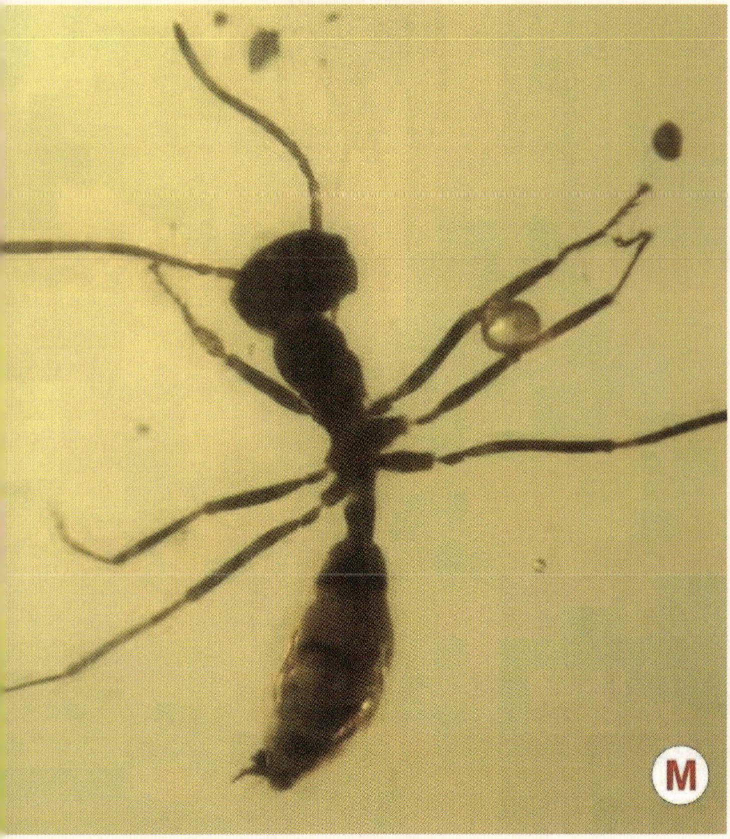

◆ 左图为缅甸琥珀中的奇翅幼虫标本，右图为原始蚂蚁标本。（中科院南古所 供图）

◆ **奇翅虫复原图。左图为幼虫，右图为成虫。（中科院南古所 黎家豪 绘）**

“生物在形态和行为上模仿另一种生物的现象被称为拟态，这在大自然中并不少见。但在生长过程中会转换模仿对象的动物，此前在化石中还从没发现过。小时候假装蚂蚁、长大后假装泥蜂，奇翅虫这种‘超级演员’一生都在模仿更为凶猛的昆虫。

◆ 奇翅虫化石照片。（中科院南古所 供图）

这种绝佳的‘演技’可能吓住天敌，让它们最大限度地保护自己。”王博说。

相关研究已刊发在国际地学综合期刊《地球科学评论》上。

琥珀昆虫标本的“肚子”里，竟藏着水晶玛瑙

一滴树脂包裹住昆虫，经过亿万年演化，成为一颗琥珀化石。这其中藏着什么秘密？2022年，中国、德国、美国、缅甸等多国学者进行的一项研究发现，在一些琥珀昆虫标本的“肚子”里，竟有水晶、玛瑙等硅化物。相关成果发表在国际期刊《地球生物学》上。

领导此项研究的中科院南京地质古生物研究所研究员王博和博士生姜慧介绍，琥珀源于植物产生的树脂。长期以来，人们认为琥珀包裹的化石主要是动植物遗骸或者中空的躯壳。这些远古生物的躯体像木乃伊一样被封存在树脂之中，一些器官、组织甚至细胞都清晰可见，为科学家了解远古世界提供了宝贵的资料。

此项研究中，科研团队运用显微镜观察、电镜分析等方法重新研究了1亿年前包裹着各类昆虫的缅甸琥珀。结果发现，不少琥珀中的昆虫并不像以往理解的那样是相对软质的木乃伊化标本，而是变成了硬质的矿化标本。一些昆虫的中空体腔和软组织被玛瑙和水晶填充，另一些昆虫的眼、骨骼、皮肤等结构出现了钙化，成分类似现在的钟乳石。还有一些昆虫标本上出现了黄铁矿、赤铁矿等多种矿物。

◆ 被玛瑙填充身体的昆虫标本。（中科院南京地质古生物研究所 供图）

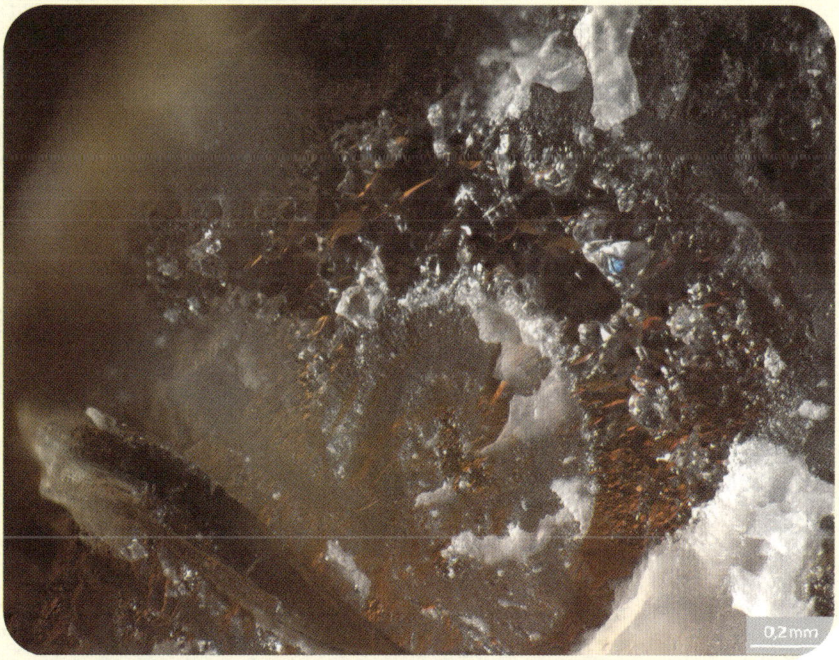

◆ 被水晶填充身体的昆虫标本。（中科院南京地质古生物研究所 供图）

“琥珀中出现硬质矿物的情况，比此前预想的更加普遍。这说明琥珀内部并不完全是封闭的世界。伴随漫长的地质演化，不同时期的物质仍然可以顺着树脂和生物的裂隙渗透进来，让标本也浸染上地质变化的痕迹。”姜慧说。

◆ 琥珀化石中钙化的昆虫眼睛结构。左为显微镜图像，右为电镜图像。（中科院南京地质古生物研究所 供图）

【想一想】

琥珀中硅化物的发现对研究远古生态环境和生物演化有什么重要意义？

1.8亿年前，蜉蝣办了场“飞行婚礼”

“寄蜉蝣于天地，渺沧海之一粟。”提起蜉蝣这类古老而微小的昆虫，很多人都不陌生。不过，你知道蜉蝣是怎样“结婚”的吗？2022年，中科院南京地质古生物研究所与广西地质调查院的研究人员新发现一层1.8亿年前的蜉蝣化石，记录下了远古蜉蝣举行“飞行婚礼”的珍贵场景。相关成果发

◆ 1.8 亿年前蜉蝣婚飞复原图。（中科院南京地质古生物研究所 杨定华 绘）

◆ 此次发现的蜉蝣化石。（中科院南京地质古生物研究所 供图）

表在国际期刊《地质学》和《历史生物学》上。

中科院南古所研究员王博介绍，此次发现的蜉蝣化石位于广西贺州市，其中蜉蝣个体数量多达 381 只。

“人们常认为蜉蝣‘朝生暮死’，寿命极短，但其实它们变为成虫前，会在水中度过一段时间。”王博说，蜉蝣生命周期中的大部分

时间生活在水中，羽化后的成虫通常只能存活数小时至几天。

在短暂的成虫阶段，蜉蝣需要完成繁殖任务：雄虫在空中形成密集的集群，雌虫飞入并穿过雄虫的集群，找到雄虫交配，再找到合适的地方产卵。在生物学上，蜉蝣成虫的这种大规模的集体“飞行婚礼”，被称为婚飞。

我是一只蜉蝣，一种古老而神奇的昆虫，早在3亿多年前就出现在地球上，是“活化石昆虫”。我的一生分为两个阶段：幼虫和成虫。在幼虫阶段，我生活在水中，身体细长，有鳃可以呼吸。我会在水中待上几个月甚至几年，不断蜕皮长大。在这个阶段，我是水生生态系统中的重要成员，帮助净化水质。当我变成成虫后，我的翅膀变得透明，身体纤细，美丽而脆弱。我的成虫阶段非常短暂，通常只有几个小时到几天。我的主要任务是交配和产卵。虽然我的成虫生命短暂，但我的存在象征着生命的美好和坚韧，也见证了地球生态系统的变迁。我是许多鸟类和蝙蝠的食物，我的生命虽然短暂，但却在生态系统中扮演着重要的角色。

2亿年前，“藏”在叶片内的虫卵被偷吃了

2022年，古生物学家的一项研究成果揭示了一个有趣现象：约2亿年前的昆虫会把卵产到银杏类叶片中，而这些“藏”在叶片中的卵竟被其他昆虫取食了。该成果发表在国际期刊《当代生物学》上。

昆虫会在植物内产卵，这是它们的一种特殊生殖策略。昆虫使用特殊的产卵器将卵产到叶片或树皮等植物组织里，使虫卵得到保护，以提高后代存活率。

云南大学古生物研究院冯卓团队经过长期野外科考，在四川自贡距今约2亿年前的三叠纪晚期地层中，采集到了大量保存精美、物种丰富的植物化石。从这批化石中，古生物学家找到了昆虫植内产卵的化石证据。

◆ 约 2 亿年前的昆虫取食叶片内的虫卵效果图。（冯卓团队 供图）

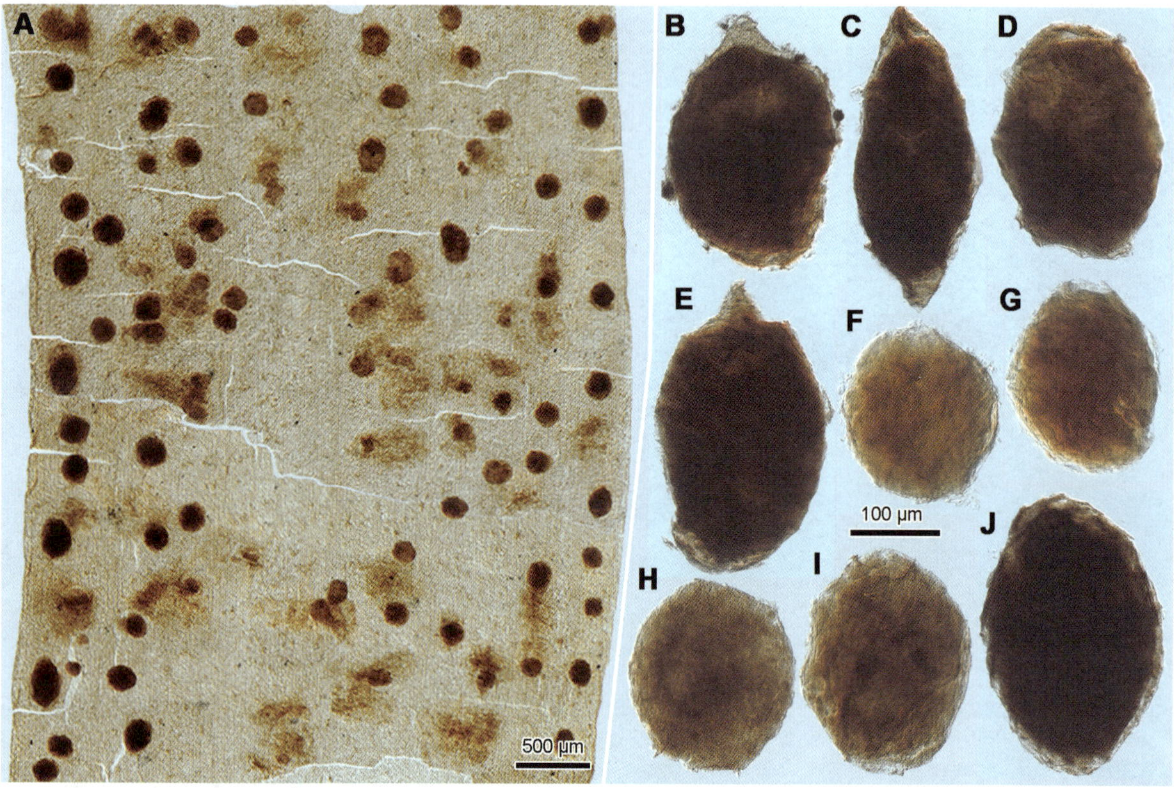

◆ **显微镜下的虫卵化石。（冯卓 摄）**

通过比较解剖学研究，团队在一种银杏类叶化石内发现了大量昆虫卵化石。分析表明，这些虫卵与现生蜻蜓目昆虫卵最接近。

冯卓解释，从解剖学特征看，保存虫卵的植物叶片的上表皮比下表皮角质层更厚，而角质层具有良好的隔热和防紫外线辐射作用。此外，叶脉间柔软的叶肉组织也更利于昆虫插入产卵器并产卵。

有趣的是，研究者还发现，这些叶片中的虫卵竟被其他昆虫取食过卵液。“可能是某种半翅目昆虫利用刺吸式口器刺穿卵壳、吸食卵液，并在卵壳上留下了直径约 1 至 3 微米的取食孔，有些卵壳上甚至留下了多个取食孔。”冯卓说，虫卵具有丰富的营养物质，但如何准确找到这些“藏”在叶片里的卵，需要昆虫具有特殊的嗅觉或视觉神经系统。

冯卓说：“昆虫的植内产卵代表了一种先进的生存方式，而取食卵液也是高效获取营养的策略。这两种行为都利于物种繁衍且在约 2 亿年前就出现了。”

2.4 亿年前，蝈蝈这样鸣叫

2022 年，中、法、德等国古生物学者通过建立远古蝈蝈化石的形态数据库，还原重建出这类昆虫在远古时期的鸣声特点。研究发现，早在 2.4 亿年前，蝈蝈已经能发出多种不同频率的鸣声。相关研究成果发表在《美国科学院院报》上。

◆ 1.6 亿年前蝈蝈生态复原图。（杨定华 绘）

◆ 2.4 亿年前蝈蝈的鸣器：音齿（红框内部分）及其局部放大图（右）。（中科院南古所 供图）

◆ 1.6 亿年前蝈蝈的听器（红框内部分）及其局部放大图（右）。（中科院南古所 供图）

蝈蝈学名螽斯，是一类鸣声洪亮的常见昆虫。此项研究中，科研人员检视了全球各地馆藏的1000多块化石标本，建立起2.4亿至1亿年前远古蝈蝈化石的关键形态特征数据库，并对这一时期蝈蝈的鸣声频率进行了系统重建。研究发现，早在2.4亿年前，蝈蝈的鸣声频率已经复杂多样，在4至16千赫兹均有分布。此时，一部分蝈蝈已能发出12至16千赫兹的高频鸣声，这也是迄今整个动物界最古老的高频声音记录。

进一步的数据库分析表明，2.4亿至1亿年前，不同种类的蝈蝈发声频率明显不同，这极大地降低了干扰，提高了声音交流的效率。综合蝈蝈鸣器、听器的形态特点，研究人员判断，早在1.6亿年前，雄性蝈蝈之间已经能靠声音传递如争夺领地、求偶等复杂信号。

综合其他古生物化石证据，研究团队还对远古森林中的声音做了还原。“我们发现，在2亿多年前，森林中的声音由昆虫鸣声占据主导。到1.8亿至1.6亿年前，增添了青蛙、鸟类的声音。直到大约1亿年前，各类鸣声动物种类增多，渐趋复杂的‘森林交响乐’也越来越接近现代的面貌。”领导此项研究的中科院南古所研究员王博说。

约 4.2 亿年前，这种“虫”浑身长刺

2023 年，中、英古生物学者在我国新疆发现一种浑身长满尖刺的淡水节肢动物赛尔玛尔迪布拉克虫的化石。这种新发现的远古生物生活在约 4.2 亿年前，是迄今在我国发现的最早的淡水节肢动物。

◆ 赛尔玛尔迪布拉克虫化石局部。（科研团队 供图）

◆ 赛尔玛尔迪布拉克虫的尾刺（上）与体节上的长刺（下）。（科研团队 供图）

从形态上看，赛尔玛尔迪布拉克虫外观奇特。它的身体分为多节，且多个体节都向两侧伸出对称的尖刺。它的尾部还拖着一条细长的尾刺，仿佛一只全身布满了刺的“虫”。

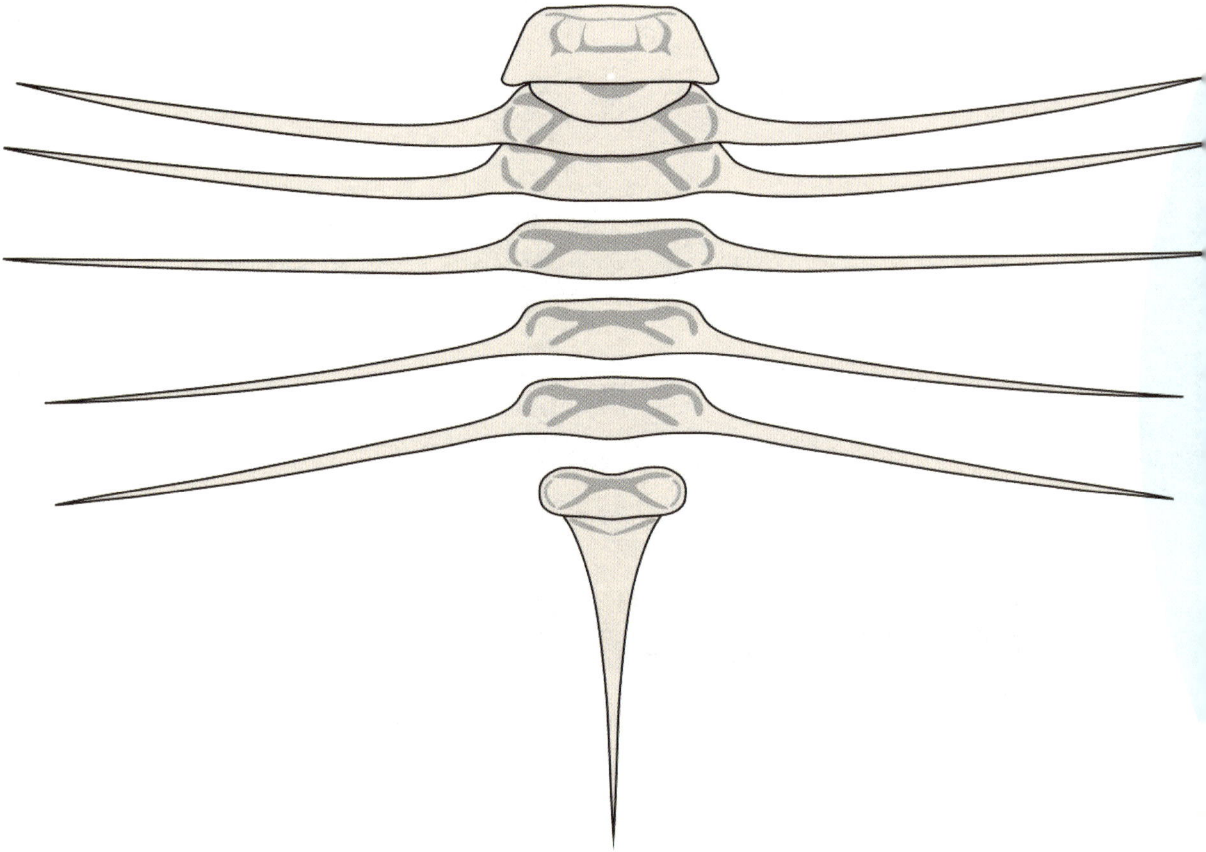

◆ 赛尔玛尔迪布拉克虫形态示意图。（纵瑞文 绘）

【想一想】

赛尔玛尔迪布拉克虫的全身长满了尖刺，这些尖刺是用于防御天敌，还是有其他功能？这种防御机制在当时的生态环境中是否很常见？

结合化石所在地的地层学研究和岩性、古盐度分析等，科研团队判断，赛尔玛尔迪布拉克虫生活在距今约 4.2 亿年前。它的生活环境可能是山区河流或湖泊，是迄今在我国发现的最早的淡水节肢动物。

“节肢动物是现今动物界中最大的一个门类，从生活在海水、淡水中的虾、蟹，到陆地上的蚊、蝇、蜘蛛，都是这个大家族的成员。淡水节肢动物的出现，是海洋动物‘登陆’的一个关键过渡环节。这一关键化石的发现，对我们了解动物如何从海洋走向陆地提供了重要依据。”领导此项研究的中科院南京地质古生物研究所研究员徐洪河说。

相关研究成果发表在国际古生物学期刊《古生物学论文集》上。

1 亿年前的蚂蚁这样捕猎

中国科学院南京地质古生物研究所古生物研究学者与中山大学等单位合作，通过三维建模、机器仿真实验等新方法，重建出 1 亿年前蚂蚁的捕猎过程。这一研究对我们了解远古生物的运动和生活习性具有重要意义。

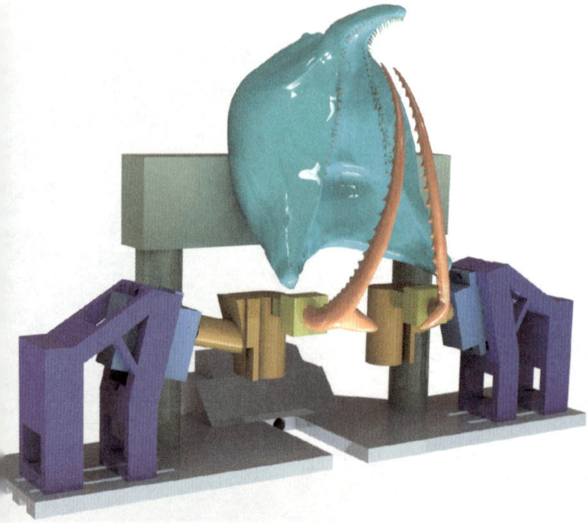

◆ 研究中复原的刀颚蚁头部三维模型（左）和验证运动学合理性的实验（右）。（中国科学院南京地质古生物研究所 供图）

此次研究涉及的蚂蚁是远古黑帝斯蚁中的一类——刀颚蚁。黑帝斯蚁生活在大约1亿年前的白垩纪中期，是目前已知最早的蚂蚁之一。刀颚蚁的头顶有一个突出的长角，“嘴巴”的位置长着一对向上挑起的大颚，像一对威风凛凛的大牙，看起来非常凶猛。

此项研究中，研究人员选取了两块刀颚蚁琥珀化石作为研究对象，通过对化石进行三维建模，完整地复原了刀颚蚁上颚的立体形态结构和解剖结构。根据获得的三维形态模型，科研人员数字化检测、提取了隐藏在化石中的运动线索，并量化分析出刀颚蚁的大颚运

◆ 研究中涉及的两块刀颚蚁琥珀化石。（中国科学院南京地质古生物研究所 供图）

◆ 刀颚蚁捕食情景生态重建图。（杨定华 绘）

动特性。

经过生物力学分析和实验的进一步验证，研究人员重建出 1 亿年前刀颚蚁的捕猎过程：它们的一对大颚会向前伸展、向内回勾，将猎物拖向自己。大颚向前伸展时还可以横向展开一定角度，以拓展捕食的面积。

“此项研究中所使用的运动重建过程，也可以应用在其他古生物化石上。运用三维建模、机器仿真实验等新技术来定量复原、重建古生物运动，为我们更加细致、生动地了解古生物的生活全貌提供了重要帮助。”领导此项研究的中国科学院南京地质古生物研究所研究员王博说。

相关研究成果发表在学术期刊《国家科学评论》上。

1.3 亿年前，雄性蚊子也会吸血

2023 年，中国、黎巴嫩、法国、美国古生物学者在距今约 1.3 亿年的黎巴嫩琥珀中发现了两枚远古雄性蚊子化石。这是目前已知最古老的蚊子化石。这项发现还显示，在蚊科动物演化的早期阶段，雄性蚊子也会吸血。

蚊子是一种广为人知的吸血昆虫。在此项研究前，最早发现过约 1 亿年前的蚊子化石。

本次发现的蚊子化石来自白垩纪的黎巴嫩琥珀，距今有约 1.3 亿年历史，这将蚊子的化石记录提前了近 3000 万年。科研人员经过多年艰苦的野外工作，发现并采集了上万枚黎巴嫩琥珀，其中筛选出 2 枚保存完整、精美的雄性蚊子化石。

◆ 此次发现的雄蚊化石标本（左为琥珀中的远古蚊子标本，右为琥珀薄片）。（中国科学院南京地质古生物研究所 供图）

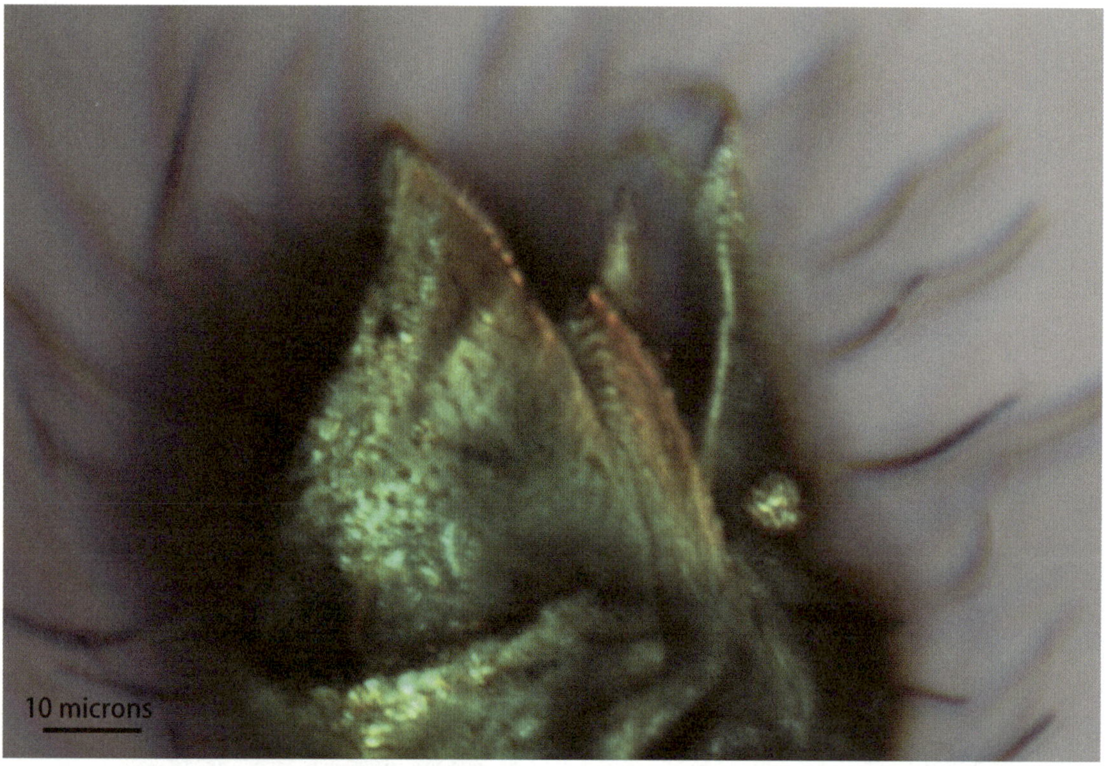

◆ 激光共聚焦显微镜下的雄蚊口器细节。（中国科学院南京地质古生物研究所 供图）

研究人员借助激光共聚焦显微镜、荧光显微镜等先进仪器发现，与现代雄蚊多吸食花露而口器退化、雌蚊具有用于吸血的刺吸式口器不同，约 1.3 亿年前的雄性蚊子化石中保存了明显的刺吸式口器。显微结构显示，这些刺吸式口器有尖锐的三角状下颚，下颚上有锋利的小齿。研究团队根据这些结构判断，在约 1.3 亿年前，雄性蚊子也会吸血。

此项研究由中国科学院南京地质古生物研究所外籍研究员丹尼·阿扎领衔完成，南京地质古生物研究所黄迪颖等参与。研究团队介绍，受限于化石证据缺乏，此前人们对蚊子起源和早期演化的了解极为有限。这两枚珍贵的远古蚊子化石，也为后续更细致地研究蚊子从何而来、如何演化提供了重要依据。

相关研究成果在线发表在国际期刊《当代生物学》上。

【想一想】

①远古蚊子与现代蚊子有什么不同？

②为什么雄性蚊子在 1.3 亿年前会吸血，而现在却不吸血了？

1 亿年前，知了不会叫“知了”

2024 年，中国、波兰、美国、澳大利亚等多国古生物学者对约 2.3 亿年前至 6600 万年前蝉总科昆虫的早期演化历史进行了系统研究，其中涉及 11 枚新发现的标本。研究表明，在约 1 亿年前，早期的蝉还不会“高声歌唱”。

蝉俗称知了。现生的蝉总科昆虫包含两个科：“歌声”高亢、全球广布的蝉科，和仅分布于澳大利亚的螽蝉科。

研究人员运用光学显微镜、显微计算机断层扫描成像技术等，对蝉总科昆虫的早期演化历史、行为、形态演化规律等进行了较为系统的研究。本研究涉及 11 枚新标本，全部来自约 1 亿年前的缅甸克钦琥珀，包括 6 枚蝉总科成虫标本、1 枚末龄幼虫标本和 4 枚蝉蜕标本。在化石研究的基础上，研究团队还将新发现的特征与已有蝉总科化石、现存物种进行比对，系统分析构建出包括远古和现代蝉总科昆虫的数据库。

研究论文第一作者、南古所博士姜慧介绍，现生蝉科昆虫最大能发出近 120 分贝的响亮声音，此项研究却发现，早期的蝉总科昆虫虽然普遍具有鼓膜，但大多没有发现其他复杂的发声和听觉结构。这意

◆ 缅甸克钦琥珀中的蝉总科成虫（左）、末龄幼虫（右上，显微 CT 图）和蝉蜕化石（右下）。（中国科学院南京地质古生物研究所 供图）

味着它们的发声方式更为原始，可能仅通过树干等固体物质传递身体振动的信号，而不像现在的鸣蝉，通过腹部共振腔放大声音，并以空气为媒介传声。

“通过一系列与其他化石和现存类群的对比，我们还推测，直到

Dinghua

约 1 亿年前，早期的蝉可能都无法像现在一样‘高声歌唱’。”姜慧说。

此外，本研究涉及的蝉总科末龄幼虫化石中，发现了与现代蝉幼虫相似的、强大而特化的前足。前足有抓握结构，具备强大的土壤挖掘和运输能力。这说明早期的蝉总科幼虫可能与现代蝉幼虫类似，有长期地下生活的习性。

相关成果发表在国际学术期刊《自然·通讯》上。

◆ 中生代森林中蝉的生活生态场景示意图。（杨定华 绘）

约 1 亿年前的海洋内寄生绦虫长这样……

2024 年，中国、德国、英国、缅甸等多国古生物学者在距今约 1 亿年的缅甸克钦琥珀中发现了一块绦虫化石。这是全球首个确定的绦虫身体化石，为研究绦虫的早期演化提供了直接证据。这项新发现还显示，琥珀不仅可以保存节肢动物的内部结构，也可以保存绦虫这类软躯体动物的内部结构。

绦虫是一种肠道寄生虫，广泛分布于几乎所有的陆地、淡水和海洋生态系统中。研究人员运用光学显微镜、显微计算机断层扫描成像技术等，发现该化石前部保存了绦虫精美的内部结构，与锥吻目绦虫完全符合；外部形态特征也与锥吻目绦虫一致。

锥吻目绦虫是海洋中物种数最多的绦虫

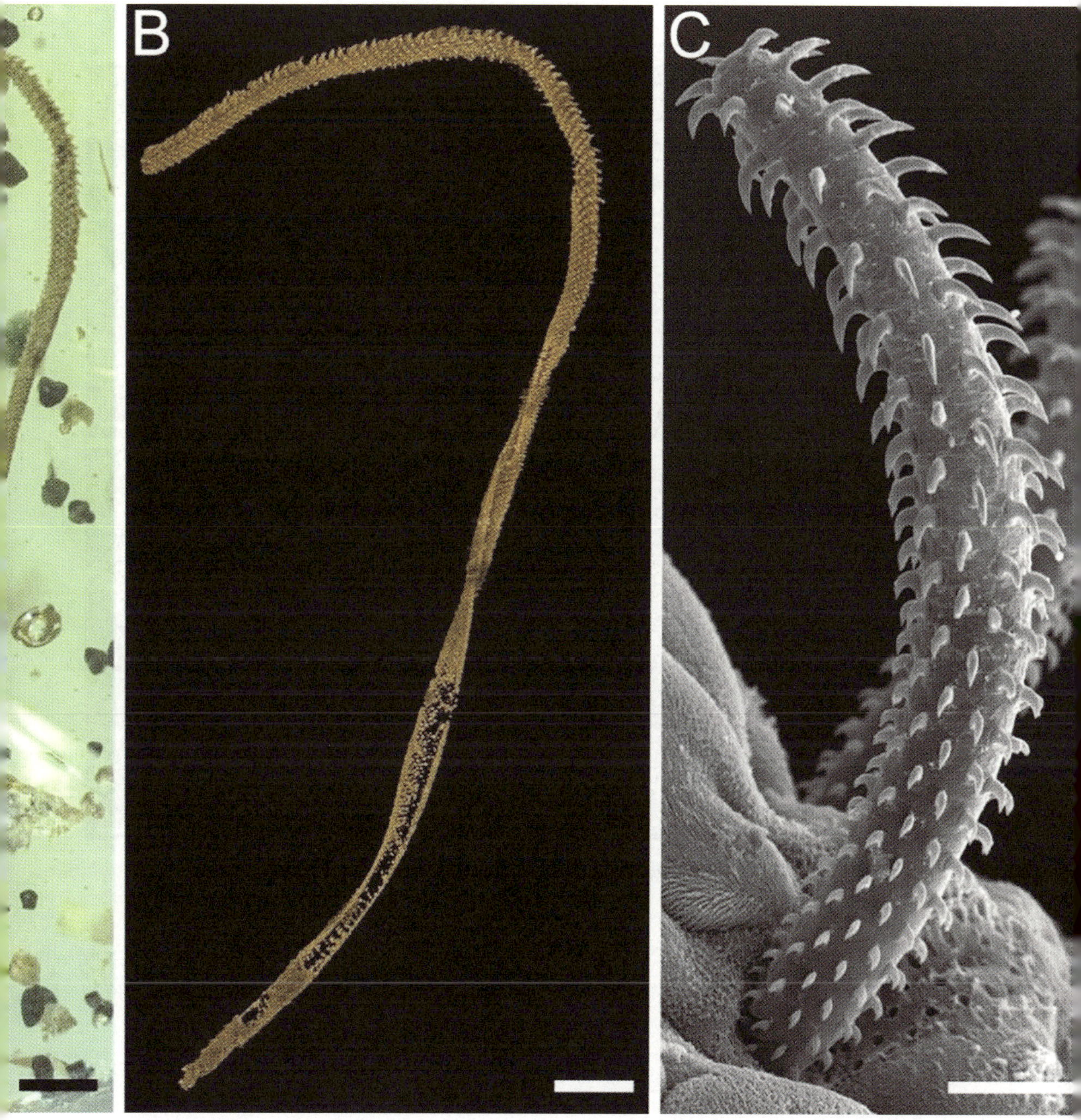

◆ 缅甸克钦琥珀中的绦虫化石（A 为光学显微镜图像；B 为显微计算机断层扫描图像）与现生锥吻目（C 为电子显微镜图像）比较。（中科院南古所 王博 供图）

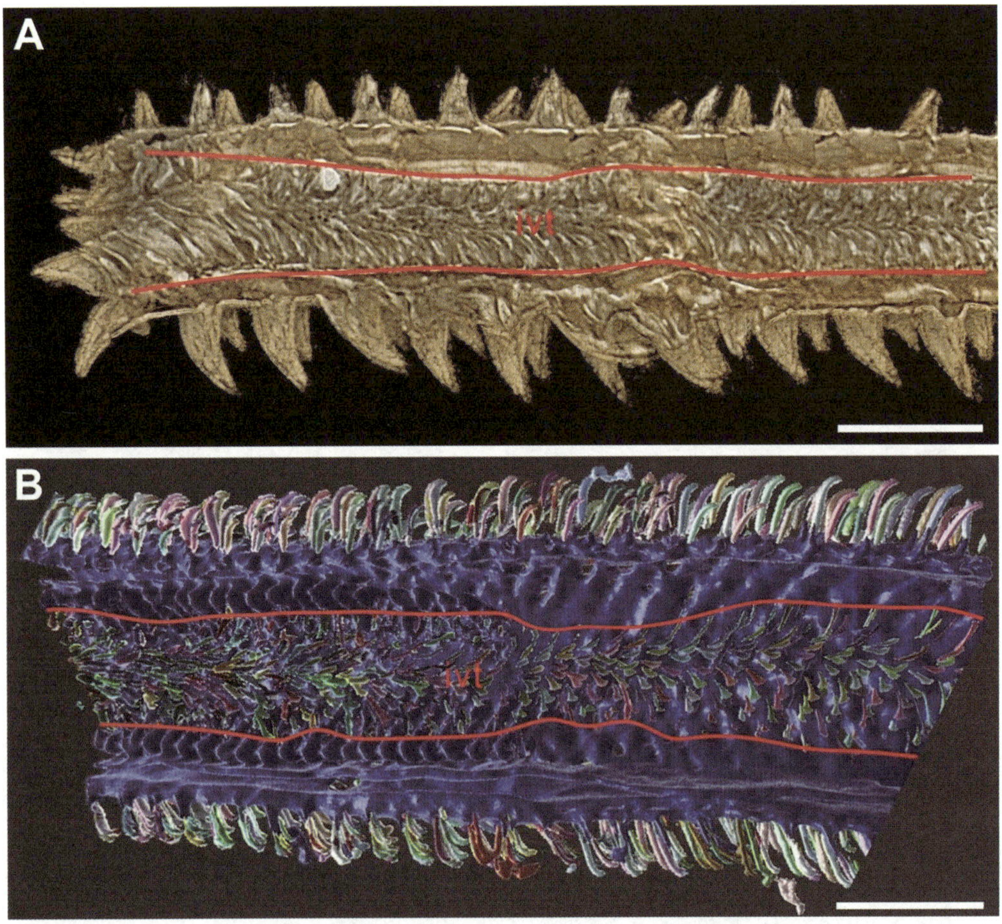

◆ 化石内部结构（A）与现生锥吻目（B）比较。（中科院南古所 王博 供图）

类群之一，身长约 1 厘米，身体表面有大量钩子一样的结构，头节上有几个可以动的足状吸槽。其成虫主要寄生在鲨鱼和鳐鱼的胃肠道中。由于没有嘴巴和消化道，它们通过皮肤吸收养分，跟宿主“抢饭吃”。

主导此项研究的中国科学院南京地质古生物研究所研究员王博介绍，由于绦虫的寄生习性以及软躯体容易降解，此前没有发现过化石证据。本次发现为研究绦虫的早期演化提供了直接证据。

“除了绦虫，这枚琥珀还包裹了大量砂砾、植物产生的毛状体以及一只蚧壳虫，表明这枚缅甸克钦琥珀形成的环境靠近海边。”参与此项研究的中国科学院南京地质古生物研究所博士生罗慈航说，由此对海洋内寄生绦虫何以出现在琥珀中提出了一种假设：这条绦虫可能寄生在鳐鱼的肠道内，鳐鱼搁浅后被一只恐龙捕食，在取食内脏时，绦虫掉了出来并被附近的树脂包裹。

相关研究成果发表在国际期刊《地质学》上。

距今 1.65 亿年，这只蜻蜓仍栩栩如生……

◆ 宁城契丹优美蜓化石。（单德志 摄）

◆ 专家团队在对化石进行观察。（单德志 摄）

科研人员于2024年在内蒙古赤峰市宁城县发现距今1.65亿年且保存十分完整的中侏罗世优美蜓科化石，并将其命名为宁城契丹优美蜓。此次发现对研究蜻蜓的自然历史演化提供了新依据。

该化石是首都师范大学、广州大学的学者团队与宁城国家地质公园管理局在宁城县道虎沟中侏罗世燕辽生物群中发现的。宁城国家地质公园管理局局长商景安介绍，地质公园工作人员在进行古生物化石保护巡查过程中，发现了这块裸露的蜻蜓化石，随即组织专家进行现场核实和研究，并采取措施予以保护。

“本次新发现的化石，对优美蜓科的研究进行了比较完整的补充。”首都师范大学生命科学学院教授任东介绍，该化石是迄今为止保存最完整的一个优美蜓化石，它有翅膀、虫体、生殖器。最难得的是通过观察生殖器，发现它是一个雌性的个体。

优美蜓科因其翅细长如镰刀，翅脉密集，插脉多且长，虫体纤细具花纹而得名。结合之前专家对道虎沟地区的研究，推测宁城契丹优美蜓生活在温暖潮湿的溪流或湖泊旁。任东表示，这次发现的优美蜓化石补充了优美蜓科的部分特征，为国际昆虫学界深入了解优美蜓科提供了更全面的形态学依据。

封藏 1 亿年的“木乃伊化”肌肉，是谁的？

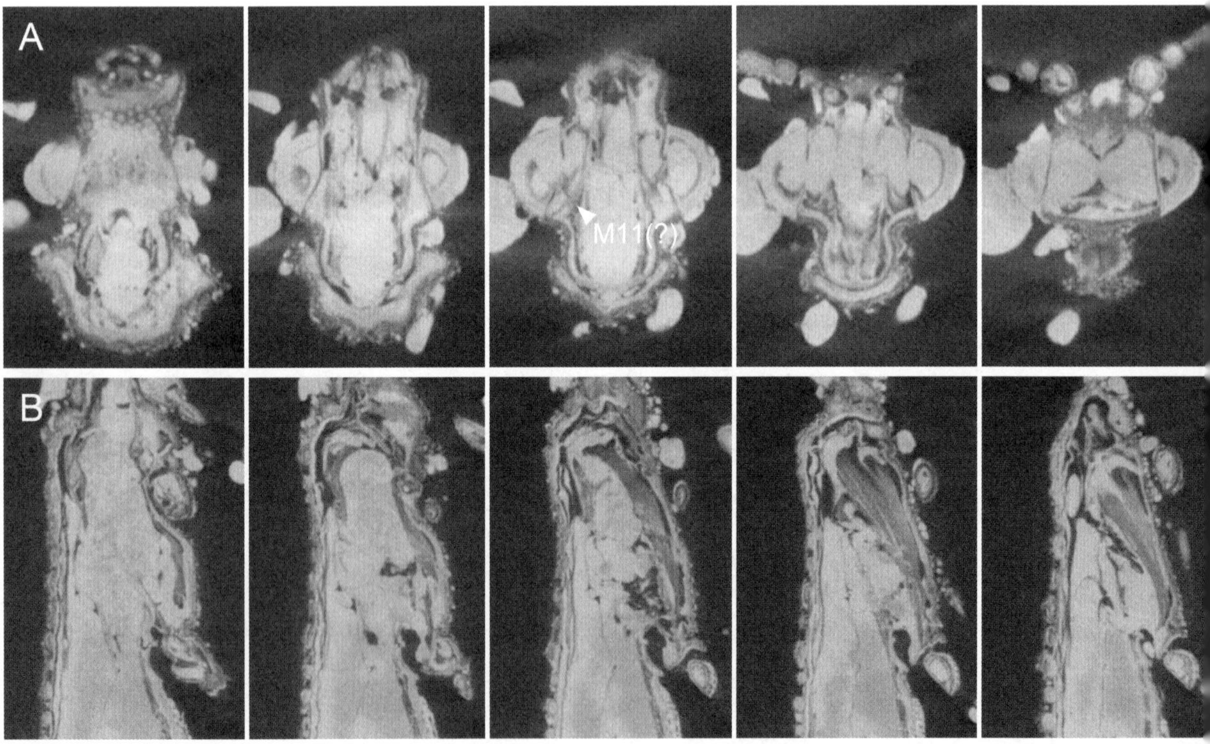

◆ 显微 CT 扫描下的“木乃伊化”甲虫肌肉。（中国科学院南京地质古生物研究所 供图）

肌肉、神经等软组织为重建生物的演化历史提供了不可替代的重要信息。中国科学院南京地质古生物研究所科研人员利用显微 CT 等多种观察手段，在缅甸琥珀中发现了 1 亿年前甲虫“木乃伊化”的肌肉。相关研究成果发表在国际动物学期刊《动物学论丛》上。

领导此项研究的中科院南古所研究员蔡晨阳介绍，他们在对缅甸琥珀中的原鞘亚目甲虫开展分类系统学研究时，在副齿边眼甲属一新种中，首次发现了甲虫体内原位立体保存的肌肉。通过显微 CT 扫描，研究人员发现，该枚薄脊副齿边眼甲标本

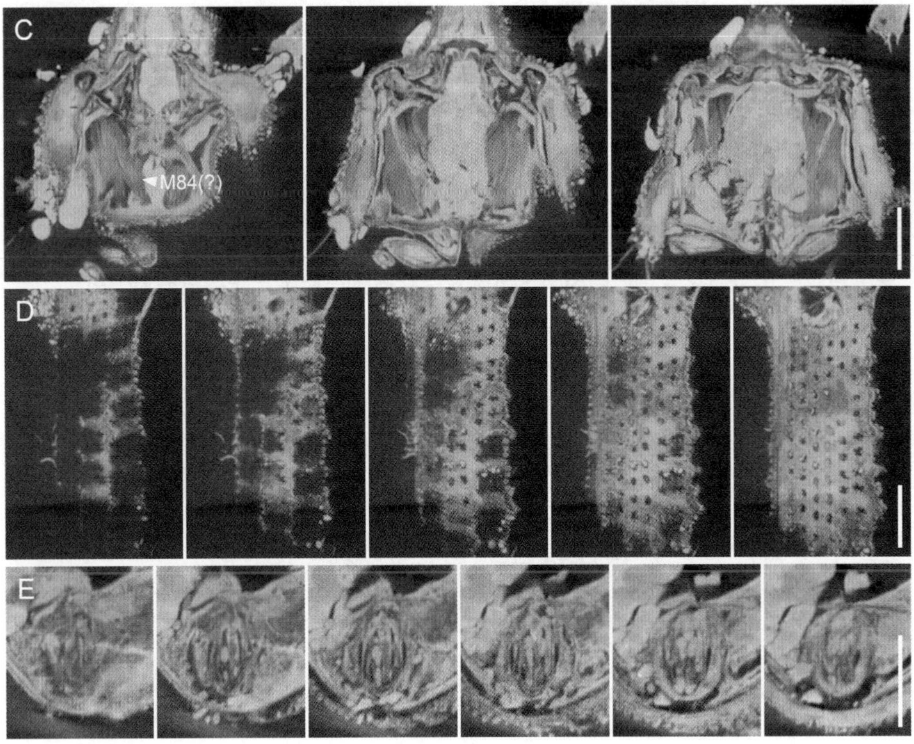

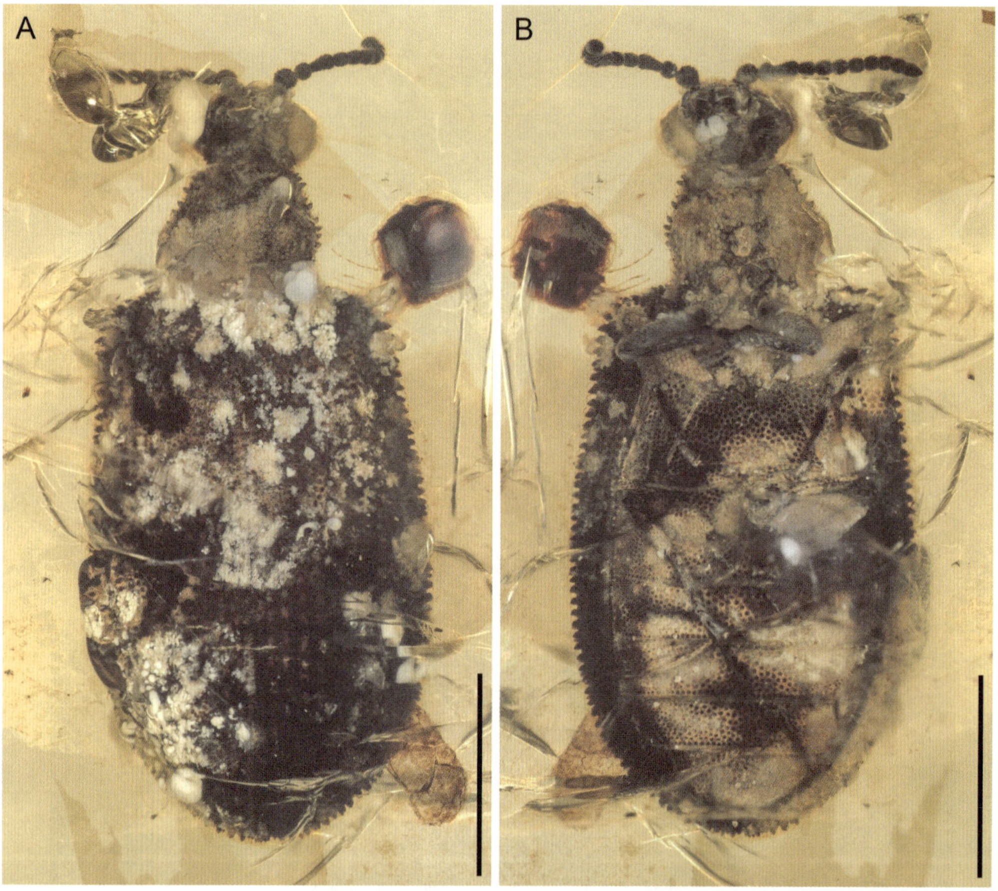

◆ “木乃伊化”甲虫的光学显微镜图。（中国科学院南京地质古生物研究所 供图）

保存有较好的内部软组织结构，其中后胸部分的肌肉保存最为完好，可以清楚地看到条纹状的肌肉组织。

在显微 CT 下，缅甸琥珀中的昆虫标本通常表现为一个空腔或一个同质的高吸收度实体。“这枚标本中的肌肉没有表现出明显的皱缩，可以推测，其保存

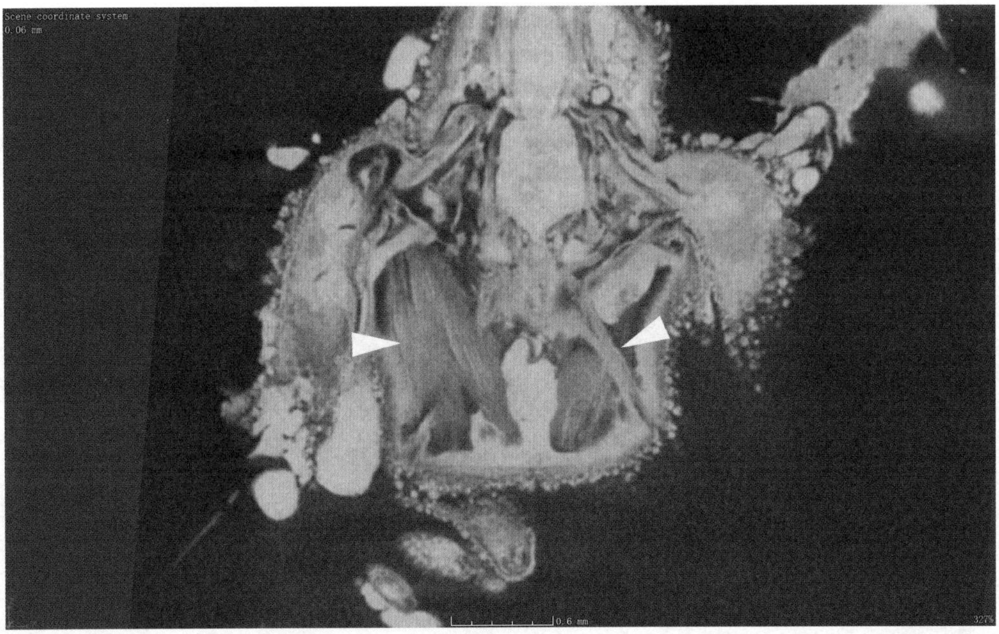

◆ 显微 CT 扫描下的“木乃伊化”甲虫胸部肌肉。（中国科学院南京地质古生物研究所 供图）

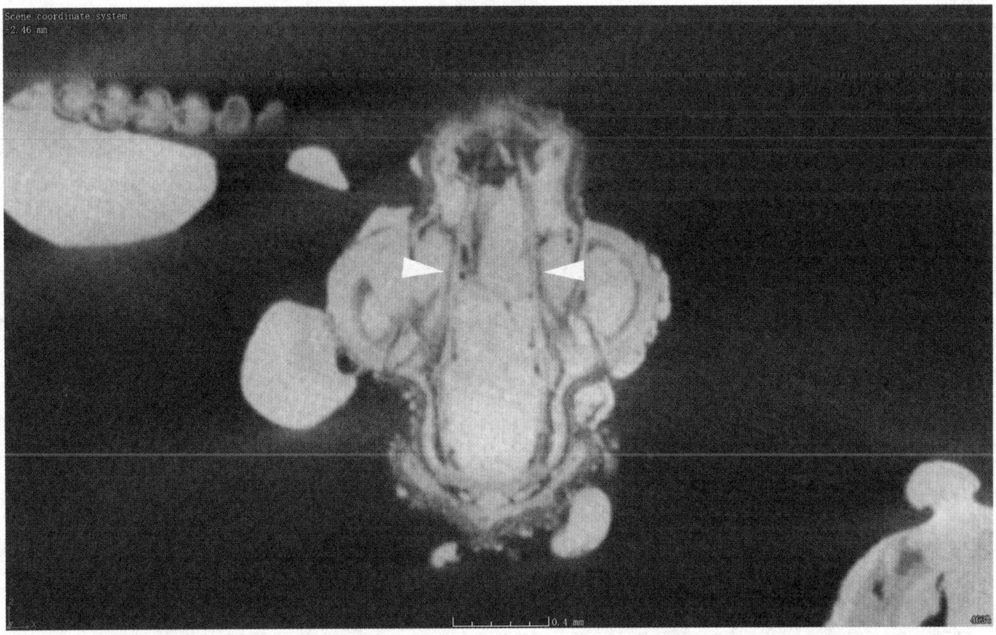

◆ 显微 CT 扫描下的“木乃伊化”甲虫头部肌肉。（中国科学院南京地质古生物研究所 供图）

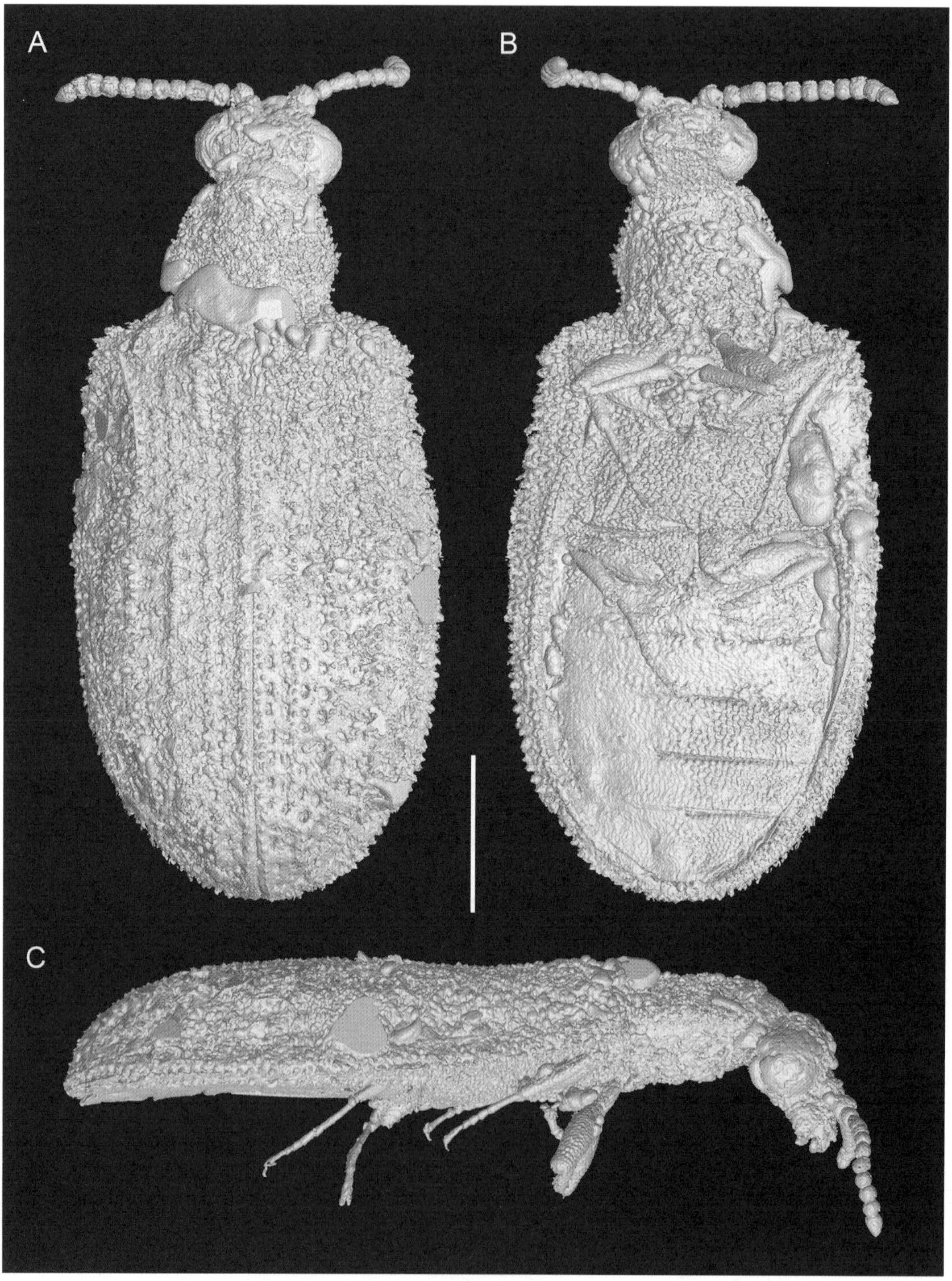

◆ “木乃伊化”甲虫的显微 CT 扫描。（中国科学院南京地质古生物研究所 供图）

时经历了‘木乃伊化’过程。”蔡晨阳说，琥珀泛指树脂形成的化石，琥珀昆虫则是被树脂包裹在内。通常情况下，树脂在脱水和多聚化的过程中，会把昆虫体内的水分和软组织吸走，促使昆虫内部软组织缢缩成团，因此昆虫肌肉保存良好的情况比较罕见。

中科院南古所科研助理李言达说，在恐龙化石等印痕化石中，内部软体组织极为罕见，即便偶有保存，也通常表现为被压扁的二维痕迹，立体信息几乎完全丢失。而琥珀作为一种特异埋藏化石，具有远高于印痕化石的保存潜力。这枚缅甸琥珀距今已经 1 亿年，此研究进一步证明了琥珀化石的保存潜力和不可替代的价值。

【选一选】

文中提到的“木乃伊化” 肌肉属于以下哪种生物？（ ）

A. 蜘蛛

B. 原鞘亚目甲虫

C. 蚊子

答案见 P131

终于看清细节！古生物学家为 5.2 亿年前的虫子拍 CT

2024 年，运用先进技术手段，古生物学家揭开了澄江生物群中的等刺虫化石的形态秘密。该成果在线发表在国际期刊《英国皇家学会会刊 B 辑》上。

节肢动物的起源与演化一直是学界研究热点。等刺虫是生活在约 5.2 亿年前寒武纪时期一类干群节肢动物，是研究节肢动物早期演化的绝佳对象，但一直以来，由于等刺虫宽大的壳瓣覆盖住了整个身体，古生物学家仅凭肉眼和光学显微镜难以观察到壳瓣下的细节。

◆ 等刺虫效果图。（哈佛大学霍利·苏利文 绘）

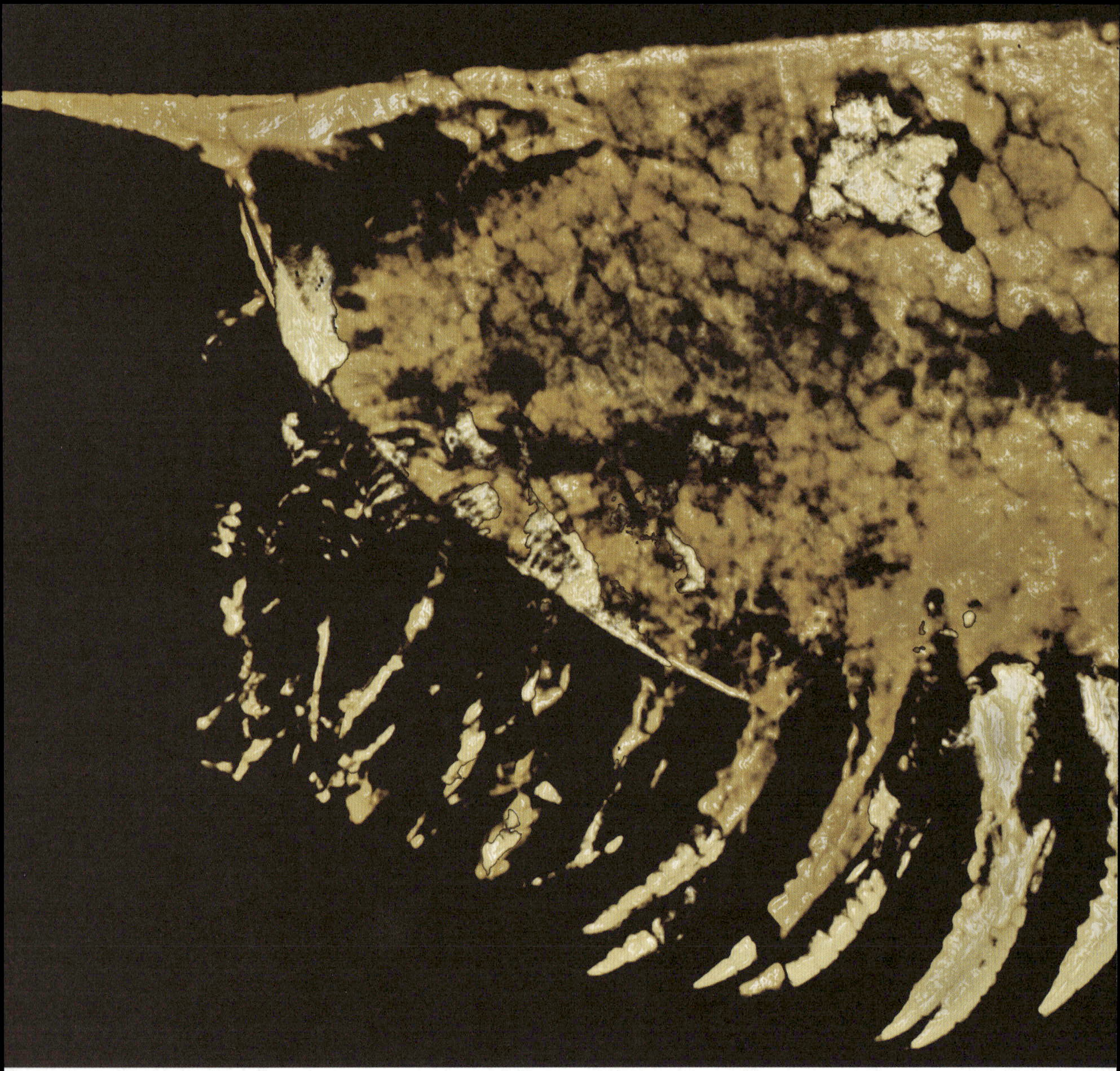

◆ 云南大学麦慧娟、张彩霞完成的 CT 数据扫描与处理生成的图片。

由云南大学古生物研究院、澄江化石地世界自然遗产博物馆、美国哈佛大学研究人员组成的团队，运用显微 CT 断层扫描等先进技术手段，给等刺虫拍出了多张较为完整的 CT 片，揭示出这类动物的躯干外形和附肢细节。

研究表明，等刺虫的前附肢及其后的 14 对附肢已出现明显的形态和功能分化。其中，前附肢为单肢型，由多个连接在一起

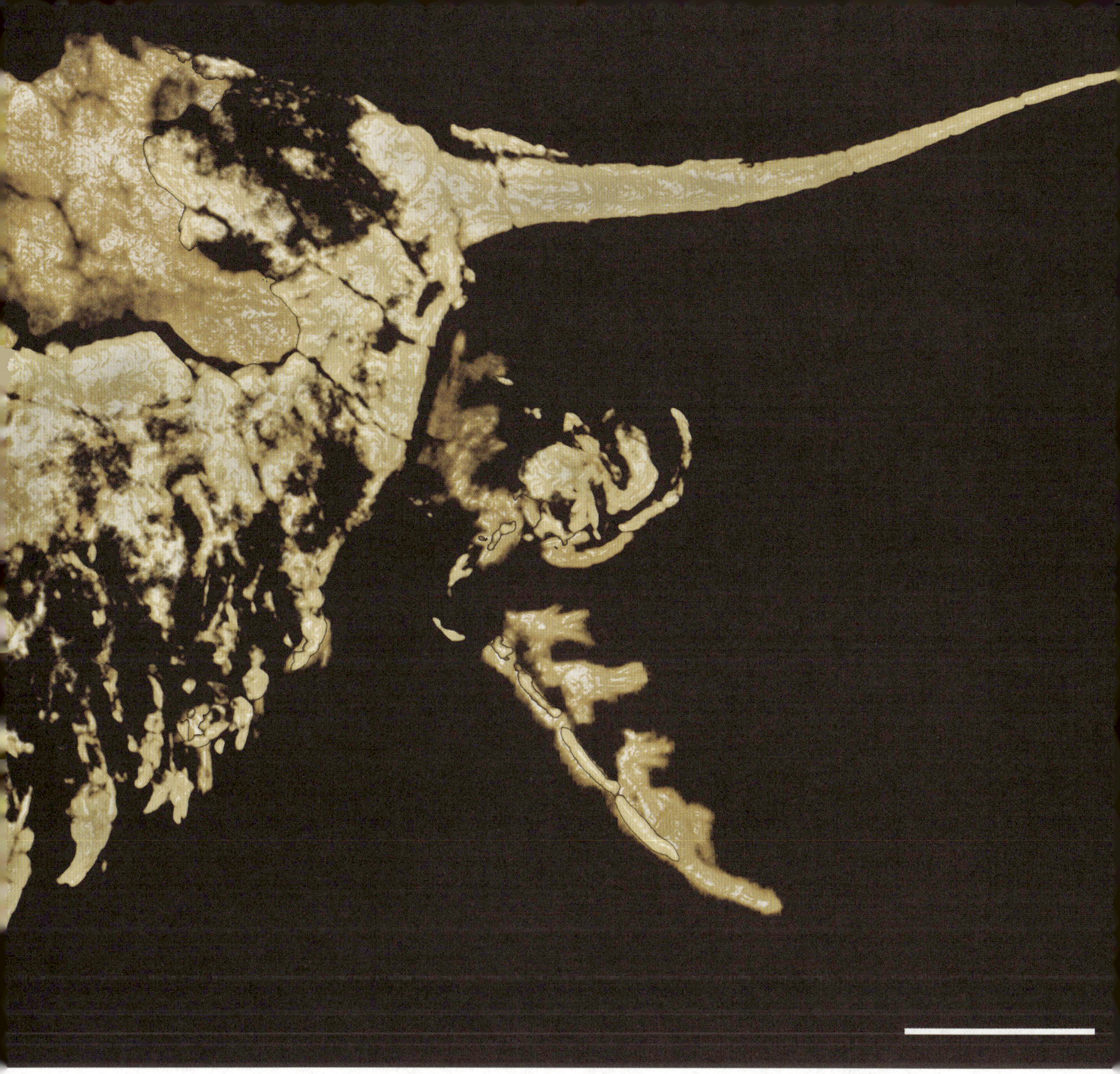

的肢节组成，肢节背面有簇状尖刺，能有效捕捉猎物。

紧接前附肢后的 4 对附肢，肢节粗壮、内侧有成对的刺、末端呈钩状，可对捉到的猎物做进一步肢解处理，以有效进食。

后部 10 对躯干附肢，内肢分节多、缺少内侧的刺和末端爪，外肢发达、有成列排布的多个片状结构。

“通过这些 CT 数据，我们可以清晰地看到等刺虫的外形细

◆ 等刺虫化石。（云南大学 张彩霞 摄）

节，据此推断，等刺虫的前附肢及其后的 4 对附肢形成了功能性的头部，而躯干附肢为运动附肢，有游泳和爬行功能。”论文通讯作者之一、云南大学古生物研究院研究员刘煜说。

该成果为学界研究节肢动物的早期演化提供了全新的形态学证据。

P125 答案：B. 原鞘亚目甲虫

这种 1000 万年前的“豆角”，能吃吗？

2022 年，中科院西双版纳热带植物园的研究人员与越南国家自然博物馆合作，在越南北部地区发现了约 1000 万年前的“豆角”——油麻藤豆荚化石。这是科学家发现的首个油麻藤属确定的化石记录，相关成果发表在国际期刊《古植物学和孢粉学评论》上。

中科院西双版纳热带植物园研究员苏涛介绍，油麻藤属是豆科菜豆族刺桐亚族的攀缘木质大藤本，广泛分布于世界泛热带地区，在亚洲的热带雨林和热带山地雨林中尤其常见。“这种‘豆角’比我们常吃的豆角要大得多，此次发现的豆荚化石不完整，也有 30 多厘米长。”苏涛说，油麻藤属的豆子较鼓，豆与豆之间则明显

◆ 在越南北部发现的油麻藤豆荚化石。（阮伯雄 摄，中科院西双版纳热带植物园 供图）

现生白花油麻藤的荚果。（黄健 摄，中科院西双版纳热带植物园 供图）

缩窄，侧面像其他豆角一样，两边加厚。

该化石由中科院西双版纳热带植物园古生态组越南籍博士研究生阮伯雄发现。基于形态分类比较，研究人员将其定为现生白花油麻藤的相似种。白花油麻藤属于油麻藤属大果亚属，现今广泛分布于华南地区。

中科院西双版纳热带植物园助理研究员黄健介绍，此化石的发现对研究油麻藤属的演化具有重要意义，说明在约 1000 万年前，越南北部已经存在适合油麻藤属生存的热带雨林。这一研究表明了华南植物区系与越南北部植物区系在地质历史上的密切关系，为东亚植物区系的热带亚洲起源学说提供了古植物学的证据。

这种“豆角”能吃吗？苏涛介绍，油麻藤属与我们常吃的豆角不同，更多是一种大型观赏性植物。它们开花时十分漂亮，是“一道美丽的风景线”，但豆荚具有毒性，不可食用。

送你一朵
绽放 1 亿年的花

2022 年，青岛科技大学教授王硕带领的研究团队，在国际上首次从琥珀中发现最古老的现存花朵，为东南亚地区早期开花植物演化与板块运动关系研究提供了重要的化石证据。相关成果以封面文章形式发表在国际权威期刊《自然·植物》上。

王硕团队研究了 21 块形成于约 1 亿年前的缅甸琥珀化石标本，通过对其表面细微特征、内部三维结构与现生植物形态结构的对比分析，最终在南非的开普植物区找到了这些琥珀化石植物的现存后裔。

“这些花可以说‘开了 1 亿年’。1 亿年前这些花朵在生长的时候被琥珀

◆ 这是该研究使用的其中一块琥珀化石。(王硕团队 供图)

◆ 这是琥珀化石植物后裔的代表物种照片。（王硕团队 供图）

包裹，从而得到了完好保存。”王硕说，这些保存在琥珀中的化石植物在印度板块与冈瓦纳古陆尚未完全分离前即已形成，随着冈瓦纳古陆的解体和印度板块的北移，这一生物群的祖先通过印度板块传播到缅甸北部，但它们的后裔却一直在南非的开普植物区生存繁衍。

研究发现，这些花朵表现出对频繁野火的高度适应性。白垩纪时期频繁发生的野火可能是驱动被子植物演化的一个重要原因。

该研究成果是由王硕团队与多家国内、国际科研院所密切合作，历经 8 年时间取得的。

◆ 这是该研究使用的其中一块琥珀化石。（王硕团队 供图）

【想一想】

这朵绽放 1 亿年的花，在当时的生态系统中是如何与其他生物相互作用的？

2.5 亿年前
这种植物爱“睡觉”

我国古生物学家从距今 2.5 亿年的化石中发现了植物爱“睡觉”的秘密。成果在线发表在国际知名期刊《当代生物学》上。

在自然界，有些植物拥有一种类似“睡觉”的现象，它们的叶片在白天展开，在夜晚会合拢或下垂，学界称之为“植物的感夜性”。叶片的这种周期性运动规律一直备受学界关注，但由于缺乏化石证据，学界至今对植物“睡觉”行为的起源与演化知之甚少。

2023 年，云南大学古生物研究院冯卓团队从植物化石身上，首次证实了远古时期的植物也具有感夜性。

这种化石是大羽羊齿类植物，距今 2.5 亿年，在云南曲靖出土。团队观察到，在植

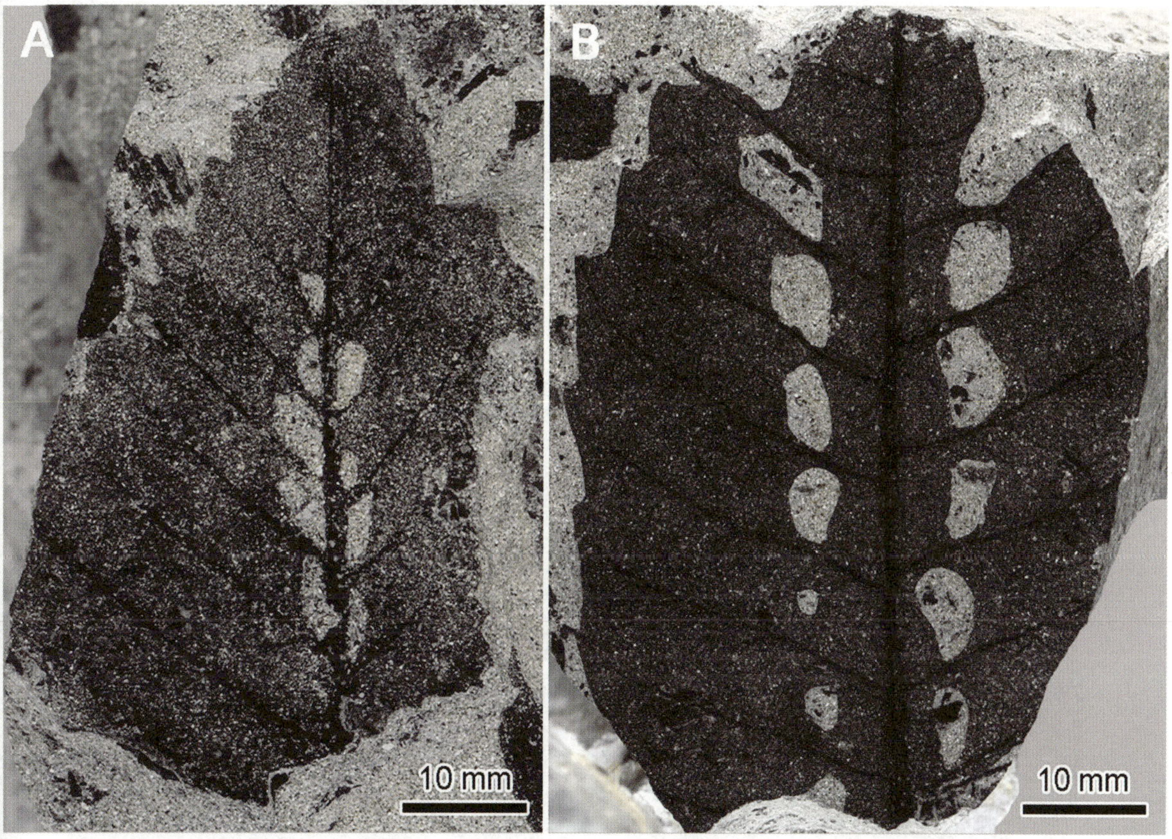

◆ 团队发现的两种大羽羊齿类植物化石。（冯卓 摄）

◆ 现生植物叶片在夜晚合拢后被咬出的“虫眼”。（冯卓 摄）

物的叶片上，有一种新型的昆虫咬蚀结构，这些咬痕呈对称状排列于叶片中脉的两侧。从形态与大小看，叶片中脉一侧的咬痕总与另一侧的咬痕存在略微差异，而离中脉越近或离叶片基部越近时，两侧的咬痕差异越明显。

与大量现生植物进行对比研究后，团队发现，这些化石上的“虫眼”结构竟然与现生植物叶片在夜晚合拢后被昆虫取食留下的结构一致。“因此我们推断，有昆虫咬蚀了正在‘睡觉’、叶片合拢的大羽羊齿类植物。难得的是，这一植物化石被完好地保存至今。”冯卓说。

这一发现，把植物感夜性的起源时间推到了2.5亿年前。

这种 1.7 亿年前的“花”，你认识吗？

2023 年，中科院南京地质古生物研究所的古生物学者通过化石重新研究，发现了我国西北地区目前已知最早的被子植物，即人们熟知的“花”。这种远古植物距今约有 1.7 亿年历史，此前一直被认为是裸子植物。

领导此项研究的中科院南京地质古生物研究所研究员王鑫介绍，人们俗称的“花”和“果”，其实是被子植物所特有的结构。被子植物是当今植物界最进化、种类最多、分布最广、适应性最强的类群。全球范围内的现生被子植物约 30 万种，占现生植物界种类的绝大多数。

在研究过程中，科研团队对我国西北地区约 1.7 亿年前的一种侏罗纪远古植物化石进行了重新研究。这种植物此前被认为是裸子植物，名为美丽镰鳞果。最新研究中，科研团队运用显微 CT 技术对

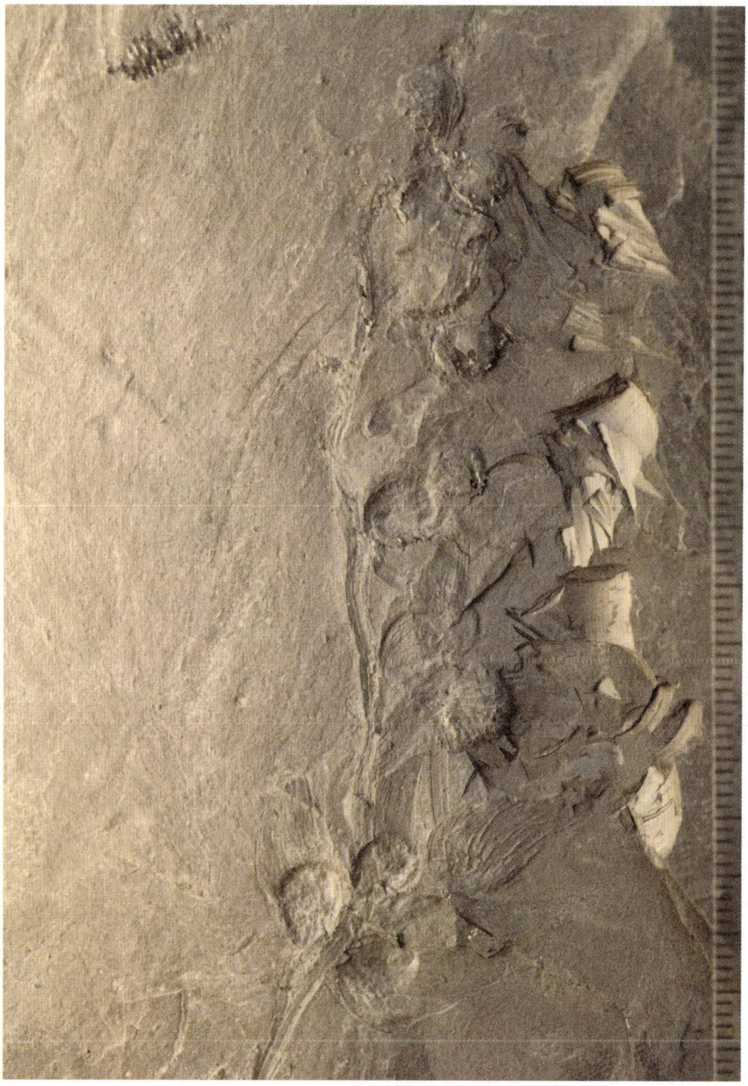

◆ 美丽青甘宁果序化石照片。（中科院南京地质古生物研究所 供图）

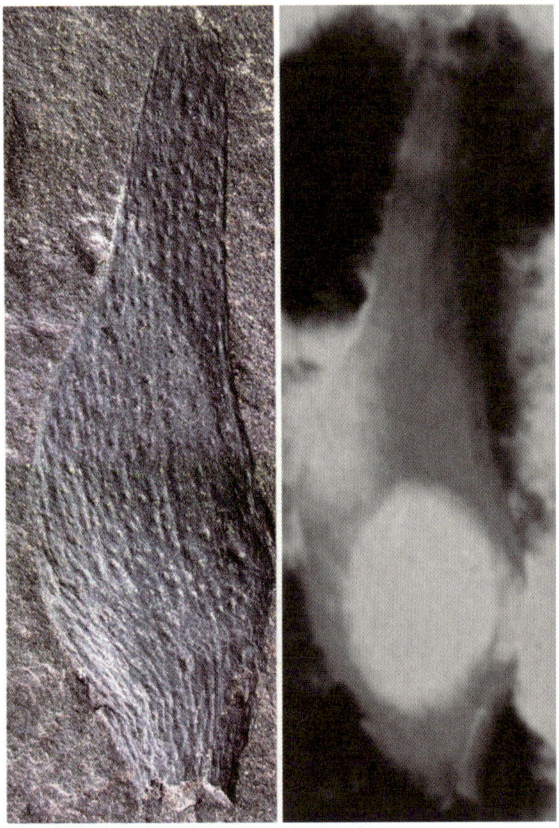

◆ 美丽青甘宁果序的一个果实（左）和果实内的一个胚珠（右）。（中科院南京地质古生物研究所供图）

这种古植物化石进行扫描，发现化石内部包含有双层珠被的倒生胚珠，这是判断被子植物的关键特征。基于此，科研团队判断这是一种远古被子植物。由于化石中展现的是这种植物的多个相连果实，科研团队将其重新命名为美丽青甘宁果序（Qingganninginfructus formosa）。

“美丽青甘宁果序在我国青海、甘肃、宁夏均有发现，是我国西北地区迄今发现的最早的被子植物。它的发现说明，早在约1.7亿年前，开花结果的被子植物就已经出现并广泛分布，达到了一定的繁盛程度。这也为科学界继续追踪被子植物的起源和演化，提供了新的参考依据。”王鑫说。

该研究由中科院南京地质古生物研究所、兰州大学、宁夏地质博物馆、西北大学共同完成。相关研究成果刊发在国际生物学期刊《生命》上。

1500 万年前，这种植物“活化石”曾生活在热带雨林

2023 年，中、德古生物学者在约 1500 万年前的福建漳浦琥珀中发现一朵绽放的银缕梅花朵。这是迄今发现的首例银缕梅花朵化石。与它的现生“后代”不同，这种新发现的远古银缕梅生活在热带雨林中。

银缕梅是从远古生存至今的被子植物，也是我国特有的珍稀野生植物，被称为植物界的“活化石”。它树态婆娑，枝叶繁茂，早春盛开时花药鲜红，秋叶又斑斓多彩，是著名的园林景观树种，具有很高的观赏价值。

在漳浦琥珀中发现的银缕梅花朵，是一朵保存完整的小型雄花。与现代的银缕梅

雄花类似，这朵远古银缕梅没有花瓣。花朵由一对突出的苞片支撑，包含12枚雄蕊，每枚雄蕊有一个纤细的花丝和一个细长的花药。经过形态学研究和对比，科研团队将这种新发现的远古银缕梅命名为志炎银缕梅，以致敬我国古植物学家、中国科学院院士周志炎对古植物研究作出的卓越贡献。

◆ 现代银缕梅图片。（中国科学院南京地质古生物研究所 供图）

领导此项研究的南京古生物所研究员史恭乐介绍，此次研究中，科研团队还对银缕梅古植物群的分布进行了统计分析。结果显示，与现代银缕梅零散分布于我国江苏、安徽等地的亚

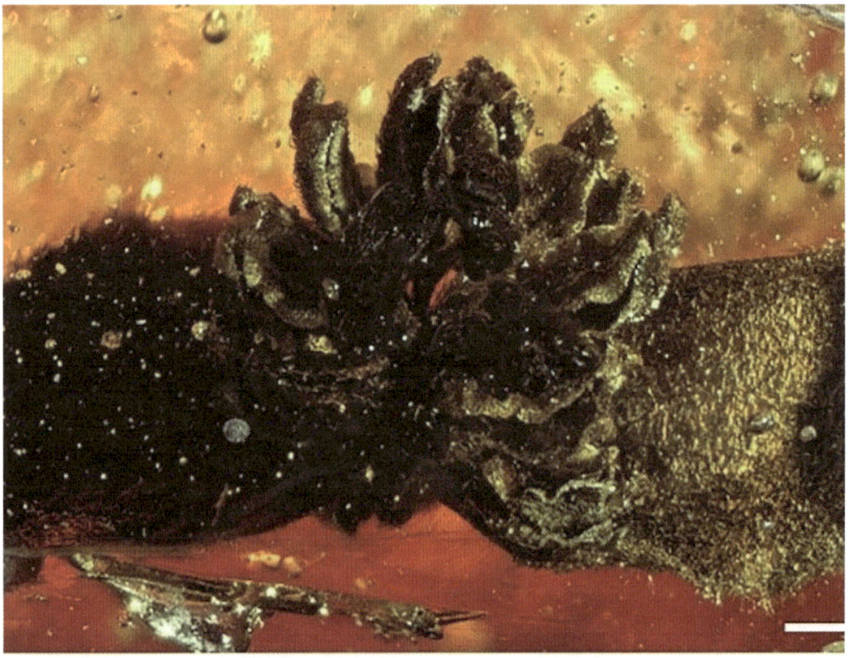

◆ 漳浦琥珀中的志炎银缕梅雄花，比例尺 1mm。（中国科学院南京地质古生物研究所 供图）

热带常绿和落叶阔叶混交林不同，在约 2300 万年前至约 500 万年前，银缕梅曾广泛分布于亚洲和欧洲。

“此次新发现的志炎银缕梅，甚至生活在约 1500 万年前的热带雨林中，说明这一时期银缕梅种群一度繁盛。一朵小小的银缕梅花朵揭示出远古至今银缕梅生存环境的变迁，也为我们进一步研究这种植物‘活化石’的兴衰提供了新的材料。”史恭乐说。

相关成果刊发于国际生物学期刊《系统学与进化杂志》。

【选一选】

1500 万年前的志炎银缕梅生活在什么环境中？（ ）

A. 亚热带常绿阔叶林

B. 热带雨林

C. 温带草原

答案见 P157

2.37 亿年前植物界的“跨界者”，是它……

2022 年，中国、西班牙的古生物学者在西班牙 2.37 亿年前的三叠纪地层中发现一块古植物化石。它既有类似裸子植物的外表，又有类似被子植物的结构特征，科研人员将之命名为“三叠纪跨界者”。

主持此项研究的中科院南古所研究员王鑫介绍，“三叠纪跨界者”化石形态结构保存完好。从形貌上看，该化石很像 2 亿多年前的裸子植物中松柏类的一颗球果。但不同于普通球果的是，这枚“球果”的“苞鳞”几乎完全包裹住其腋部的倒生胚珠。这种形态结构类似某些原始的被子植物中尚未完全闭合的心皮，而心皮是被子植物独有、裸子植物中不曾有的结构。

◆ “三叠纪跨界者”标本。（中科院南古所 供图）

◆ “球果”的“苞鳞”几乎完全包裹住了其腋部的胚珠，仅在腹面还留有一条小缝（箭头）。（中科院南古所 供图）

【想一想】

2.37 亿年前，这种植物“跨界者”的出现，对当时植物界的物种竞争和演化方向产生了怎样的影响？

从裸子植物到被子植物，是植物演化史上非常重要的“一跃”。现今世界范围内的被子植物大约有 30 万种，占植物界种类的绝大多数，它们为人类提供了大部分食物以及用于建筑、造纸、纺织、油料等的原料。

“我们仔细观察‘三叠纪跨界者’的结构发现，这种远古植物的‘球果’的‘苞鳞’几乎完全包裹住了其腋部的胚珠，仅在腹面还留有一条小缝，这意味着它对胚珠的包裹程度还没有完全达到被子植物的程度。‘三叠纪跨界者’是目前裸子植物中最接近被子植物的种类，很可能是裸子植物和被子植物之间的过渡类群。研究这个植物界的‘跨界者’能够帮助我们揭示更多的植物演化奥秘。”王鑫说。

相关研究成果发表在国际学术期刊《植物》上。

P153 答案：B. 热带雨林

2 亿多年前的花粉粒揭示陆地生物大灭绝“元凶”

2023 年，中国、英国、德国古生物学者通过研究远古植物花粉粒中类似防晒霜物质的变化，发现了 2.52 亿年前陆地生物大灭绝的“元凶”：臭氧层破坏。研究成果发表在国际期刊《科学进展》上。

领导此项研究的中科院南古所研究员刘锋介绍，2.52 亿年前的二叠纪末大灭绝，让超过八成的海洋物种和约九成的陆地物种消失。其主要原因一般认为是大规模火山喷发导致全球环境剧变，但这些环境因素如何作用于陆地生态系统，还缺乏直接证据。

此项研究中，研究人员运用红外光

◆ 本次研究涉及的花粉粒化石。（中科院南古所 供图）

谱，定量测量了我国西藏南部二叠纪、三叠纪过渡期1000多粒陆地植物花粉粒的物质含量。结果显示，在大灭绝期间，花粉外壁中香豆酸和阿魏酸的含量明显升高。这两种物质是酚类化合物，功能类似“防晒霜”，植物可以通过调节它们的含量来抵抗紫外线。它们的含量增加，说明在二叠纪末大灭绝期间，大气紫外线辐射的强度明显增强。

“这是一项指示远古紫外线含量的直接证据。”刘锋说，空气中紫外线辐射的增加对整个陆地生态系统都有深远影响。紫外线本身破坏力巨大，导致了一批陆地生物死亡。剩下的

◆ 本次研究涉及的位于西藏南部的花粉化石取样点。（中科院南古所 供图）

植物为了抵御伤害，在叶片中大量合成叶黄素、香豆酸和阿魏酸等，并减少合成叶绿素，光合作用减弱，温室气体进一步增加。另外，叶肉中的叶黄素、香豆酸和阿魏酸等对于食草动物和昆虫来说难消化且营养价值低，这改变了陆地食物链，导致一大批陆生动物灭绝。

【想一想】

除了文中提及的，2 亿多年前的花粉粒还可能隐藏哪些关于当时生态环境和生物灭绝的线索？

6.02 亿年前，生物已经长“大”？

人们现在所见的大多数生物，由数以亿计的细胞组成，有着复杂的身体结构。然而，地球上的生物刚出现时，只有几微米长，肉眼无法看到。长“大”这一变化是何时发生的？2022 年，中、英科学家联合进行的一项研究发现，生物长“大”这一关键性变化在 6.02 亿年前已经发生。

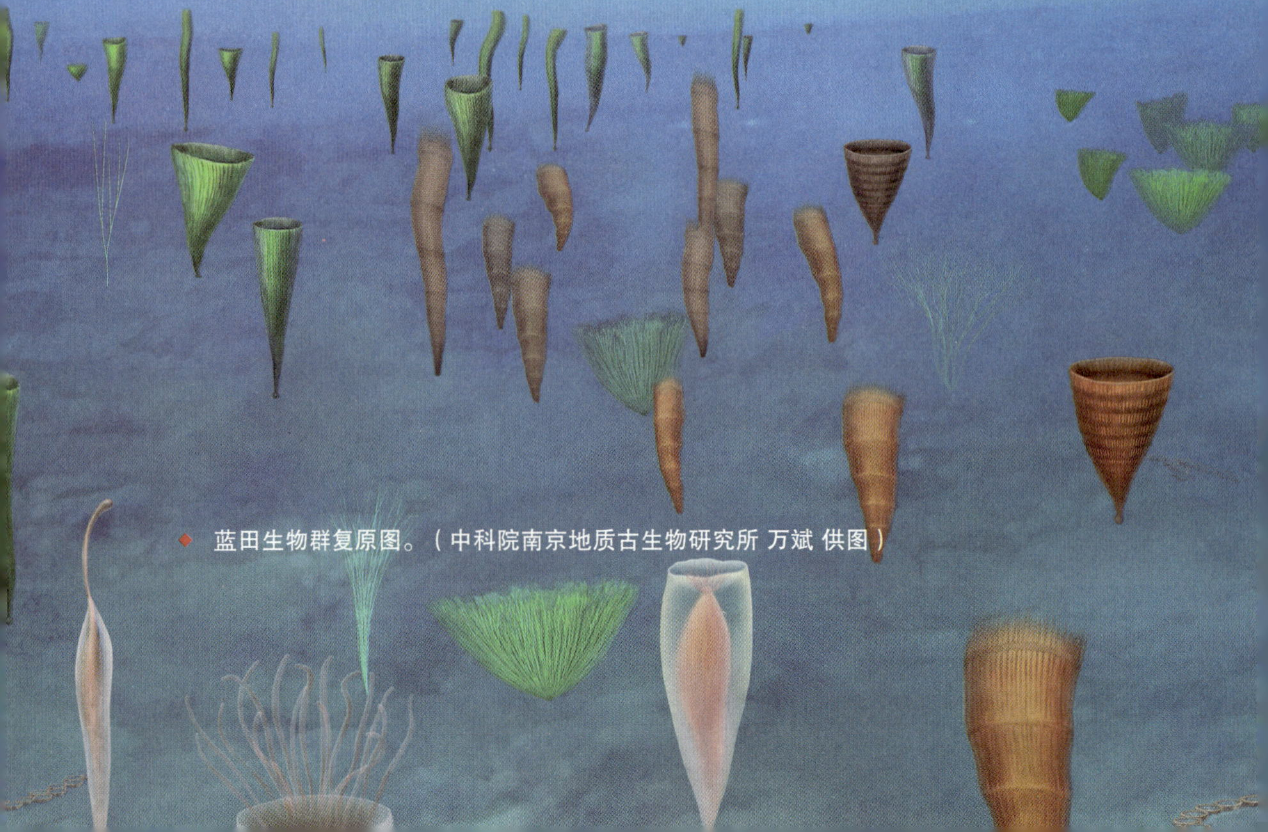

◆ 蓝田生物群复原图。（中科院南京地质古生物研究所 万斌 供图）

参与研究的中科院地质与地球物理研究所博士杨传介绍，来自安徽省休宁县的蓝田生物群，是科学界迄今发现最早的“大型”生物群。这个埋藏在黑色页岩中的远古生物群，至少包含 18 种不同形态的“大型”生物。这些生物由多细胞构成，形态上类似现在的腔肠动物或蠕虫类动物。它们在生物谱系上属于真核生物一支，也就是人们常说的“高等生命”。

科研人员运用 CT 扫描、同位素分析等方法，精确测定了蓝田生物群中“大型”生物的“年龄”。研究团队在蓝田生物群所在的地层选取了一段长约 35 厘米的岩芯，系统分析了其化学组成、沉积特点，最终精确测定，蓝田生物群开始出现的时间为 6.02 亿年前。

◆ 蓝田生物群化石。（中科院南京地质古生物研究所 万斌 供图）

◆ 蓝田生物群所在的黑色页岩。（中科院南京地质古生物研究所 万斌 供图）

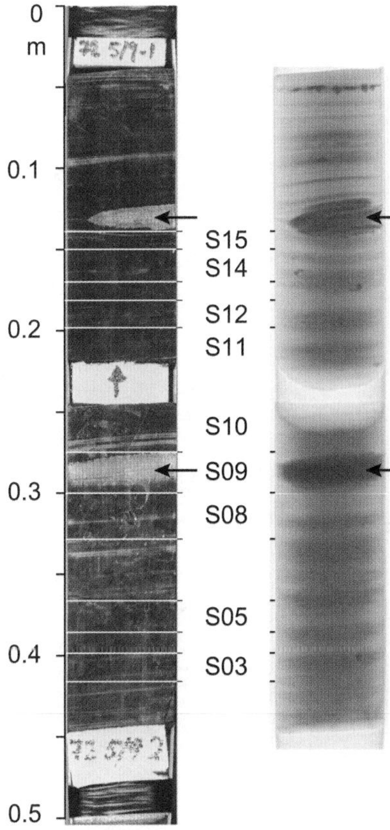

◆ 岩芯和 CT 成像图片。（中科院地质与地球物理研究所 李扬 供图）

“蓝田这些‘大型’多细胞生物用今天的视角看仍然是‘小不点’，它们的身体大多只有几厘米长。但从‘微米级’的简单生物演化为‘厘米级’的多细胞高等生物，已经是进化史上具有里程碑意义的‘一跃’。寒武纪生命大爆发时期，生物的身体最大已经能达到 2 米长，结构和功能也更加复杂，多种现代生物的祖先开始出现。”杨传说。

此项研究由中科院地质与地球物理研究所、英国地质调查局、英国杜伦大学、中科院南京地质古生物研究所共同完成。相关成果发表在国际地学期刊《地质学》上。

1500万年前的庞大生物群现世，都有谁？

2021年，中、英、德等多国古生物学者在我国福建发现一处约1500万年前的化石宝库——漳浦生物群。这一生物群中保存着大量琥珀和植物化石标本，生动展现出远古生物在热带雨林中的生活图景。

此次发现的漳浦生物群位于我国福建省漳浦县，其地质时代约为1500万年前。研究团队历经10年野外采集，共获得2.5万多枚含虫琥珀和超过5000块植物化石。从发现化石的多样性看，漳浦生物群中的琥珀类群，是近100年来新发现的最为丰富的琥珀生物群。它与缅甸克钦琥珀生物群、波罗的海琥珀生物群、多米尼加琥珀生物群一起，

◆ 漳浦生物群中的化石。（中国科学院南京地质古生物研究所 供图）

◆ 漳浦生物群生态复原图。（中国科学院南京地质古生物研究所 杨定华 绘）

1500 万年前的庞大生物群现世，都有谁？

◆ 漳浦生物群中的植物化石。（中国科学院南京地质古生物研究所 供图）

构成世界四大琥珀生物群。

漳浦琥珀中保存着大量标本，其中以昆虫最为丰富，涉及至少 20 目 200 科。最常见的是蚊类等双翅目昆虫，约占总数的 55%。其次为蜂、蚂蚁等膜翅目昆虫，再次为包括各种甲虫在内的鞘翅目昆虫以及蚜虫、蝉、蝽等半翅目昆虫。此外，琥珀中还包含大量羽毛和微生物化

石等。

从植物类群来看，漳浦生物群中多样性最高、化石标本最丰富的类群包括龙脑香科、豆科、樟科和藤黄科植物，其他还有番荔枝科、漆树科、橄榄科、大戟科、野牡丹科、桑科、肉豆蔻科和桃金娘科植物等。这些植物现今也是东南亚热带雨林中的优势类群。

1 mm

◆ 漳浦琥珀中的各种昆虫。（中国科学院南京地质古生物研究所 供图）

该研究领导者之一、中科院南京地质古生物研究所研究员王博介绍，漳浦生物群是一个物种极其丰富的热带雨林化石库。这说明在约 1500 万年前，热带雨林曾分布至福建南部。那里年平均气温 22.5 摄氏度，年降水量近 2 米，植物全年皆可生长。森林中生长着花、苔藓，还活动着大量蜗牛、蜘蛛、蚂蚁、蜜蜂、蟋蟀、甲虫等，其中的很多物种至今仍然存在。

“特别是此次发现的琥珀化石，把 1500 万年前森林中生物的生存状态立体呈现了出来，好比一座天然的‘远古生物博物馆’。”王博说。

相关研究成果发表于美国《科学》杂志子刊《科学进展》。

这块“小草化石”藏着青藏高原的秘密

2400 万年前的青藏高原有多高？它的生态环境什么样？

2021 年，中国科学院植物研究所王宇飞团队与古脊椎动物与古人类研究所邓涛团队、地球环境研究所刘晓东团队合作，借助一块“长着小草的化石”，揭开了青藏高原中部 2400 万年间“长高”的秘密。

王宇飞研究员介绍，这块“珍宝”般的化石有着难解的“身世之谜”。

◆ 青藏高原中部伦坡拉盆地发现的苹属化石。（中科院植物研究所 供图）

2009 年，中科院古脊椎所邓涛团队在青藏高原进行科学考察，在采集动物化石时，常伴有植物化石。这些可能与植物相关的化石，

◆ 中科院古脊椎所邓涛团队在伦坡拉盆地进行剖面测量。
（中科院古脊椎所 供图）

被分批分次地送到了王宇飞手中。

在众多化石中，一块采自青藏高原中部伦坡拉盆地（现西藏那曲市域内）、带有脉络清晰的扇形轮廓印痕的化石引起了王宇飞的注意。“在鉴定这块化石时，起初是有不同认识的，有人认为印痕是昆虫翅膀，我感觉其中有二歧分支的脉络，结构和质地都像植物而非动物。”王宇飞说。

是“虫”还是“叶”？长达十余年的漫长追寻和探索开始了。

排除与证伪是工作的第一步。王宇飞第一时间将化石照片发给了古昆虫学专家、首都师范大学教授任东，得到“肯定不是昆虫翅膀，建议在植物圈里找”的回复。之后，借着出访印度的机会，他又把化石拿给印度的古植物学家们看，将可能的植物范围进一步缩小到蕨类

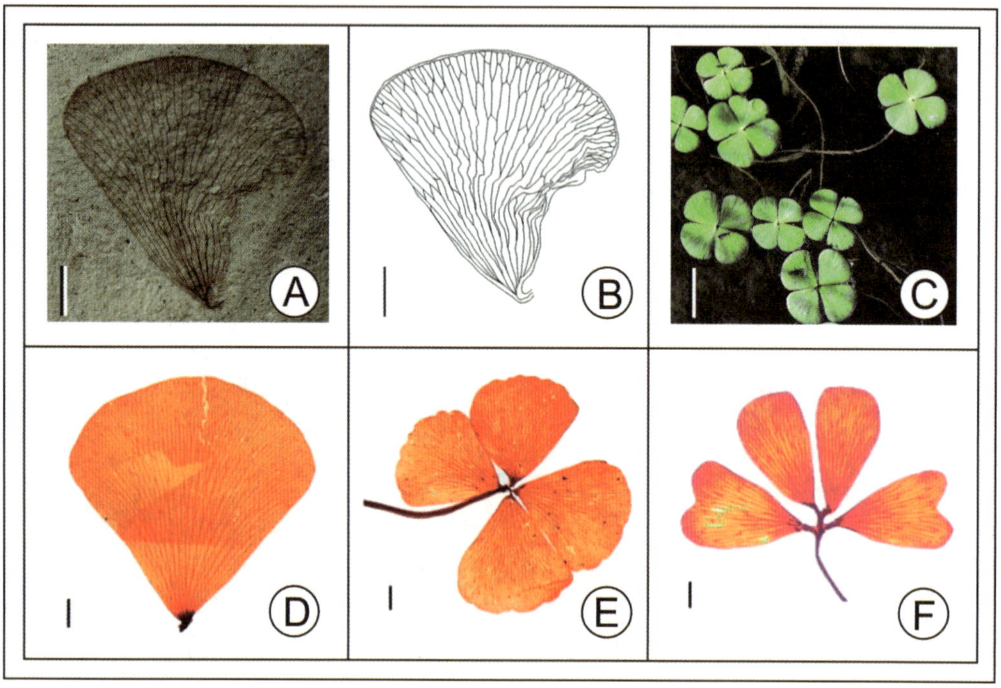

◆ 苹属化石和现生苹属的叶结构特征。（中科院植物研究所 供图）

植物。印度同行认为可能与“铁线蕨属”相近。

之后，王宇飞找到蕨类植物分类学家、中科院植物所研究员张宪春，张宪春一下认出这就是苹属植物的化石。在查阅大量相关资料的基础上，对化石的生物特征描述和分类定位研究终于完成。

在中科院植物研究所中国古植物馆，可以看到这块苹属化石的“真容”：半个巴掌大的灰白色化石上，一片和指甲盖差不多大小的扇形痕迹清晰可见。

“这个痕迹就是苹属植物 4 个叶片中的一片，可以看到它独特的脉络。”王宇飞解释，苹属植物是一种生长在河、湖岸浅水区或近岸湿地的、株高不超过 30 厘米的挺水小草本。

王宇飞介绍，2400 万年前，伦坡拉盆地还是一片古湖，“这棵小草当时就生长在平静的湖边，后被泥沙掩埋、慢慢沉积在地下，化石才会保存得如此完好、纤毫毕现。”

一株“小草”，怎能量出青藏高原的“身高”？

其实早在20世纪70年代，我国著名植物学家和古植物学家徐仁院士，就曾通过对希夏邦马峰地区一块高山栎化石的古今对比研究，提出了该地区近几百万年间出现快速抬升的观点，并开创了我国利用植物化石研究青藏高原抬升历史的先河。

“因为有先例，弄清这块化石究竟是什么后，我们马上想到了它可以用来测量海拔。”参与此项研究的中科院植物所博士谢淦说。

而和其他植物化石相比，苹属化石有着独特的优势。“与分布广泛的高大树木不同，苹属植物就生活在古湖边。”王宇飞说，它的海拔可视同古湖湖平面的海拔，因此避免了之前一些研究中，无法明确通过植物化石估测的海拔对标的究竟是青藏高原古垂直山体哪个位置的问题。

通过查阅资料、分析化石同层的花粉组合数据等，研究团队一步步确定了古湖海拔的上下限，也终于解开了青藏高原中部“身高”的秘密。研究发现，青藏高原中部在2400万年间“长高”了约1000米至1700米。

“这个研究可谓‘十年磨一剑’。”王宇飞说，对青藏高原中部2400万年前高程和景观的重建，为认识和理解青藏高原抬升动态过程提供了坚实可靠的生物学实证。

这朵恐龙时代的“花骨朵”，长啥样

五颜六色的花常见，不过，恐龙时代的“花骨朵”长啥样？中科院南京地质古生物研究所古生物学者于 2022 年发现的一块植物花蕾化石解开了这一奥秘。该花蕾生活在约 1.6 亿年前的侏罗纪，科学家将其命名为“侏罗花蕾”。

侏罗花蕾化石发现于内蒙古宁城道虎沟化石群中。化石中完整保留下一枚植物枝干，以及长在枝上的花蕾和果实。从形态上看，侏罗花蕾不到 4 毫米长，比小指甲盖还小，有多枚花被片包裹着花心。相比这朵“花骨朵”，一旁的果实更大，形态上也有所不同，这说明它在发育过程中发生了不少变化。

◆ 侏罗纪生态复原图。（中科院南京地质古生物研究所 供图）

"侏罗花蕾是目前已知最早的花蕾化石。有意思的是，化石中虽然只留下了花蕾和果实，但说明，这一植物必然要经历开花的过程。也就是说，大约 1.6 亿年前，小小的侏罗花蕾也许曾绽放在恐龙脚下。"领导此项研究的中科院南京地质古生物研究所研究员王鑫说。

相关成果发表在《伦敦地质学会特刊》上。

侏罗花蕾化石照片，箭头处为尚埋在岩石里的花蕾。(中科院南京地质古生物研究所供图)

◆ 左图为与果柄相连的果实，右图为经过修理而暴露出来的侏罗花蕾。（中科院南京地质古生物研究所 供图）

【想一想】

恐龙时代的这朵“花骨朵”与现代花朵在结构和功能上，存在哪些有趣的相似与差异之处？

用科学的钥匙
解锁远古奥秘
揭秘地球文明的起点

DISCOVERIES OF ANCIENT MYSTERIES

远古发现

神秘的古生物

第三辑

纸飞机冒险队 编

新华出版社

图书在版编目（CIP）数据

神秘的古生物 / 纸飞机冒险队编 .
-- 北京 : 新华出版社 , 2025.4
-- (远古发现).
-- ISBN 978-7-5166-7939-5

Ⅰ. Q91-49

中国国家版本馆 CIP 数据核字第 2025SP8356 号

目录

“龙人”！
Ta 和现代人的亲缘关系有多近？

一枚保存得近乎完整的古人类头骨，揭开了人类演化的哪些奥秘？

2021 年，基于对一枚在黑龙江哈尔滨发现的、目前已知最大的人属头骨化石的研究，由中英科学家组成的研究团队对外公布发现了一种新的古人类，且其所属的支系，可能与现代人有着最近的亲缘关系。因化石在黑龙江发现，科学家将这个新的人种命名为“龙人”。

相关研究成果发表在学术期刊《创新》上。

在漫长的人类演化历史上，曾存在过多个早期人种，现代人的直系祖先智人也是其中之一。龙人有何特别之处？

参与此项研究的中科院古脊椎动物与古人类研究所研究员倪喜军介绍，这枚龙人头骨“年龄”在距今 14.6 万年至 30.9 万年之间，兼具原始与进步的特征。比如，它既有大而方的眼眶、厚长的眉脊等原始特征，也同时具有较矮而平的颧骨。

这枚头骨十分巨大，体量比智人头骨大五分之一左右；脑

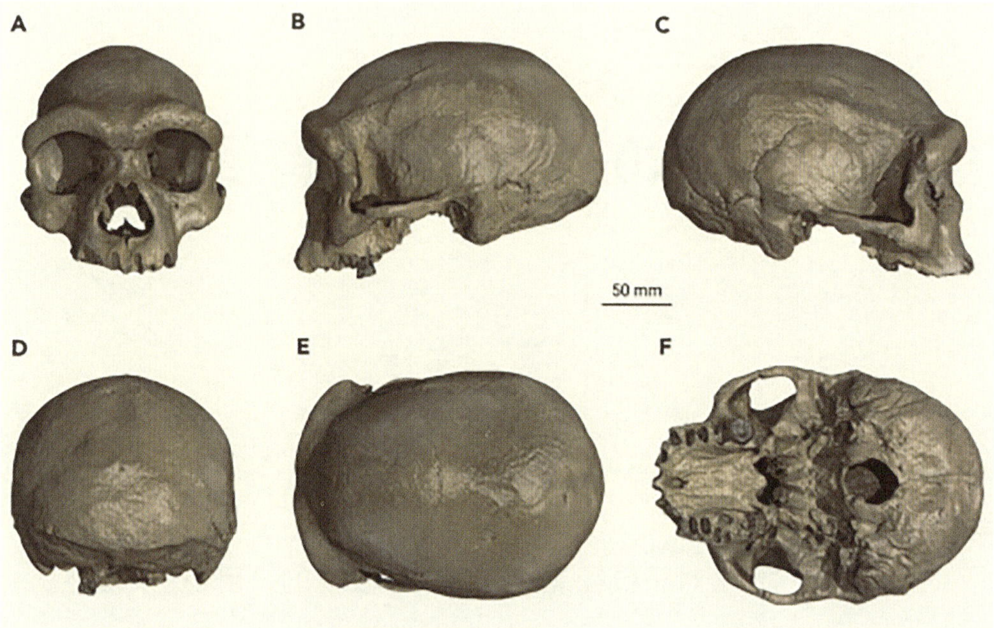

◆ 龙人头骨化石。（中科院古脊椎所 供图）

容量有 1420 毫升，与智人相当，这意味着龙人已拥有相当高的智力水平。龙人有可能曾广泛分布于亚洲北方，研究者推测，这枚头骨属于一名约 50 岁或更年轻的男性，他非常强壮，适应高纬度地区的寒冷气候，和智人一样以狩猎、采集，甚至捕鱼为生。

龙人和我们有什么关系？此前，另一种古人类——尼安德特人被认为与智人有着最近的亲缘关系。

而此次研究提出，龙人和在甘肃发现的夏河人、在陕西发现的大荔人等属于一个支系，即他们有着共同的祖先。这个支

龙人复原图。（赵闯 绘，中科院古脊椎所 供图）

系和智人的关系更加亲近。

“系统发育分析显示，尼安德特人、智人、龙人的分异发生得比想象中更早。这三者曾有着共同的祖先，在约 100 万年前，尼安德特人先分异出去，走上不同的演化道路，成为一个独立的人种。在约 95 万年前，智人与龙人又分异成为两个不同的人种。”倪喜军说。这极大冲击了此前学界认为的尼安德特人与智人在约 60 万年前分异的观点。

同时，倪喜军介绍，智人和龙人的共同祖先或许起源于非洲，但曾多次迁移扩散。智人在约 20 万年前走出非洲，而在此之前，龙人所属的支系在亚洲可能已经演化了数十万年。

可以推测，在扩散过程中，智人和龙人或许曾相遇过，甚至有过 DNA 的交换。

需要注意的是，尽管研究团队称龙人是一个新的人种，但一些疑问仍需得到进一步的解答。比如，在本次研究中，夏河人被认为与龙人属于同一支系。而此前的一些研究中，夏河人被认为属于另一支神秘的古人类种群——丹尼索瓦人。

那么，丹尼索瓦人和龙人会是一种人吗？对于这个问题，倪喜军解释，丹尼索瓦人并不是被正式命名的一个人种，因发现于俄罗斯的丹尼索瓦洞而得名。目前在丹尼索瓦洞发现的化石都非常破碎，没有发现头骨。这两者的关系尚无定论，需要更多新发现、新证据的支撑。

该研究由来自河北地质大学、中科院古脊椎所、英国自然历史博物馆等的研究人员共同完成。

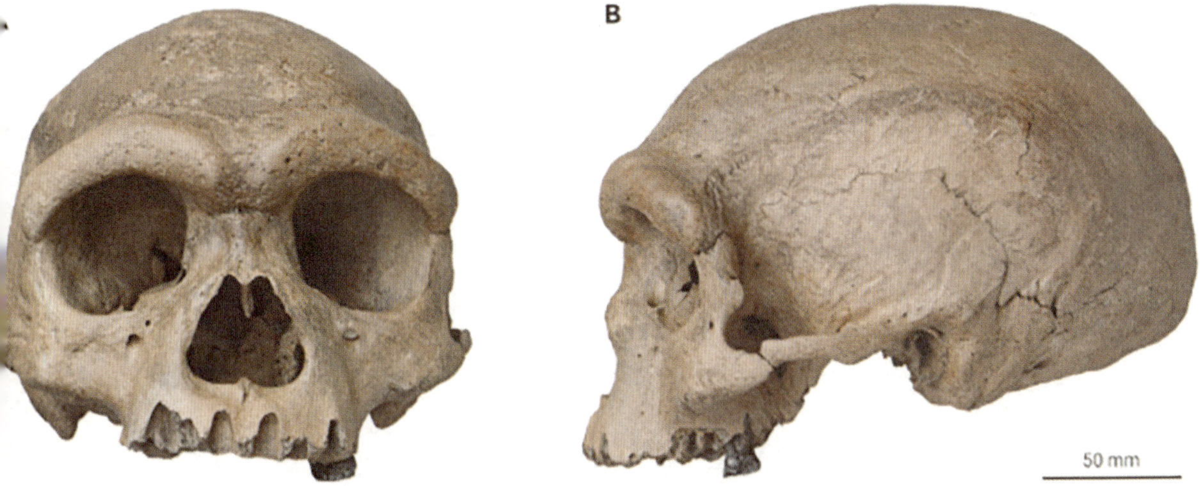

◆ 龙人头骨化石。（河北地质大学 供图）

【选一选】

“龙人”名称的由来（ ）

A. 华夏龙的传人的传说

B. 头骨似“龙”形

C. 化石在黑龙江发现

答案见 P11

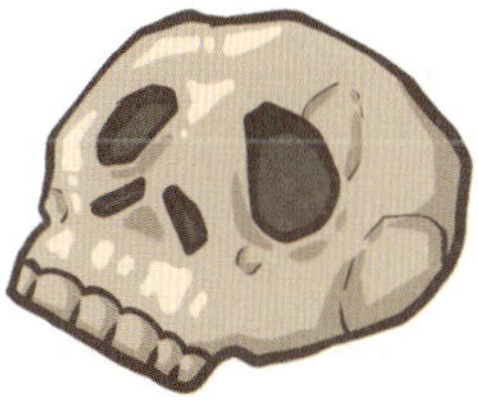

13 万年前，人类在青藏高原怎样生活？

我国科学家于 2021 年在四川稻城发现至少 13 万年前的旧石器时代文化遗存——皮洛遗址，发现包含 3 种不同石器技术的近万件石制品、7 个连续完整的文化层、大量用火痕迹。这一时期的人类在青藏高原怎样生活？从这些石制品可以一窥究竟。

皮洛遗址考古现场位于青藏高原东南麓、稻城县城 2 公里外，处在金沙江支流——傍河的河流阶地上。遗址发掘的几处探方，最深约两米多，探方剖面地层呈现黄红交错，黄色代表冷期、红色代表暖期，每个地层均代表上万年时光。

发掘执行领队、四川省文物考古研究院考古研究所副所长郑喆轩介绍，他率团队 2019 年 4 月在川藏铁路沿线文物调查中，发现多处旧石器时代遗址点，后在国家文物局“考古中国”的规划指导下，两年间六上高原，在川西高原新发现 60 余处海拔 3000 米以上的旧石器地点，2020 年 5 月发现稻城皮洛遗址。四川省文物考古研究院和北京大学团队联合报请国家文物局批准，2021 年 4 月开始发掘皮洛遗址，四川省文物局第一时间对皮洛遗址实施“边发现、边保护、边研究”三位一体措施。

中国考古学会旧石器考古专业委员会专家组论证认定，皮洛遗址是一处时空位置特殊、规模宏大、地层保存完好、文化序列清楚、遗物遗迹丰富、技术特色鲜明、多种文化因素叠加的罕见的大型旧石器时代旷野遗址。

◆ 2021 年 9 月 12 日，中国考古学会旧石器考古专业委员会专家组在稻城皮洛遗址考古现场。（新华社记者 谢佼 摄）

5cm

罕见之处，首先是完整连续的地层剖面。剖面显示，从中更新世末至晚更新世，存在连续的地层堆积和文化层位，保留了距今约 20 万年至 13 万年的完整地层信息。7 个文化层出土的和地表提取的共近万件石制品和用火遗迹，清晰体现出“砾石石器组合一阿舍利技术体系一石片石器体系”的旧石器时代文化发展过程。

遗址规模宏大，南北长 2 公里、东西宽 500 米，总面积达到惊人的上百万平方米，整个遗址地表遗物丰富，表明古人类在此地有着长期、频繁的活动。该遗址发现的手斧与薄刃斧等石制品数量丰富、形态规整、技术成熟。这里平均海拔约 3750 米，是目前世界上发现的海拔最高的阿舍利技术遗存。

◆ **皮洛遗址出土石器的“砾石石器组合一阿舍利技术体系一石片石器体系”示意图。（四川省文物考古研究院 供图）**

◆ 这是稻城皮洛遗址的自然风貌，约 20 万年前至 13 万年前，古人类在这里长期生活。（新华社记者 谢佼 摄）

在稻城县城内一处展馆，陈列着今年发现的部分石制品。从粗重的砍砸器，到成年人手掌大小的手斧，再到更细小的石片石器，古人类在青藏高原生活的历史进程在这里清晰体现。

北京大学考古文博学院教授王幼平、中国科学院古脊椎动物与古人类研究所研究员王社江、四川大学历史文化学院院长霍巍等专家介

◆ 2021 年 9 月 3 日在皮洛遗址现场，考古工作者展示一枚刚刚从地表提取到的小型石器。（新华社记者 谢佼 摄）

绍，此前多认为远古人类生产力低下，登上青藏高原有较大困难，此次新发现改变了这种认识。

遗址出土的手斧，正面看上尖下圆，呈水滴状，侧面看细薄有刃，两面打制，其尖部可用于挖掘植物根茎、刺穿或划破动物毛皮，侧边可切、割、刮、削肉类，端部用于执握，手握上去很方便发力，且左右对称、造型精美，用途多样，体现出极高的旧石器技术水平和审美水平。由此表明，远古人类在青藏高原的生活，已出现了较复杂的加工技术。这些石制品与用火痕迹非常集中，靠近如今的稻城县城，还表明人类生活“古今同址”。

P5 答案：C. 化石在黑龙江发现

脑容量最大！中更新世的“大头”古人类原来是 Ta

2022 年，利用 CT 技术和镜像原理，中科院古脊椎动物与古人类研究所的科学家首次复原出生活在约 20 万至 16 万年前的古人类——许家窑人较为完整的头盖骨。推算的脑容量表明，许家窑人是迄今为止发现的中更新世脑容量最大的“大头人”。相关成果发表在国际期刊《人类进化杂志》上。

◆ 许家窑人遗址（左）及其发现的古人类化石复原头骨（右）。（中科院古脊椎所 供图）

中科院古脊椎所研究员吴秀杰介绍，推算出的许家窑人脑容量约为 1700 毫升。“现代人的脑容量平均约为 1400 毫升，正常变异范围约为 1100 至 1700 毫升，许家窑人位于现代人变异范围的上限。”吴秀杰说，同时期的其他古人类脑容量平均值为 1200 毫升。

许家窑人类化石于 20 世纪 70 年代发现于山西省和河北省交界处的许家窑遗址，化石比较破碎，包括 18 块头骨碎片和 3 颗游离的牙齿，代表 10 个以上的个体。以往研究显示，其牙齿的生长发育模式已经进入现代人行列。

“人类的演化并不是简单的单一替代过程。在不同的地区，存在不同的古人类群体，演化路径也是不同的。”吴秀

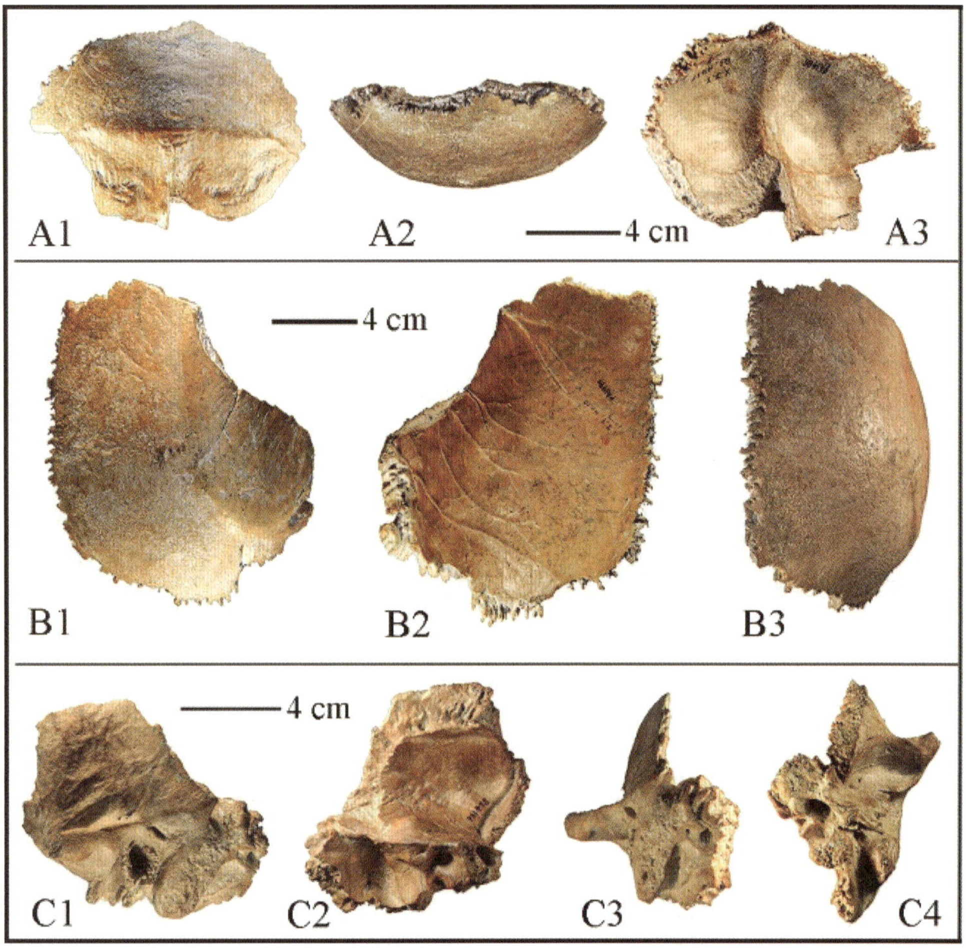

◆ 许家窑人头骨化石碎片及其复原的头骨和颅内模。（中科院古脊椎所 供图）

杰说，在约 30 万至 10 万年前，中国境内可能生存着一类体质特征特殊的“大头人”。许家窑人的脑容量暗示这可能是一类非常特殊的人群，或者新型的古人类群体，目前对许家窑人的定位还在进一步研究中。

脑容量的大小是判断古人类演化地位的重要指标之一。吴秀杰介绍，脑容量大小与智慧并不是简单的正比关系，但拥有“大头”的许

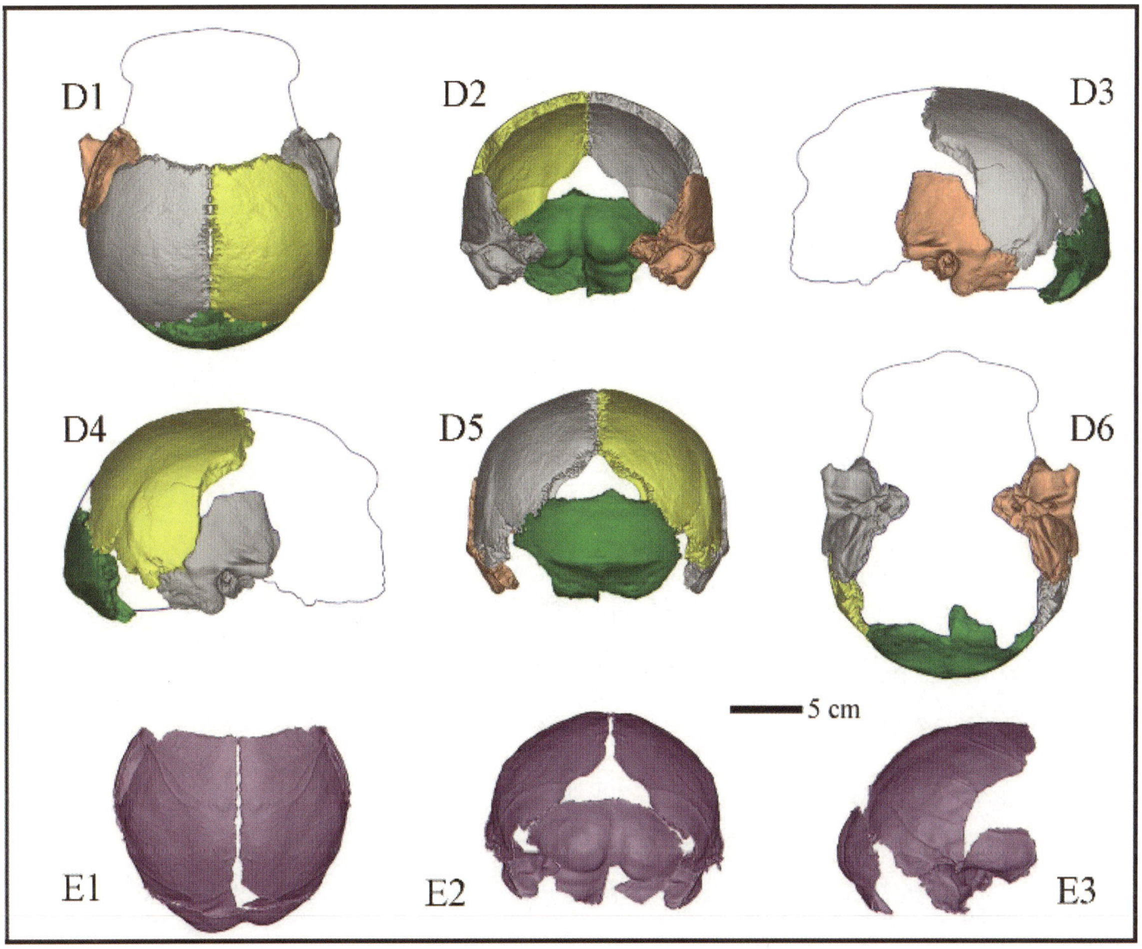

家窑人确实是很聪明的群体，他们会制作石器、石球，还会集体捕猎。在许家窑人头骨多个碎片中发现了创伤愈合痕迹，也提示许家窑人发生过暴力冲突，同时也有互助行为。

人类的中耳曾经是鱼类的鳃

人的中耳是让人类得以拥有灵敏听觉的重要器官。它和鱼类用来呼吸的鳃有何关系？2022年，由中科院古脊椎动物与古人类研究所研究员盖志琨主导的一项研究表明，人类的中耳由鱼鳃演化而来。相关成果发表在国际期刊《生态和演化前沿》上。

盖志琨介绍，鱼类在眼睛之后、颌弓和舌弓之间，有一个位于背面的孔，这是鱼类的重要呼吸器官——喷水孔。喷水孔实际上是鱼类呼吸的进水孔，它与鱼类的鳃有着很大的不同，它只含有假鳃，不能进行氧气交换。此前已有充分的胚胎和化石证据证明，人类的中耳是从鱼类的喷水孔演化而来，但鱼类的喷水孔又是从何而来？这个问题困扰学界长达百年。

中科院古脊椎所研究团队在我国浙江、云

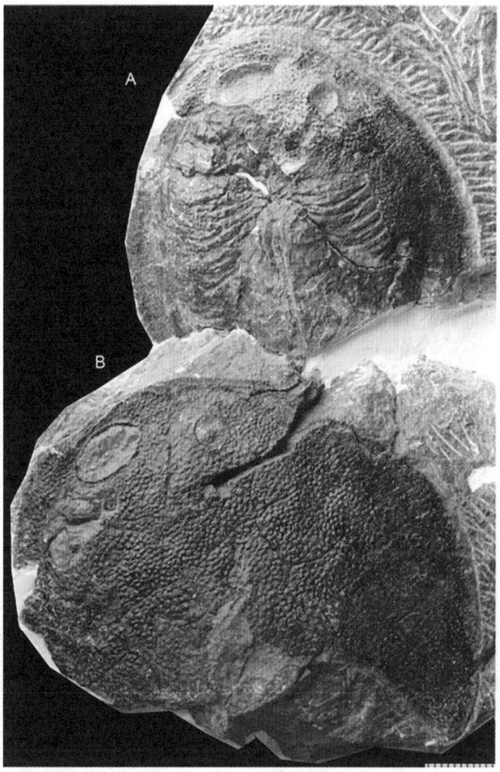

南等地开展了长达数年的野外挖掘和研究工作，获得了珍贵的远古鱼类化石。

通过对这些化石的分析发现，原始的盔甲鱼眼睛后面的第一个鳃囊，代表了尚未退化的喷水孔，它是仍具有正常呼吸功能的鳃，能够通过鳃丝进行氧气交换，这为脊椎动物喷水孔的起源提供了最为确切的解剖证据和化石证据。

而在鱼类不断演化、“登上”陆地后，由于面临全新的环境，不得不发展新的感官，以便在

◆ 在云南曲靖早泥盆世宽甲鱼化石中首次发现鳃丝印痕，揭示人类的中耳曾经是鱼类用来呼吸的鳃。（盖志琨 摄）

空气中更好地生存。已经失去呼吸功能的喷水孔逐渐演化为我们的中耳，而舌颌骨及与其相连的方骨和关节骨也逐渐退化变小，最终进入中耳，演化为中耳的 3 块听小骨，负责将声音传递给大脑。

“因此，如果不是这些史前鱼类通过喷水孔呼吸空气的大胆试验，我们可能不会演化出如此敏锐的听觉。”盖志琨说，如果捏上鼻子，闭上嘴鼓气，会感到耳朵的鼓膜很胀，这说明我们的耳朵和口腔依然是相通的，而连通它们的咽鼓管，正是中耳的结构之一，它曾是鱼类吸入水流的主要通道。

【想一想】

人类是如何完成腮到中耳的转变的？中耳和鱼类的腮有什么联系？

1.4 万年前的古人类“蒙自人”，长什么样？

2022 年，通过古 DNA 研究，我国科学家揭开了生活在 1.4 万年前的“蒙自人”的神秘面纱。该成果在线发表在国际知名学术期刊《当代生物学》上。

“蒙自人”1989 年出土于马鹿洞，位于云南红河哈尼族彝族自治州蒙自市。经专家鉴定，该洞穴为古人类遗址。经过抢救性发掘，洞中出土了包括“蒙自人”头盖骨、下颌骨、股骨在内的 30 余件古人类化石，及马鹿、猕猴、黑熊等动物化石。

论文第一作者、中科院昆明动物

◆ 马鹿洞遗址。（云南省文物考古研究所 提供）

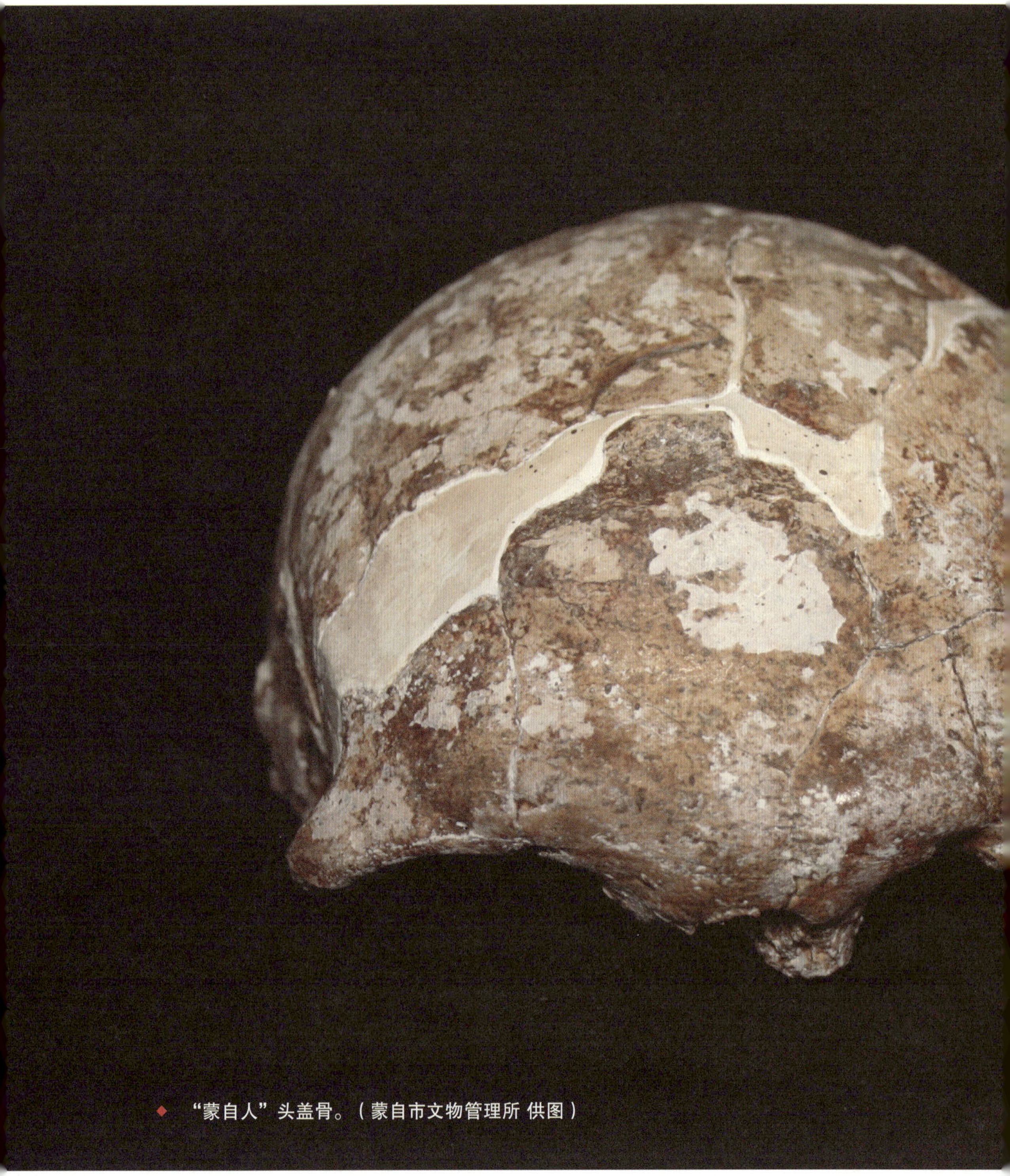

◆ “蒙自人”头盖骨。（蒙自市文物管理所 供图）

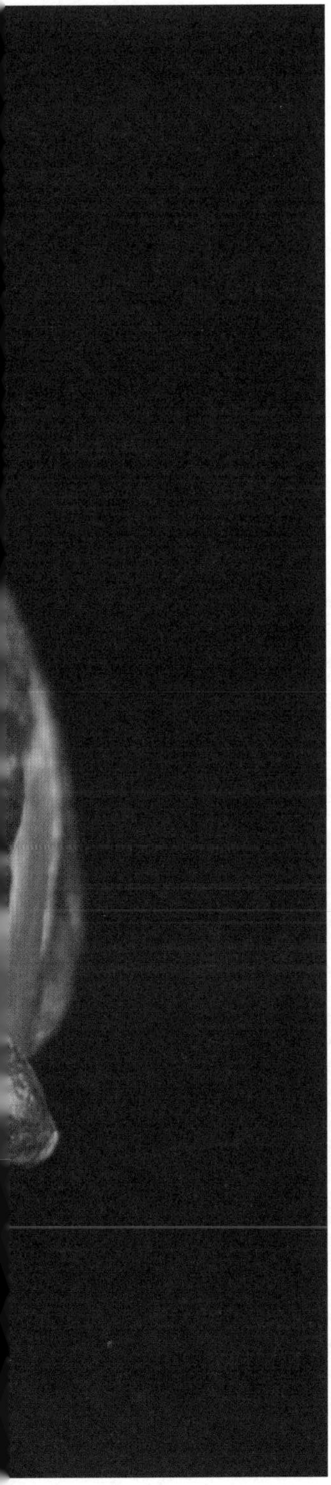

研究所研究员张晓明介绍，对马鹿洞发现的一具相对完整的头盖骨的体质人类学研究结果表明，头盖骨主人是一名年轻的女性，身高和体重分别在 155 厘米和 46 公斤左右，头骨高度低，深肤色，鼻梁不高，脑容量偏小，过着狩猎采集的生活，生活在约 1.4 万年前。“虽然‘蒙自人’处于现代人的变异范围，但形态特征却很复杂。”张晓明说。

为了揭开“蒙自人”的神秘面纱，研究者用“蒙自人”的头盖骨碎片展开了古 DNA 遗传学分析，发现“蒙自人”是早期现代人，而非古老型人类。研究还发现，从我国南方的云南马鹿洞到北方的黑龙江流域，约 1.6 万至 1.4 万年前已经形成了中国人群共享的遗传成分，为中华文明探源工程提供了线索。

此外，研究者通过建构“蒙自人”肤色基因模式，推测“蒙自人”可能有深肤色，且中国人群“浅肤色”的基因突变最早可能发生在距今约 7500 年前我国的东南沿海地区，这也使得中国人群比东南亚人群肤色更“白”。

发现已知最早的长臂猿化石！原来是它……

2022年，古生物学家在云南元谋盆地发现了距今700万年至800万年的小型猿类化石，命名为元谋小猿，并证明这是已知最早的长臂猿。该成果发表在国际期刊《人类进化杂志》上。

长臂猿科现存20个种，主要生活在亚洲热带、亚热带地区。长臂猿化石非常稀少，多数在我国华南及东南亚的洞穴中被发现。

项目负责人、中科院昆明动物研究所研究员吉学平介绍，30多年前，古生物学家曾多次发现过代表多个个体的元谋小猿牙齿化石，前期研究定为小型猿类。之后，在一次野外调查中，吉学平偶然发现了元谋小猿的左下侧面骨化石，在多次与现生长臂猿头骨比对后，初步确认标本属长臂猿类。

之后，研究团队在中科院古脊椎动物与古人类研究所开展了高精度CT扫描，确定这个面骨化石属于一长臂猿幼年个体，年纪在17至22个月之间。根据牙齿大小比例计算，元谋小猿接近现生长臂猿平均体重，约为6千克。

经过深入研究，元谋小猿的牙齿和面骨的形态特征与现生长臂猿，尤其是冠长臂猿类非常相似，但有些牙齿特征显得更原始。“尽管元谋小猿标本还比较稀少，但关键材料的发现，让我们最终证实元谋小猿是现生长臂猿最可能的直接祖先。”吉学平说。

遗传学研究表明，长臂猿从人和猿共同祖先的支系分化出来的时间在距今2200万至1700万年，而冠长臂猿类祖先分化的时间约在距今800万年。“这说明，分子证据与化石证据推断的长臂猿起

◆ 元谋小猿生活场景复原图。（陈瑜 绘）

◆ 元谋小猿幼年侧面骨化石。（吉学平 摄）

源时间基本吻合，古生物形态学和分子生物学研究结果可相互印证。”吉学平说。

元谋小猿的发现，填补了之前不清楚的东亚小型猿类进化史的一段空白。该成果由中科院昆明动物研究所昆明动物博物馆、纽约大学人类起源研究中心、中科院古脊椎动物与古人类研究所等单位共同完成。

◆ 元谋小猿面骨的 CT 三维动画。（中科院古脊椎动物与古人类研究所 侯叶茂 制作）

【知识补给站】

长臂猿是生活在亚洲热带雨林的灵长类动物，它们以长臂和在树间悠荡的本领著称。长臂猿科现存有 20 个种，主要栖息于亚洲的热带、亚热带地区。它们的祖先可以追溯到几百万年前，化石记录显示它们在演化过程中经历了许多变化。

长臂猿在生物分类上属于灵长目、长臂猿科，是人类的远亲。它们的基因组与人类有一定的相似性，这为研究人类演化提供了重要线索。长臂猿的社会结构通常以小家庭单元为主，成员间有着紧密的社会联系。

长臂猿以水果、叶子等植物性食物为主，偶尔也吃昆虫等小动物。它们在树冠层活动，极少下地，拥有出色的攀爬和摆荡能力。

长臂猿的叫声独特，常用于标记领地和吸引配偶。它们的叫声在雨林中可以传得很远，是雨林生态系统中的重要组成部分。

长臂猿的生存面临着栖息地丧失和非法捕猎等威胁。保护长臂猿的栖息地和加强保护措施，对于它们的生存和繁衍至关重要。

青藏高原现代人的“遗传密码”，5100 年前就已形成

被称为“世界屋脊”的青藏高原寒冷低氧，生存条件严酷。现代人是何时涉足青藏高原并永久定居的？又经历了怎样的遗传演化？我国科学家研究发现，青藏高原人群特有的遗传成分早在 5100 年前就已经形成，同时，数千年来青藏高原古人群内部及与外部地区都存在着密切交流与互动。

上述成果来自 2023 年中国科学院古脊椎动物与古人类研究所付巧妹团队和西藏自治区文物保护研究所、四川大学考古科学中心、西北大学文化遗产学院等合作开展的针对青藏高原地区古人群的大规模、系统性古基因组研究，成果在线发表于国际学术期刊《科学进展》。

通过与考古学家们合作，付巧妹团队从青藏高原不同区域 30 个遗址中成功获取 97 例青藏高原古代人类个体的核基因组，样本覆盖了整个青藏高原地理区域、绝对年代跨度距今约 5100 年至 100 年。这是青藏高原迄今采样规模最大、地理覆盖最广的古基因组研究。

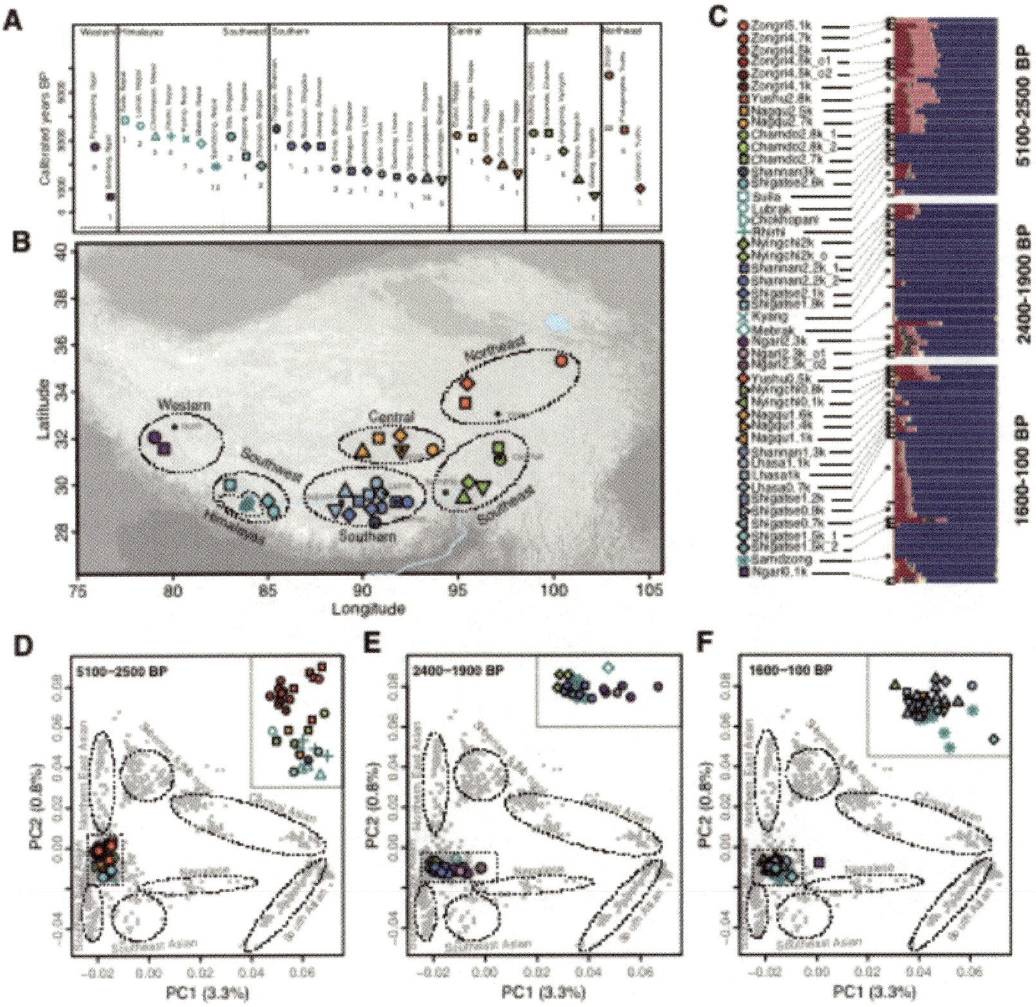

◆ 研究涉及青藏高原古人群的年代及地理分布。（中科院古脊椎所 供图）

如今的青藏高原，常住居民以藏族为主。该研究发现，现代西藏人群特有的遗传成分，至少在距今 5100 年以前已存在于整个青藏高原各区域的古人群之中，而且具有很好的遗传连续性。其中，距今 5100 年、来自宗日遗址的样本，是迄今发现携有青藏高原特有遗传成分的最古老的个体。

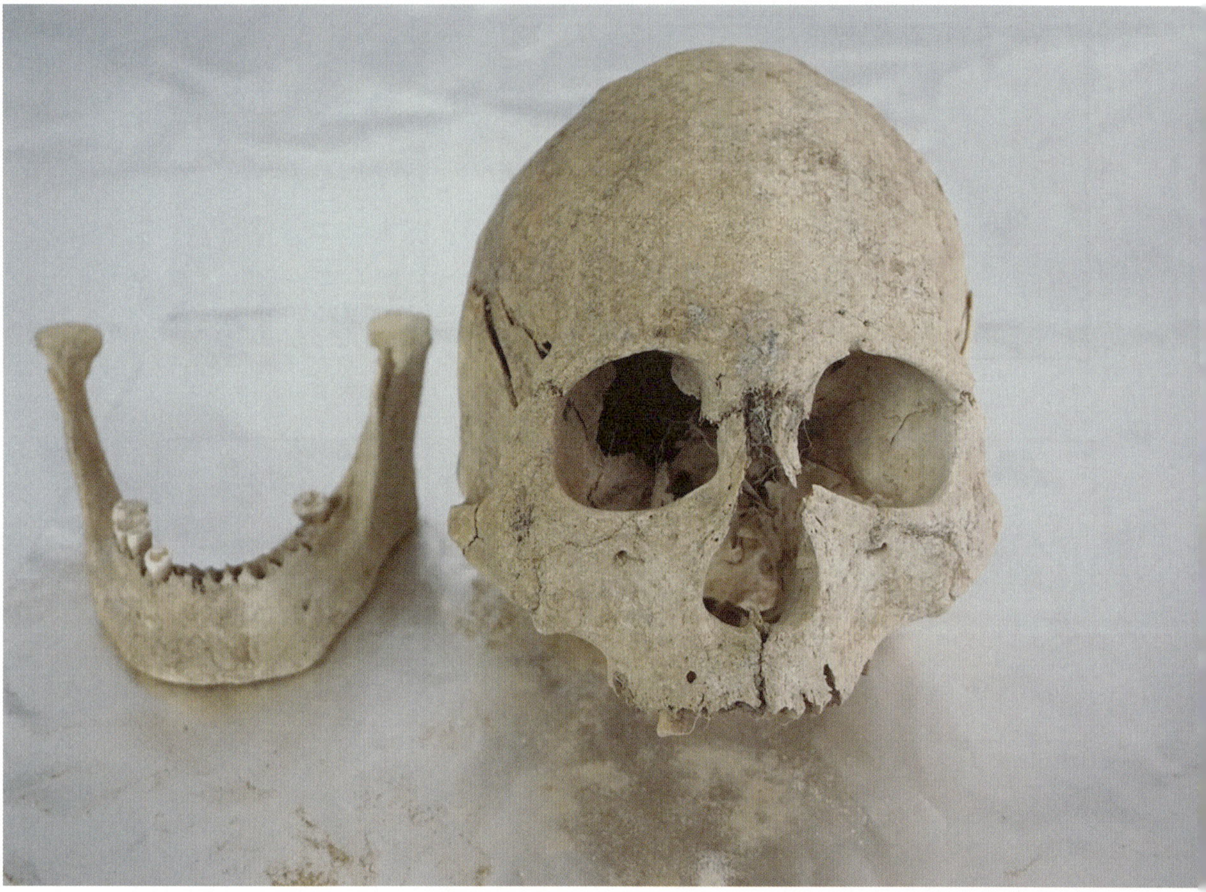

◆ 来自青藏高原东北部共和盆地宗日遗址、距今约 4500 年的头骨和下颌骨。（中科院古脊椎所 供图）

该研究进一步揭示了这些独特遗传成分的来源。它们由两股不同的遗传成分混合形成，其中约 80% 的遗传成分与东亚北方 9500 年至 4000 年前的人群相关，约 20% 的遗传成分来源于一个未知的古代人群。“这一结果提示，青藏高原人群的主要成分很可能与新石器时代东亚北方人群的扩张，以及由此驱动的人群迁徙和混合相关。”中科院古脊椎所研究员付巧妹说。

遗传分析研究还表明，距今 2700 年以来，青藏高原内部不同时间和区域古人群的遗传成分变化很大，这些变化与曾经在此存在过的早期区域性政治实体和吐蕃王朝的兴衰密切相关；近 5000 年来，部分高原古人群与高原以外地区的古人群有着密切联系，包括与中亚地区、东亚南部古人群存在互动等。这些遗传学证据揭示出高原内外复杂的人群交流历史，也和考古研究从物质文化角度揭示的跨喜马拉雅互动、高原丝绸之路的事实一致。

新研究发现一个人类视力基因来自远古细菌

2023 年，美国一项新研究发现，一个对人类视力至关重要的基因，可能是脊椎动物的祖先于 5 亿多年前从细菌那里“借用”的。

美国加利福尼亚大学圣迭戈分校的研究人员说，这一发现意味着，像脊椎动物眼睛这样的复杂构造，不仅能通过改造现有基因来进化，也可借助外源基因。相关论文发表在美国《国家科学院学报》上。

这个基因名为 IRBP，它编码的蛋白质称为“光感受器间类视黄醇结合蛋白”，负责在视网膜色素上皮细胞和光感受器之间运输类视黄醇，对脊椎动物的视觉过程起着关键作用。

【想一想】

细菌的肽酶基因和脊椎动物的 IRBP 基因有什么相似之处?

研究人员通过系统发生学方法分析多种生物的基因组，追溯 IRBP 基因的进化历程。结果显示，脊椎动物的 IRBP 基因与细菌的一类肽酶基因最为相似。

研究人员认为，在 5 亿多年前，现生脊椎动物的祖先还没有大规模进化出新物种的时候，通过水平基因转移从某种细菌那里获得了一个肽酶基因。该基因在细菌中负责蛋白质分解回收，转移到脊椎动物体内后很快经历复制和突变，被赋予了新功能。

基因从亲代传递给子代的过程称为垂直基因转移，其他情况称为水平基因转移，后者在细菌之间十分常见。基因不仅能跨越物种发生水平转移，甚至能像 IRBP 基因那样“跨界”从细菌转移到动物或植物。

周口店北京人遗址新发现古人类顶骨化石

2023年，中国科学院古脊椎动物与古人类研究所科研团队应用CT扫描和3D重建等一系列新技术手段，从周口店第15地点的哺乳动物化石中识别出一块人类顶骨。

这是继1973年之后，我国科研团队在周口店遗址区域首次发现的更新世人类化石。该化石的发现，也使得周口店北京人遗址新增一处人类化石地点。

周口店第1地点发现的直立人化石是探索人类演化的重要研究材料，长期以来受到国内外学者高度关注。周口店第15地点距离第1地点70米，该地点发现于1932年，出土了大量石器和哺乳动物化石，年代为中更新世晚期，距今约20万年。

在周口店第15地点发现的人类顶骨化石标本呈黄褐色，已完全石化，其骨壁厚度、曲度和尺寸可与周口店直立人头盖骨的右侧顶骨大致重叠。

在周口店第1地点发现的人类化石年代大约为50万年前，被归入直立人；在山顶洞和附近的田园洞发现的3万至4万年前的人类化

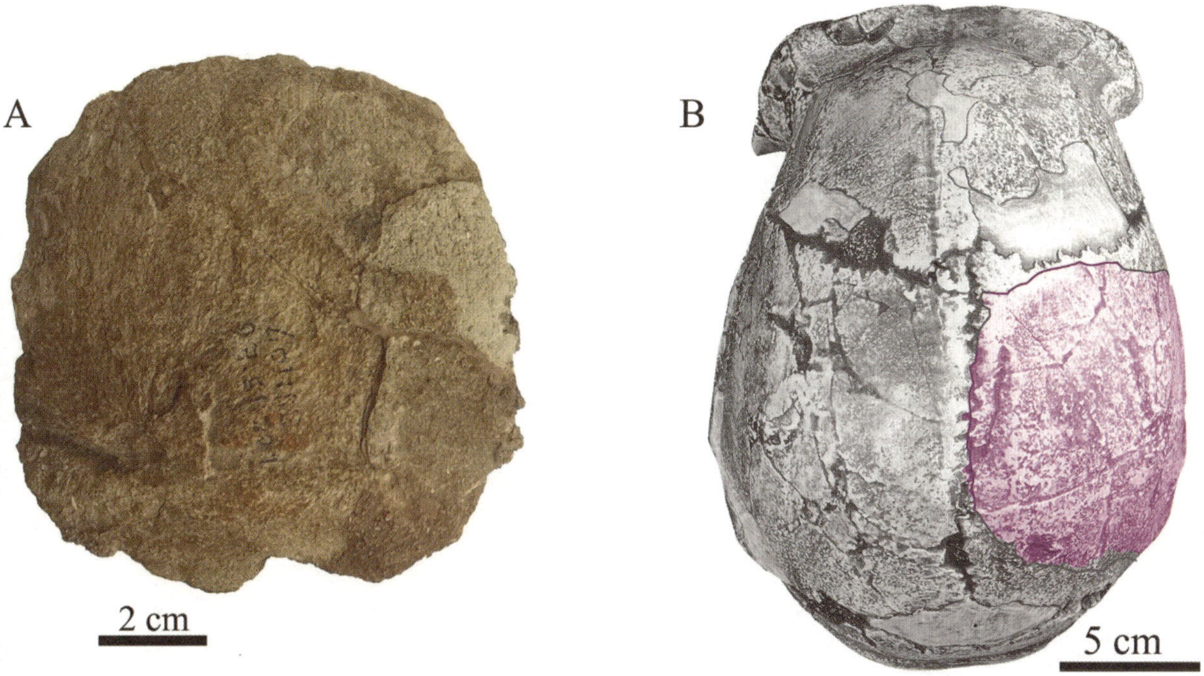

◆ 周口店第 15 地点发现的人类顶骨化石。A：顶骨化石外侧面观；B：顶骨化石与周口店直立人头盖骨的右侧顶骨大致重叠。（中国科学院古脊椎动物与古人类研究所 供图）

石属于早期现代人；而处于中间阶段的人类化石仅有第 4 地点的一枚牙齿。

“周口店第 15 地点人类化石的发现，将有助于通过比较解剖学和分子生物学深入研究这个区域的人类演化，为探讨中国古人类的演化模式提供极为重要和关键的标本材料。”中国科学院古脊椎动物与古人类研究所研究员吴秀杰说。

史前巨猿灭绝竟与“挑食”有关

2024 年，直立身高可达 3 米、体重最大可达 300 公斤，地球史上体形最大的灵长类步氏巨猿的灭绝谜题，被来自中国、澳大利亚和美国的科学家团队解开。研究发现，对摄食行为和食物偏好的执着，使步氏巨猿无力适应环境改变，在 29.5 万至 21.5 万年前走向灭绝。

相关成果在国际知名学术期刊《自然》发表。

步氏巨猿曾广泛分布于以广西为代表的中国南方喀斯特地区，如今，却只有近 2000 颗牙齿和 4 件不完整的下颌能证明它们曾经存在。当时生存于同一地区的其他灵长类都成功适应了环境并繁衍生息，为何唯独给人印象无比强大的巨猿难逃灭绝宿命？

中国科学院古脊椎动物与古人类研究所科研团队引领的一项国际合作多学科综合研究，解开了萦绕在古生物学界多年的谜团。研究团队自 2015 年起在广西调查了数百

◆ 步氏巨猿生活场景复原图。（中国科学院古脊椎所 供图）

处洞穴化石地点，从中选取 22 处进行样品采集，其中包括 11 处产出步氏巨猿化石的地点，以及 11 处时代较晚未产出步氏巨猿化石的地点。

在此基础上，研究团队将 6 种独立的测年技术应用于含化石堆积物和化石本身，获得 157 个放射测量测年结果。这些年代数据与孢粉、哺乳动物群以及牙齿稳定同位素、微量元素、微磨痕等 8 个方面的分析结果相结合，全方位展现了步氏巨猿灭绝的前因后果——

◆ **步氏巨猿巨大的下颌化石。（新华社记者 温竞华 摄）**

约 230 万至 70 万年前，偏好果实、花朵等食物的步氏巨猿曾在资源丰富的森林中兴盛繁荣。而后，随着季节性增强，森林逐渐退化，草地大幅增加。生存环境变化让步氏巨猿偏好的食物逐渐匮乏，但它们仍然依赖缺乏营养的备选食物，食物多样性大为减少；同时，它们的体形越来越大、越发笨重，摄食地理范围大幅缩小，致使种群不断萎缩，最终在 29.5 万至 21.5 万年前灭绝。而作为步氏巨猿的近亲，猩猩的体形变得更小更灵活，还改变了摄食行为和栖息地偏好，得以繁衍至今。

论文共同第一作者兼共同通讯作者、中国科学院古脊

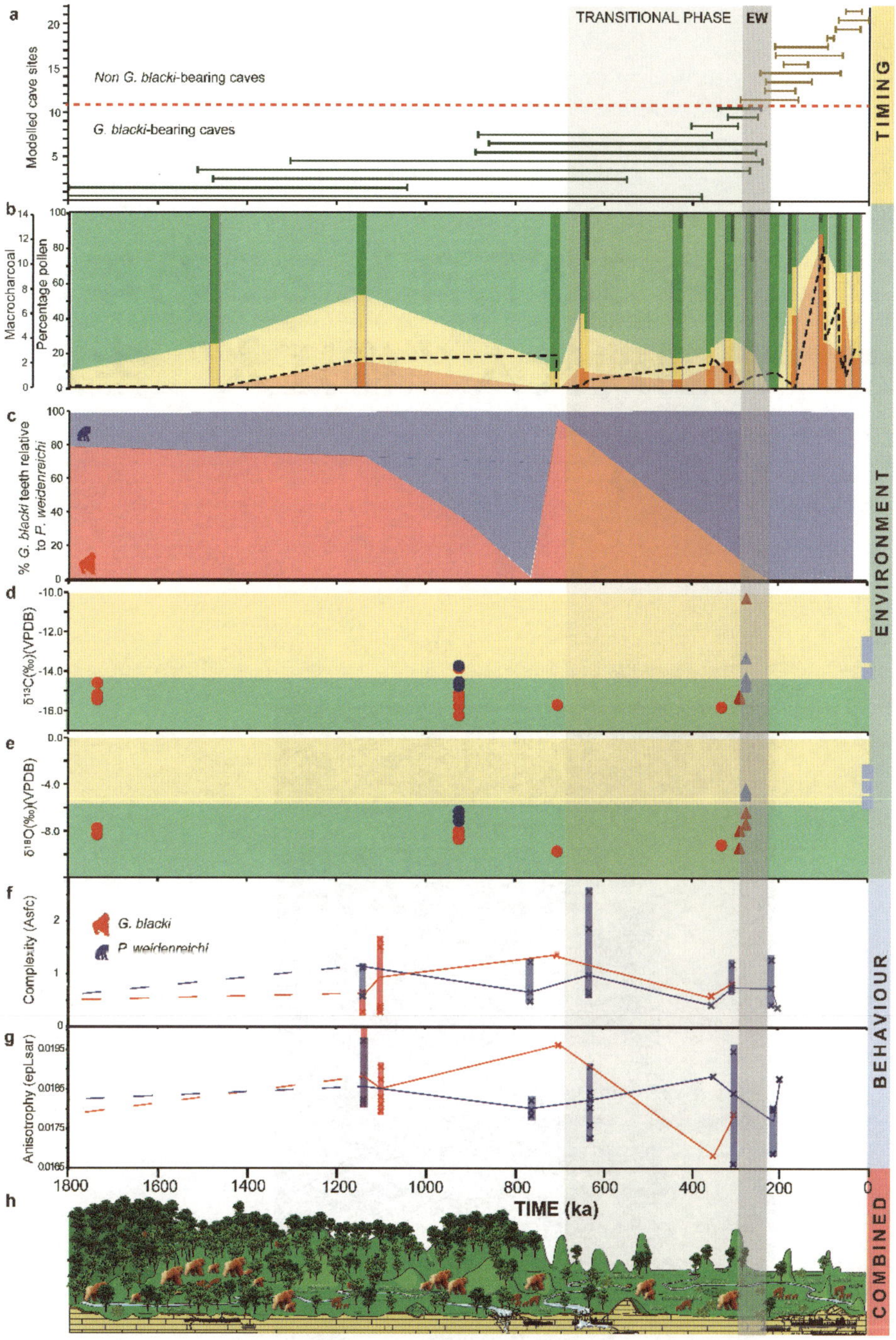

◆ 步氏巨猿的生存环境、摄食行为、灭绝过程随时间发展的变化图。(中国科学院古脊椎所 供图)

椎所研究员张颖奇说，当前，人类正面临生物多样性挑战，探究步氏巨猿灭绝的原因，将为我们理解灵长类动物的生存韧性和其他大型动物的适应策略与生存挑战提供启示。

距今 3.3 万年至 2.3 万年！早期现代人“柳江人”生活年代锁定了

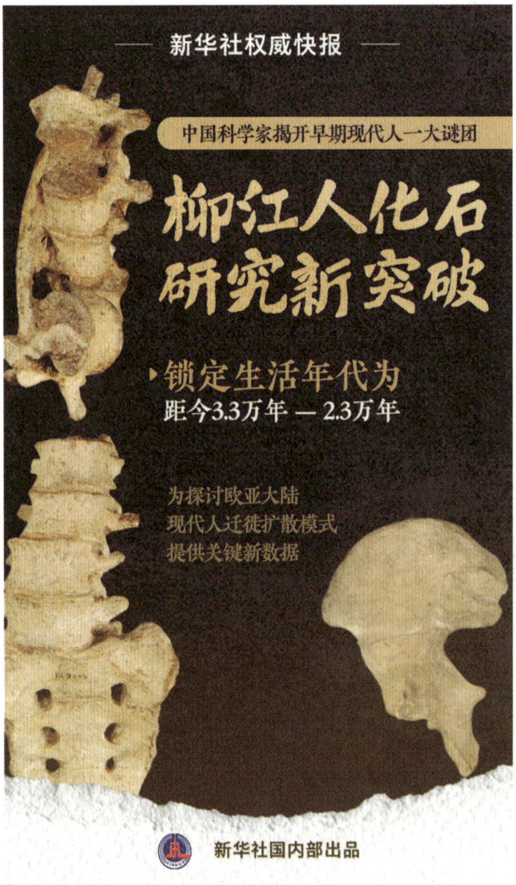

2024 年，我国科学家通过地层与年代学综合研究，解开了困扰学界 66 年的谜团，将早期现代人“柳江人”的生活年代锁定在了距今 3.3 万年至 2.3 万年，为探讨整个欧亚大陆现代人的迁徙扩散模式提供了关键新数据。

上述成果由中国科学院古脊椎所与南京师范大学、中国科学院地质与地球物理研究所组成的研究团队联合国内外科研人员共同完成，在线发表于国际学术期刊《自然·通讯》。

1958 年，柳江人化石被发现于广西柳州的通天岩洞，化石材料包括一件基本完整的颅骨和 17 件后肢骨，经鉴定属于一位约 40 岁的男性。这是国内发现的比较完整的早期现代人化石，其完整程度在整个东亚和东南亚地区均较罕见，对研究大区域内现代人的演化和扩散模式起到关键作用。

但在被发现后的 66 年里，由于出土地层不甚明确，柳江人的生活年代一直存在争议。为揭开柳江人的年代之谜，研究团队历时 4 年，对柳江人化石和洞内沉积物开展了一系列放射性年代测定和地层沉积学等综合工作，最终将柳江人的生活年代锁定在了距今 3.3 万年至 2.3 万年。

这种史前巨兽曾穿越青藏高原，有啥目的？

根据一具长度超过 1 米、带有下颌骨和寰椎的完整头骨，中美科学家发现了巨犀的一个新种——临夏巨犀，并结合其他证据，揭秘了这种史前巨兽穿越青藏高原的迁移扩散过程。相关研究成果发表在国际刊物《通讯 · 生物学》上。

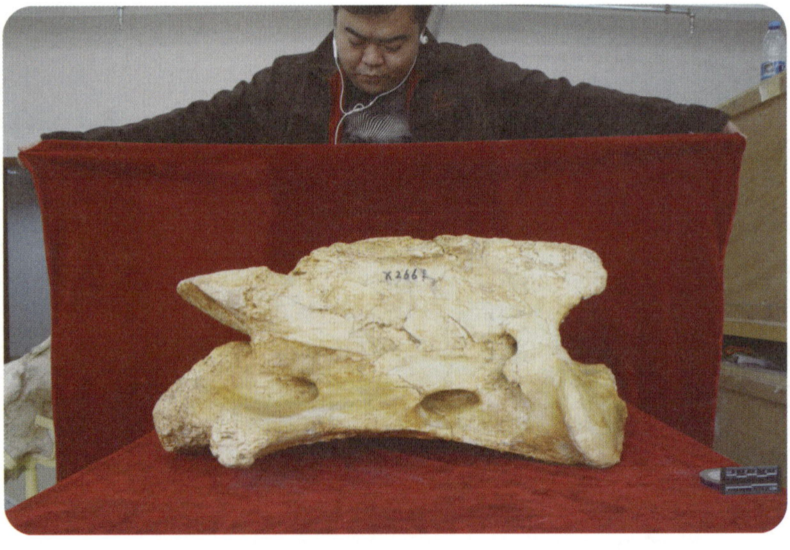

◆ 临夏巨犀的第二颈椎（枢椎）。（中科院古脊椎所 供图）

【想一想】

史前巨兽的迁徙对它们的生存和繁衍有什么意义？它们的迁徙行为如何反映当时的生态环境？

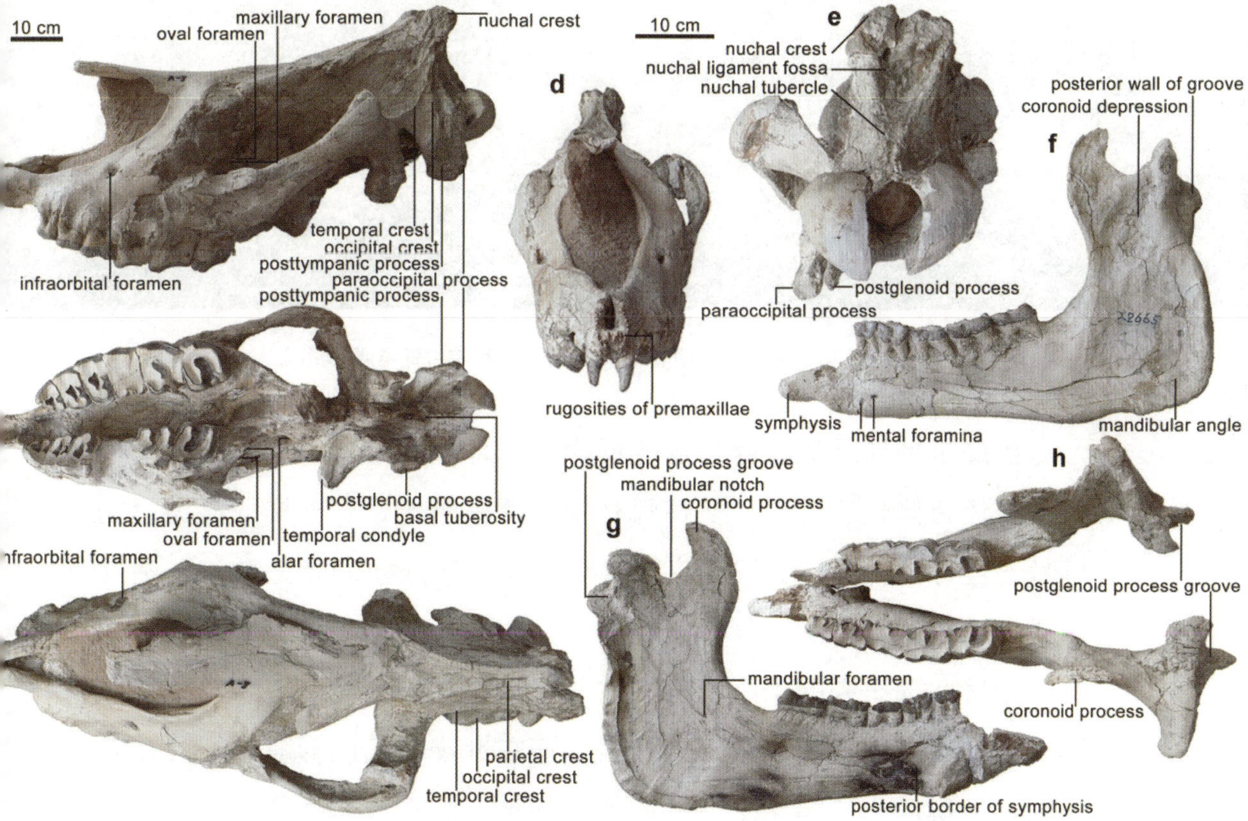

◆ 临夏巨犀的头骨和下颌骨正型标本。（中科院古脊椎所 供图）

◆ 临夏巨犀在渐新世晚期的生态复原图。（陈瑜 绘，中科院古脊椎所 供图）

巨犀是地球历史上存在过的最大的陆地哺乳动物，它们不仅有大长腿，还有修长的颈部，多在疏林中生活，像长颈鹿一样取食树冠的叶片。巨犀的体重可达 24 吨，相当于 4 头非洲象的体重总和，站立时头部可伸达 7 米的高度。

领导此项研究的中国科学院古脊椎动物与古人类研究所研究员邓涛介绍，此次发现的头骨采自青藏高原东北缘甘肃临夏盆地 2650 万年前的地层中。“相比于巨犀属的其他种，临夏巨犀体型更大。它有

一个发达的软鼻用于取食，进化出了更灵活的颈部，而更高大的枕髁也显示出对长颈之上更大头骨的强力支撑。”邓涛说。

巨犀从 4200 万年前开始出现，在 2100 万年前灭绝，主要生活在亚洲，在青藏高原南北都有分布。它们是如何在青藏高原南北迁移扩散的？

“巨犀是完全的素食者，而处于亚洲腹地的蒙古高原在距今约 3000 万年的渐新世逐渐向干旱化发展，巨犀可取食的树木减少，因此，它们选择从亚洲腹地逐渐向更温暖湿润的南亚迁移。”邓涛说，因为到南亚的直接路线受到古特提斯海的分隔，它们最终选择沿着海域东岸，通过西藏腹地的一些低海拔谷地前往。

邓涛介绍，这一路线得到了其他证据的支持，在青藏高原中部渐新世地层中发现的鱼类和植物化石都显现出热带的特点，指示不超过 2000 米的海拔高度。巨犀在渐新世早期扩散到南亚，后代又在渐新世晚期返回甘肃和新疆，这证明，青藏地区当时尚未上升为今天的高原，没有足够的高度阻碍像巨犀这样的大型哺乳动物的扩散。

一路“象”北，千百万年来发生过这么多回！

云南野象北迁，一路“逛吃”，引来众多关注。如将时间以百万年计，会惊奇地发现，在地质历史上，象类曾频繁、大规模地在我国南北方“来回”。这些“长鼻子”为何如此？云南地区在其中又起了什么作用？

2021年，中国科学院古脊椎动物与古人类研究所王世骐团队根据对现有化石的研究，勾勒了象类上千万年的南北“迁移地图”。相关研究成果发表在国际期刊《古地理学、古气候学、古生态学》上。

王世骐研究员介绍，大象在中国出现，有确切记录已有约1900万年，而研究发现，距今约2400万年前，起源于非洲的象类就可能曾经由尚未隆升的青藏地区，到达我国北方，包括嵌齿象、轭齿象等。此后，随着青藏高原抬升，这条迁移路线受阻，象类转而“改道”云南，经我国中部和东部向北迁移。

“在约1800万年前，我国东部出现的脊棱齿象，就可能是从我国云南或东南亚等地向北迁徙的，最后甚至到达了日本。”王世骐说。

◆ 在昆明市晋宁区夕阳彝族乡拍摄的野象（无人机照片）。（新华社发）

历史上，因为气候变化等原因，象类曾多次南北来回“流动”。王世骐介绍，云南不仅是历史上象类北迁的重要“通道”，包括云南在内的我国南方，还是大象的“避难所”。他介绍，这主要是由于我国南方气候温和湿润，森林繁茂，而北方随着青藏高原的隆升，气候日渐干旱，不再适宜一些象类生存。因此，每遇气候变化，象类往往退缩至云南等地。

“在约 600 万年前，全球进入暖湿时期，剑齿象和中华乳齿象在云南地区出现。此后，它们曾一同进入北方，留下了包括黄河象在内的许多化石。”王世骐说，但好景不长，随着约 300 万年前气候再次急剧变冷，猛犸象在北方出现，剑齿象和中华乳齿象退回到云南等地蛰伏。

如今备受关注的亚洲象，又是什么时候出现的？王世骐介绍，亚洲象属在约 150 万年前出现在中国。随着约 1 万年前地球进入全新

◆ 黄河象骨骼化石。（新华社记者 马平 摄）

世温暖期，猛犸象、剑齿象等悉数灭绝，只留下亚洲象一种生活在中国的版图上。

“除了更适应温暖的环境，和同样生活在南方的剑齿象相比，亚洲象的食物范围更广，因此得以幸存。在殷商时期，亚洲象曾在黄河流域分布，此后，由于人类对中原地区的开发，亚洲象一路南下，最终退至云南。”王世骐说。

◆ 亚洲象头骨。（中科院古脊椎所 供图）

【选一选】

问题：在象类的南北迁徙历史中，云南地区扮演着什么角色？

A. 云南是象类北迁的重要“通道”

B. 云南是大象的“避难所”

C. 云南气候温和湿润，森林繁茂，适宜象类生存

D. 以上都是

答案见 P53

1000 万年前入主北美的剑齿虎，打哪来的？

2021 年，我国科学家在甘肃临夏盆地首次发现了隐匿剑齿虎带有颊齿的下颌骨化石。这填补了该种乃至剑齿虎属原始类型在中国的空白，为研究晚中新世剑齿虎属演化和迁徙路径补上了关键一环。

剑齿虎亚科是一类长有发达的匕首状上犬齿的猫科动物，是史前的“顶级掠食者”。生活在约 1300 万年至 533 万年前中新世的剑齿虎属，是剑齿虎亚科的一个典型代表，成员普遍有着与现代狮虎相当的体型。

中科院古脊椎所助理研究员孙博阳介绍，在甘肃发现的化石，属于晚中新世最原始的剑齿虎属成员——隐匿剑齿虎。此前隐匿剑齿虎被认为仅分布于欧洲。

化石具有明显的原始特征，如相对较垂直的下颌联合部侧面轮廓、尺寸相对较大的下前臼齿，下裂齿具有较发育的下跟座残留等。孙博阳解释，用来切肉的裂齿是食肉类动物最重要的器官之一，猫科动物普遍的演化趋势是处理肉食的能力越来越强，这突出表现为裂齿的大小在全部牙齿中所占的比例越来越大，结构越来越简洁。甘肃发现的

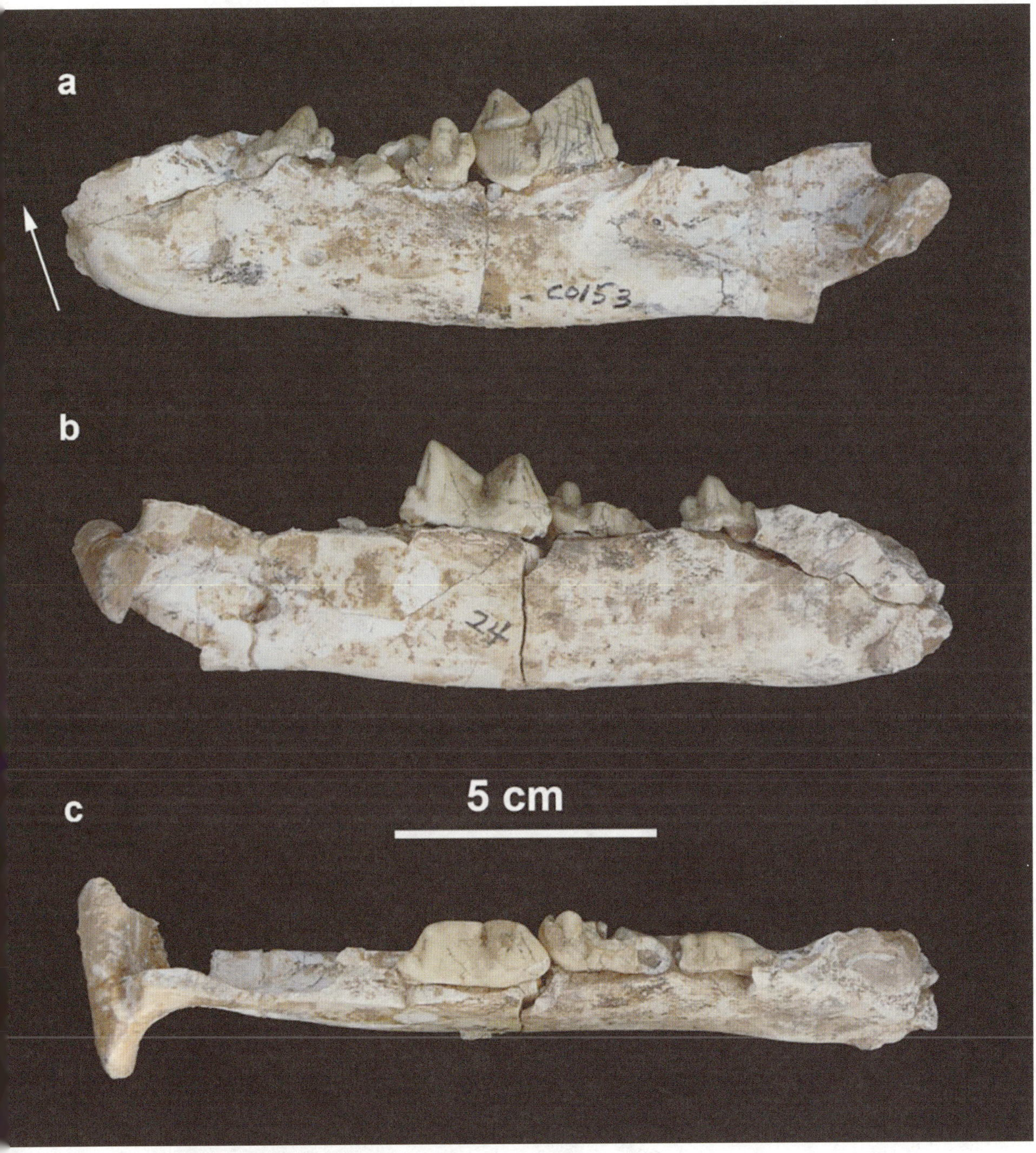

◆ 甘肃临夏盆地发现的隐匿剑齿虎下颌骨化石。（中科院古脊椎所 供图）

◆ 巴氏剑齿虎头骨。巴氏剑齿虎生活在晚中新世的中国，比隐匿剑齿虎更进步。（中科院古脊椎所 供图）

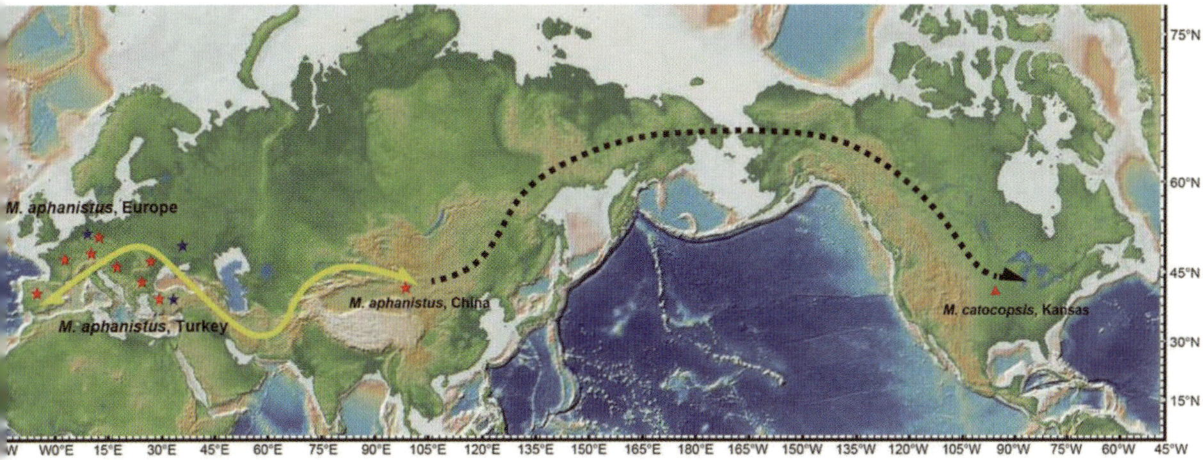

◆ 剑齿虎属自欧亚向北美的迁移示意图。
（中科院古脊椎所 供图）

新材料和一些后期进步成员相比，下裂齿尺寸在全部牙齿中占比相对小，如装饰物一般的细小结构也更多。

在约 1000 万年前，隐匿剑齿虎借由连通的白令陆桥向北美迁徙，由此开启了剑齿虎属在北美的称霸之路。然而，东亚地区此前一直未发现与隐匿剑齿虎处于相同演化水平的类群，使这条路径在亚洲出现间断。隐匿剑齿虎在临夏盆地出现的记录堪称完美地填补了这一空缺。

“可以推测，剑齿虎从欧洲向东，先到达土耳其，再穿越中亚，最有可能行进的路线是通过伊朗后进入中国，再向北美进发。”孙博阳说。

该研究由中科院古脊椎所与玉溪师范学院古生物研究中心领衔，和政古动物化石博物馆和云南大学参与完成，成果已在线发表于国际古生物学期刊《历史生物学》。

P49 答案：D. 以上都是

史前巨兽争霸赛：谁才是陆地最大哺乳动物？

陆地上存在过的最大的哺乳动物是什么？它的体型有多大？在甘肃临夏回族自治州和政县一座特殊的“史前动物园”里，记者探寻陆地最大哺乳动物的身影。

走进和政古动物化石博物馆，穿行在各种化石之间，仿佛回到遥远的过去，看到一场“史前巨兽争霸赛”。

一具特殊的大象骨架十分醒目。它足足有 2.5 米高，头骨前端并排长着一对扁平的下门齿。“这是铲齿象，生活在距今 1600 万年前。”博物馆讲解员张海莲介绍。

铲齿象曾广泛分布于各个大陆，直到 500 多万年前才全部灭绝。“一般铲齿象的体重可以达到 2.5 吨，有的象还可以达到 3 吨到 3.5 吨。”中科院古脊椎动物与古人类研究所研究员邓涛说。

“这具骨架保存得比较完整，就连盆骨、趾骨等极难保存下来的化石都完好无损。”和政古动物化石博物馆馆长何文说，骨架的所有化石都是在和政县发现的，经过专

◆ 铲齿象复原骨架。（和政古动物化石博物馆 供图）

家鉴定，象骨年龄在 25 岁左右。

想要让这只“庞然大物”重见天日可不容易。博物馆的 6 名工作人员用两年时间一点点清理、筛选，才将化石清理出来。之后对一小部分缺损的化石进行补充，又耗费了半年时间。经过无数次打胶、固定，它才终于在馆里与游客见面了。

◆ 铲齿象生活场景复原图。（和政古动物化石博物馆 供图）

铲齿象化石十分巨大，给人满满的视觉压迫感。可在整个博物馆馆藏的巨兽化石标本中，它也只能算是一个“入门级”的小角色。

在另一个展厅里，一具长约 1 米的头骨立在支架上，角座、眼眶、鼻骨等仍清晰可见。站在化石前，不难想象这头巨兽当年的雄姿。

张海莲介绍，这是临夏副板齿犀的头骨化石。临夏副板齿犀是一种体重可达 7 吨至 8 吨的哺乳动物，它的化石也是在和政县出土的。与同是哺乳动物的人类相比，一只临夏副板齿犀的重量，约等于 100 个体重在 70 千克以上的成年人。

史前巨兽争霸赛，没有最大，只有更大。当研究者还在惊叹临夏副板齿犀的庞大，2015 年一具更大的陆地哺乳动物化石在临夏州东乡自治县被发现。

何文告诉记者，最初是村民盖房取沙时，看到了沙土中几个形状怪异的“土疙瘩”，他带队

◆ 这是临夏副板齿犀的头骨。（和政古动物化石博物馆 供图）

前去查看后，发现是古动物化石。因为太过巨大，动用了货车才将化石拉回博物馆。

经过对化石的研究，邓涛和他的团队确认了一个巨犀新种“临夏巨犀”。如今，临夏巨犀的化石就静静地陈列在展柜里。

这个新发现的古动物有多大？其中一块下颌骨化石就长达一米，上面排列的牙齿清晰可见。要是临夏副板齿犀真能碰见这个大家伙，只怕都得躲着走。

邓涛介绍，巨犀是陆地上存在过的最大的哺乳动物，站立

◆ 这是巨犀下颌骨化石标本。（新华社记者 杨雅婷 摄）

时的肩高 5 米，头部可伸达 7 米的高度。它的体重可达 24 吨，相当于 4 头最大的非洲象的体重总和，大约是 3 头临夏副板齿犀的体重总和。

在博物馆临夏巨犀的复原塑像前，一个成年男性站在巨犀身下，头顶还接触不到巨犀腹部，足见其身形之巨大。

邓涛介绍，庞大的巨犀需要大量植被作为食物来源。临夏巨犀生活在距今 2650 万年前，在当时，我国西北地区的气候比较温暖潮湿，生长着许多高大的树木，巨犀能以树冠顶部的树叶为食。

在地质时代晚渐新世，全球气候处于冷暖波动期，无法适应的动物渐趋灭绝。而生存于亚洲的犀类动物，由于食物竞争者减少，因此养育出陆地上最大的哺乳动物——巨犀。这一时期的临夏盆地，与巨犀相伴生的还有二十几种动物。

“临夏地区古动物化石蕴藏量极为丰富，我们博物馆馆藏量超过 3 万件，还需要漫长的时间，才能将这些化石清理修复完毕。”何文说。

◆ 这是临夏巨犀复原雕塑。（新华社记者 马莎 摄）

◆ 巨犀与人的体积对比图。（和政古动物化石博物馆 供图）

【想一想】

为什么这些巨兽能够长得如此巨大？它们的存在对生态系统有什么影响？

虎从何来?

虎是百兽之王。它们威风、矫健的形象让人敬畏又崇拜。

老虎虽然叫虎，却是猫科动物，也就是人们常说的“大猫”。在进化长河中，它们怎样一步步走来，又如何走进我们的传统文化?

南京古生物博物馆展陈部主管、古生物学博士贺一鸣介绍，包括猫科在内的所有食肉动物的祖先，都可以追溯到 4000 万至 5000 万年前的小古猫类。小古猫外形像猫，头颅较长，用手掌和脚掌走路，有适合奔跑的腰椎、发达的大脑和锋利的牙齿。随着小古猫的后代分化，其中的一支进化出了现在的猫科。

谁是“天下第一虎”呢?国家动物博物馆副馆长张劲硕说，寻找最早的虎经历了很长一段时间。古中华虎是目前已知豹属动物（包括灭绝和现存类群）中最原始的，它们在 200 多万年前生活在我国黄河中游地区。

中科院古脊椎动物与古人类研究所副研究员孙博阳介绍，古中华虎最早发现于河南渑池，距离仰韶遗址很近，其标本保存较完好，包括头骨、下颌骨和寰椎，其后又发现于甘肃临夏州东乡县，目前仅有这两处记录。“相比现代老虎生活在林地环境、主要以伏击方式狩猎，古中华虎的生存环境可能更加开

◆ 小古猫复原图。（中科院南京地质古生物研究所 谭超 绘）

◆ 古中华虎头骨化石，产自河南渑池，左上：左侧面，右上：右侧面，左下：背面，右下：腹面。（中科院古脊椎所 供图）

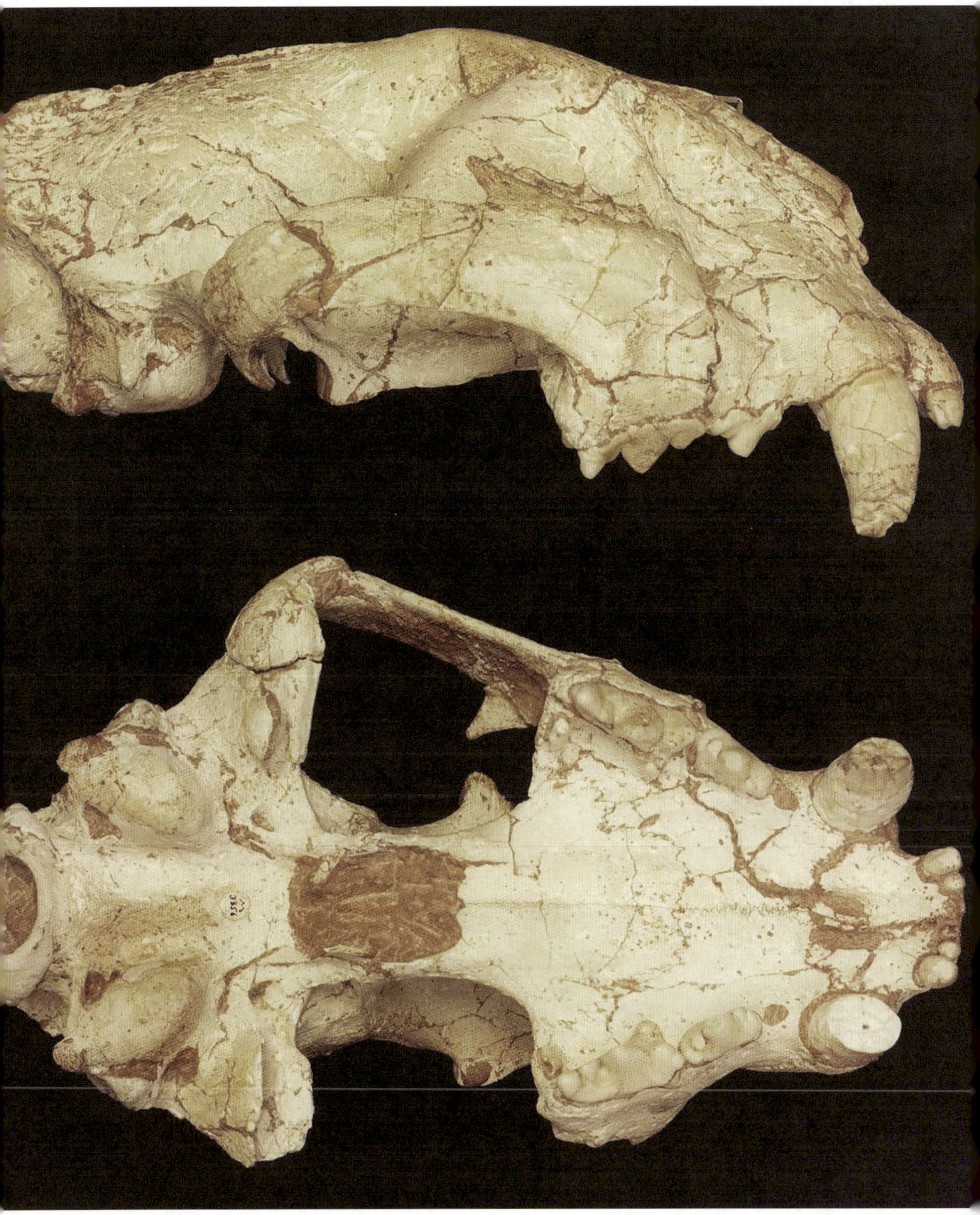

◆ 古中华虎复原图。（陈瑜 绘）

阔，追袭猎物的频率相对更高。”孙博阳说。

不过，能不能说古中华虎就是现代虎的祖先呢？据研究，它可能是现生大型猫科动物狮、虎、豹等共同的古老“远亲”，它的发现证明了虎的起源最有可能是亚洲，甚至是中国。但谁是真正的“第一只虎”仍是未解之谜。

我国生肖中的“虎”是什么虎？据文献记载，“生肖”在我国存在的历史十分悠久，东汉王充在《论衡》中就有记载。十二生肖中，既有家中饲养的“六畜”——牛、马、羊、鸡、

◆ 上海博物馆藏金代黄地黑彩雁衔芦苇纹虎枕（前）。（新华社记者任珑 摄）

狗、猪，也有常见的野生动物——鼠、虎、兔、蛇、猴，还有中华民族的象征——龙。因此，当时我国常见的“虎”，应该是生肖虎的原型。

重庆市地勘局正高级工程师、古生物学博士张锋介绍，在几千年的范畴内，中华大地上主要生活过几个虎的亚种：广泛分布于中南部的华南虎、东三省的东北虎、西藏墨脱的孟加拉虎、西南地区的印度支那虎以及新疆塔里木盆地的新疆虎。考虑到中华文化的重要源头和核心组成是位于黄河中下游的中原文化，从上面几种虎的分布和常见程度看，华南虎最有可能是生肖虎的原型。

远古的“虎头虎脑”有啥特别?

“虎”系大家族中出现过一位大“明星”:剑齿虎。它因何出名?生活在什么时代?最后又为何消失?在南京古生物博物馆,从一件“虎头虎脑”标本说起,揭秘剑齿虎的故事。

南京古生物博物馆展陈部主管、古生物学博士贺一鸣介绍,剑齿虎的头骨标本如今可以在不少自然博物馆里看到,它们最显著的特征是拥有一对长而锋利的牙齿,那是剑齿虎的犬齿,又称“马刀齿”。南京古生物博物馆收藏的一块剑齿虎头骨长约30厘米,其上两枚犬齿就长达10厘米,它们明显伸出且向后弯曲,像两把锋利的匕首。

“因为这两颗夸张的‘大牙’,剑齿虎的形象显得特别威武,也吸引了一大票‘粉丝’。”贺一鸣说。

贺一鸣说,剑齿虎虽然有一个“虎”字,但

◆ 南京古生物博物馆收藏的剑齿虎头骨标本。（南京古生物博物馆 供图）

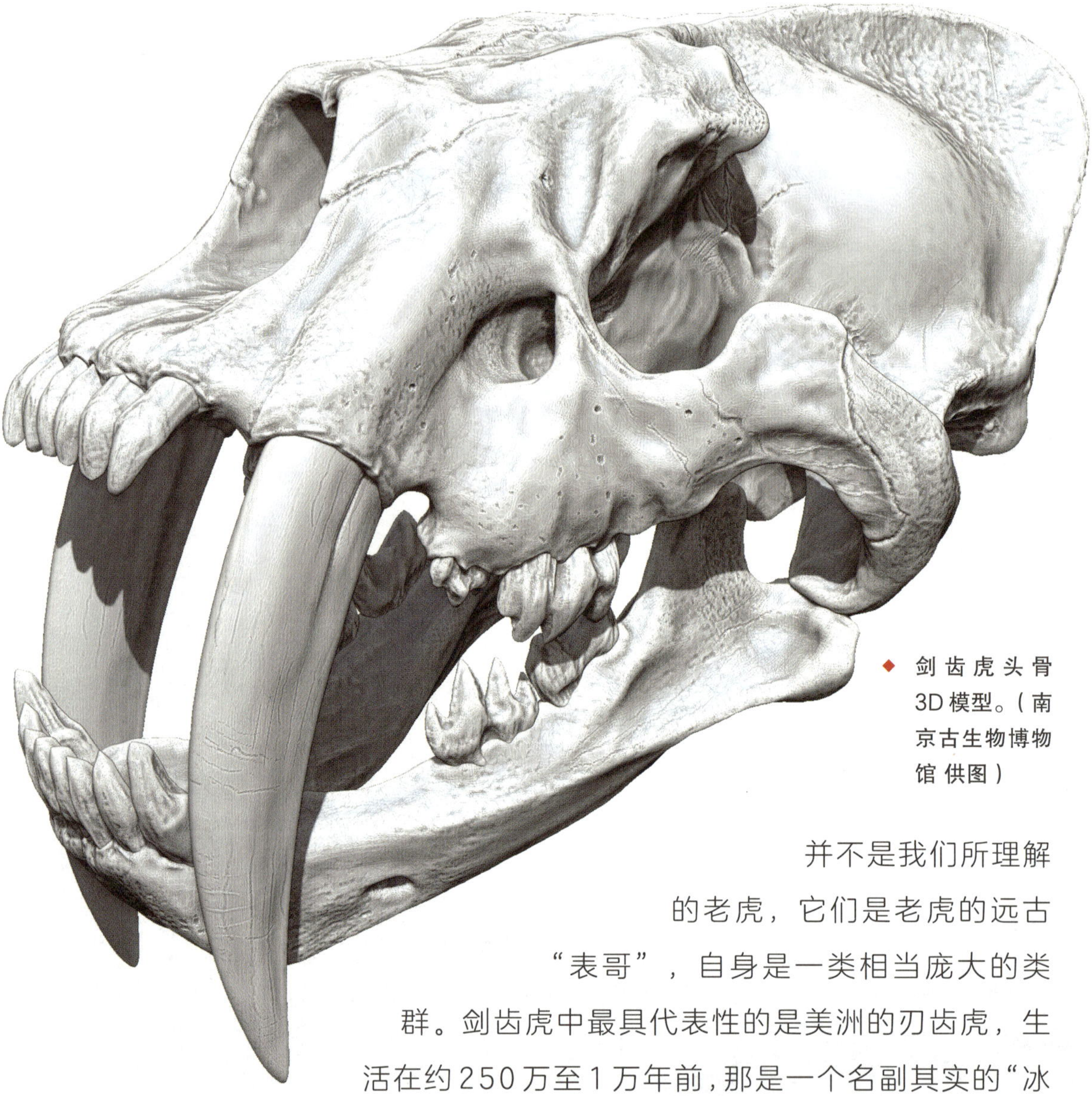

◆ 剑齿虎头骨3D模型。（南京古生物博物馆供图）

并不是我们所理解的老虎，它们是老虎的远古“表哥”，自身是一类相当庞大的类群。剑齿虎中最具代表性的是美洲的刃齿虎，生活在约250万至1万年前，那是一个名副其实的“冰川时代”。外观上看，剑齿虎除了有夸张的犬齿，身形也比现代老虎更加粗壮。它们前肢略长，尾巴短小，很可能像现代狮子一样群居生活。它们主要依靠爆发力近距离伏击猎物，发达的犬齿可以在捕猎瞬间给猎物致命一击。

剑齿虎曾称霸一时，广泛分布在欧洲、亚洲、非洲、南美洲和北

◆ 毁灭刃齿虎复原图。（陈瑜 绘）

美洲。但在 1 万年前，这种动物却从地球上消失了。关于其灭绝原因有很多种猜测：也许是剑齿虎太适应于捕猎猛犸象、披毛犀等大型食草动物，但这些猎物却被鹿等更小、更敏捷的动物取代了；也许是伴随现代人类走出非洲、迁移到各个大陆的过程，剑齿虎与人类屡屡“交锋”，最终败下阵来。

“不论原因如何，剑齿虎灭绝都是一件令人惋惜的事。也许再坚持久一点，我们就能在动物园里一睹它们的风采。”贺一鸣说。

虎虎何时再“生威”？

今天已是百兽之王的老虎，7 万多年前遭遇过什么？现代虎的各个亚种怎样演化出了今天的模样？近百年间，人类活动让虎的领地“缩水”、种群数量锐减，如何保护老虎，让虎虎再“生威”？

国家动物博物馆副馆长张劲硕介绍，尽管老虎存在的时间很长，但现代遗传多样性的研究表明，现代虎的祖先最多只有十几万年历史。有观点认为，这可能与 7 万多年前苏门答腊岛托巴火山大爆发有关。这次火山爆发导致地球陷入长达数年的冬天，包括老虎在内的很多动物遭受重创，所幸仍有极小规模的虎种群残留。

现代虎的各个亚种是怎样演化出来的？中科院古脊椎动物与古人类研究所副研究员孙博阳说，根据最新的 DNA 分子演化研究结果，现代虎各个亚种当中，最先分化出来的是苏门答腊虎，

◆ **以虎为主题的年画。（新华社发）**

于 6.7 万多年前与其他亚种分离。此后，孟加拉虎于约 5.2 万年前分化。在约 4.5 万年前出现了两个分支，一个分支于约 2.7 万年前分为印度支那虎和马来亚虎，另一个分支在约 3.3 万年前分为东北虎和华南虎。

几万年前自然界的“灭顶之灾”没有让虎消失，但人类活动却日益侵占虎的生存领域，急剧压缩了它们的生存空间，让虎不再“生威”。近百年来，多个虎亚种数量锐减，虎已被世界自然保护联盟濒危物种红色名录列为濒危物种。

在我国，华南虎在野外已基本绝迹，现存的 240 多只华南虎均由人工饲养；东北虎曾在整个东北地区分布较多，但由于栖息地破坏等

原因，数量急剧下降，1974年至1976年黑龙江省珍贵野生动物资源调查显示，东北虎已在大兴安岭地区绝迹。

如何让虎虎再“生威”？重庆市地勘局正高级工程师、古生物学博士张锋认为，对老虎的保护，既刻不容缓又任重道远。一只华南虎的领地至少需要8千米见方的森林，领地内还要有200只梅花鹿、300只野羊和150只野猪等。如果要恢复1000只成年华南虎种群，仅考虑需要恢复的森林面积一项，就有很大难度。

◆ 四胞胎小华南虎在华南虎苏州培育基地。（新华社发 杭兴微 摄）

◆ 加拿大多伦多动物园的东北虎幼崽。
（新华社发 邹峥 摄）

“保护虎需要从保护虎的多样性、保护虎的栖息地和弘扬虎文化三方面着手。如今人们把每年的 7 月 29 日确立为‘全球老虎日’，虎的保护已初见成效。”张锋说。

截止至 2022 年，我国森林覆盖率由 20 世纪 80 年代初的 12% 提高到 23.04%，森林蓄积量超过 175 亿立方米。森林资源的持续增长，为野生动物提供了更充足的栖息空间。

2021 年 10 月，我国正式设立包括东北虎豹国家公园在内的第一批国家公园。当月发布的数据显示，东北虎豹国家公园内野生东北虎数量已由 2017 年试点之初的 27 只增长至 50 只。就在 2022 年春节前夕，时隔数十年后，野生东北虎踪迹重现大兴安岭。

◆ 在辽宁沈阳怪坡东北虎园拍摄的东北虎。（新华社记者 杨青 摄）

【想一想】

为什么老虎的数量会减少？我们能做些什么来帮助它们恢复“虎威”？

猎杀古猿的“杀手”，很可能是剑齿虎

在动画片《冰川时代》中，剑齿虎为保护史前人类幼崽拼尽全力。而最新的研究却表明，剑齿虎很可能是捕食古猿的“杀手”。

在云南元谋古猿产地，科研人员曾发现了数以千计的蝴蝶禄丰古猿化石。这些化石成为研究中国古灵长类、古猿、古人类的重要窗口。在这一古猿化石点，古生物学家又发现了同时期多种类型的剑齿虎化石。通过研究，分析出了这些剑齿虎的体型和主要食物来源。

该成果主要研究者、北京大学博士后江左其杲介绍，距今 900 万至 700 万年的晚中新世是猫科动物的繁盛期，孕育出了种类多样的剑齿虎。它们占据食物链顶端，维系着生态平衡。过去，在欧洲和我国北方的地层中，曾出土过大量猫科动物化石，但在我国华南地区，猫科化石记录很少，2022 年在云南的发现令人惊喜。

在元谋古猿产地，不仅发现了猫科动物中体型最大的“近剑齿虎”，还发现了体型第二大的全新物种，并命名为“兴永龙川剑齿虎”。此外，还有两种中型的剑齿虎成员，以及与今天“金猫”体型接近的猫亚科成员。

“我们发现了 10 只左右的剑齿虎化石，包括头骨和大量零散的

◆ 元谋地区发现的大量猫科动物牙齿化石。
（江左其杲 供图）

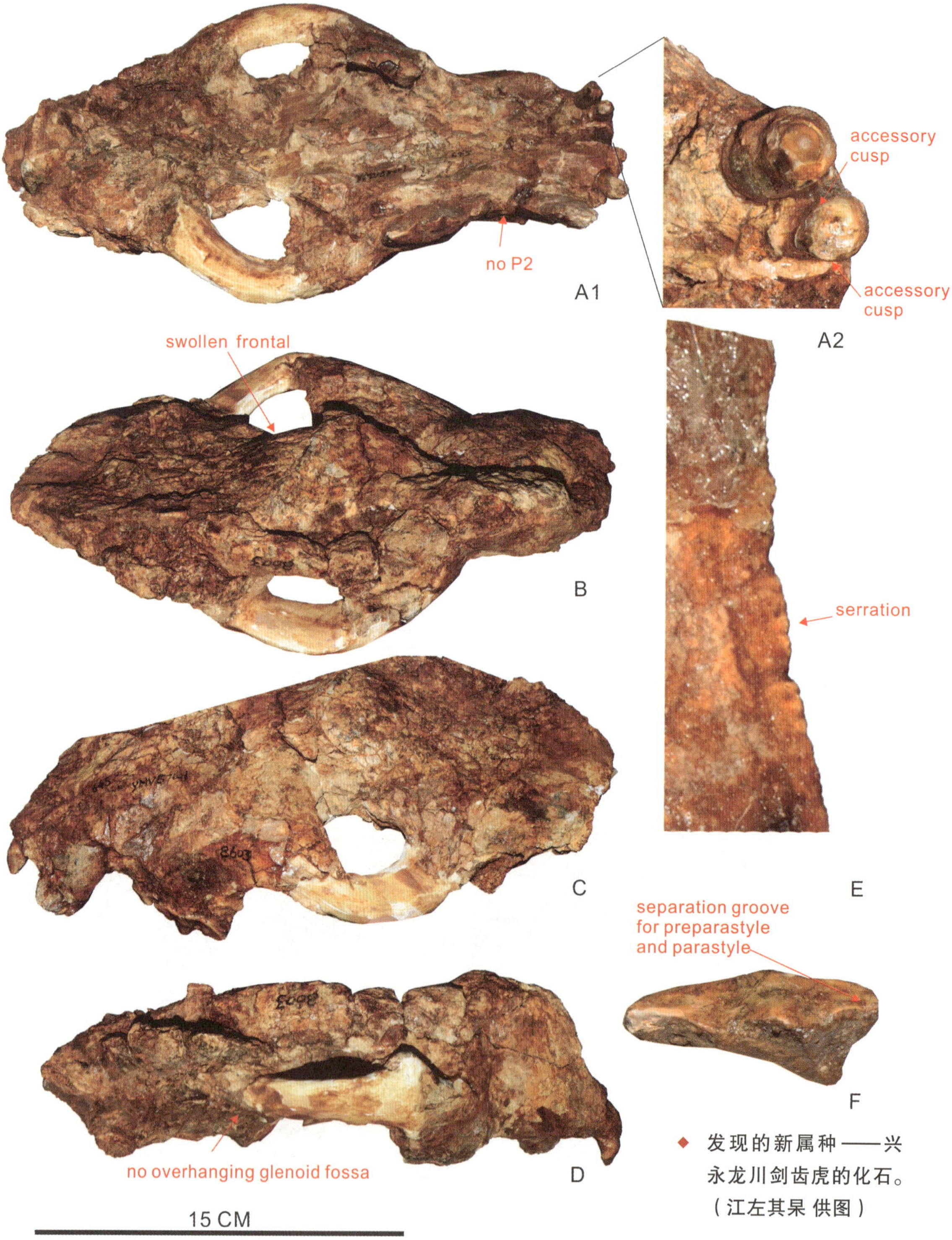

◆ 发现的新属种——兴永龙川剑齿虎的化石。（江左其杲 供图）

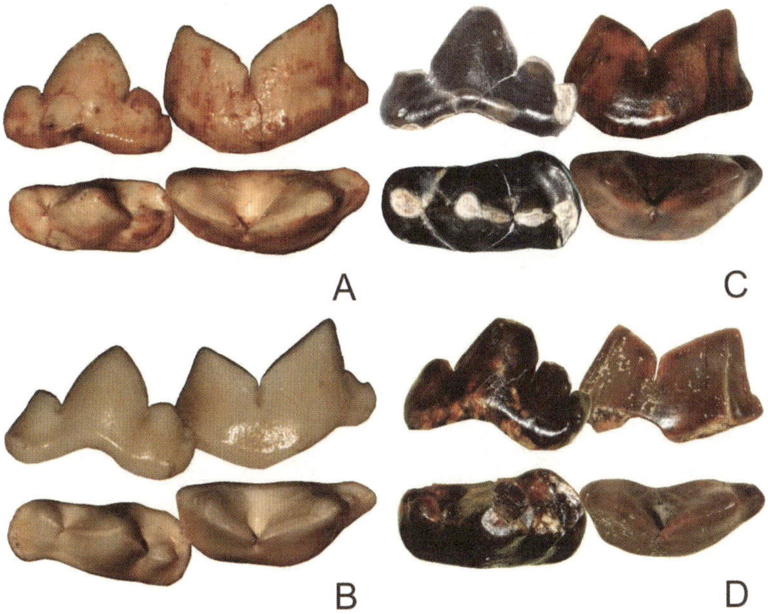

◆ 部分中型剑齿虎牙齿。（江左其杲 供图）

牙齿。”江左其杲说。

江左其杲解释，根据现代动物生态学推断，当猫科动物中的虎豹共存时，老虎会长期占据鹿类等有蹄类动物资源，豹子则会趋于以灵长类为食，元谋发现的剑齿虎化石也印证了这一推断。

“大型剑齿虎大小近似今天的虎，它们很可能以吃有蹄类动物为主。而中型剑齿虎体型相当于豹，它们与蝴蝶禄丰古猿体型接近，体重在 40 至 50 公斤。受迫于大型剑齿虎的威胁和生存压力，中型剑齿虎会选择捕食‘大哥’抓不着或吃不饱的猎物，很可能把古猿当主食。”江左其杲说。

该成果发表在国际期刊《林奈学会动物学杂志》上，由北京大学、中科院古脊椎动物与古人类研究所、云南省文物考古研究所等共同完成。

找到现代老虎“远房亲戚”

中国地质大学（武汉）赖旭龙教授团队联合国内外研究者，通过古 DNA 研究，发现了此前未知且现已灭绝的老虎遗传支系。相关成果在国际权威生物学期刊《英国皇家学会学报 B》发表。

2003 年，吉林大学考古团队在吉林通化大安镇的一处溶洞中，发掘出大量古生物化石，并将其中部分斑鬣狗化石提供给中国地质大学（武汉）古 DNA 研究团队开展合作研究。通过对化石中残存 DNA 的分析鉴定，研究人员意外发现其中一块残破的下颌骨并非斑鬣狗，而是属于老虎（以下称“大安虎”），其年代距今已经超过 4.35 万年。

在生物学分类上，老虎的演化历史、生存状态均受到广泛关注。已有研究认为，当前老虎的各地理亚种均分化自一个距今约 11 万年的祖先种群。

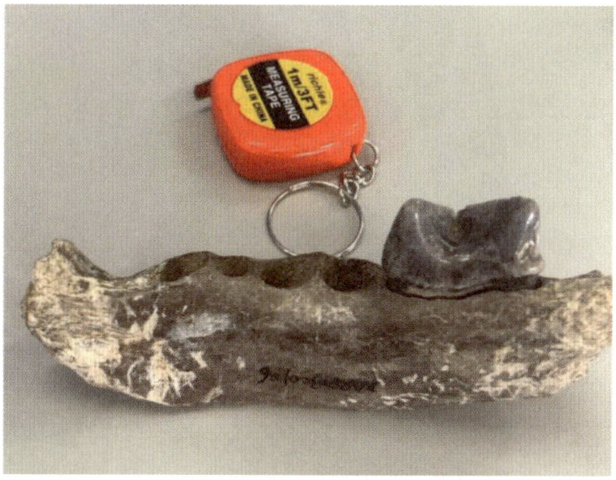

◆ 吉林通化大安镇溶洞发掘的虎化石。（研究人员供图）

为探究“大安虎”与现生老虎各地理亚种的亲缘关系，研究人员加大了对“大安虎”下颌骨化石的古 DNA 提取及二代测序文库构建等工作，从 24 个测序文库中，组装得到“大安虎”接近完整的线粒体基因组及部分核基因组信息。

基于“大安虎”和所有现生老虎遗传成分对比分析及系统发育树构建，发现“大安虎”不同于任何现生老虎，属于此前未知且现已灭绝的遗传支系，这一支系与现生老虎的祖先，在约 26 万年前就已“分道扬镳”。

对于现生老虎的研究，只能揭示它们直系祖先的演化历史。“大安虎”基因组的测定和解析，表明在老虎的演化历程中，有部分遗传支系丢失，所有现代老虎只是其中

◆ 老虎手绘图。（研究人员 供图）

一个支系的后代。

研究人员解释，现在的东北虎、华南虎等老虎，彼此之间就像是堂兄弟，“大安虎”和现代老虎则是远房亲戚之间的关系。在得到古 DNA 数据之前，消失的老虎支系的遗传信息，一直被尘封在破碎的、易被误读的化石中。古 DNA 研究使得灭绝的老虎支系“重见天日”，为系统全面地探究老虎的演化历史提供了依据。

【选一选】

问题：研究发现“大安虎”与现代老虎之间是什么关系？

A．“大安虎”是现代老虎的直系祖先

B．“大安虎”是现代老虎的堂兄弟

C．“大安虎”和现代老虎是远房亲戚

D．“大安虎”是现代老虎的子代

答案见 P89

大角鹿长了“大下巴”，原来是为了吃草

生活在约 700 万至 7700 年前的大角鹿，拥有最长可达 4 米的硕大鹿角，是化石物种中的“明星”。它们的下颌骨十分特殊，普遍存在肿厚现象，学界对其功能有多种猜测。中科院古脊椎动物与古人类研究所 2022 年的研究证明，大角鹿的“大下巴”可能有利于承受更大的外力，与取食偏硬或富含纤维的食物相关。

“下颌骨主要的功能是咬合和咀嚼，其形态经常被作为推断食性的重要依据。”论文第一作者、中科院古脊椎所付娇说，此次研究选取驼鹿、水牛、家马三种现生大型食草动物，与发现于周口店遗址第一地点的肿骨中华大角鹿下颌骨进行对比分析，以探寻它们食性上的差异。

◆ 大角鹿化石。（中科院古脊椎所 供图）

“三者体型与大角鹿接近，驼鹿下颌骨十分纤细，而水牛和家马的下颌骨更加结实。三者食性上也有细微差别，驼鹿以取食嫩叶为主，水牛和家马以取食富含纤维的草为主。大角鹿与驼鹿同为鹿科动物，也都拥有硕大的鹿角，但其下颌十分肿厚，甚至比水牛和家马的下颌骨更结实。”付娇说。

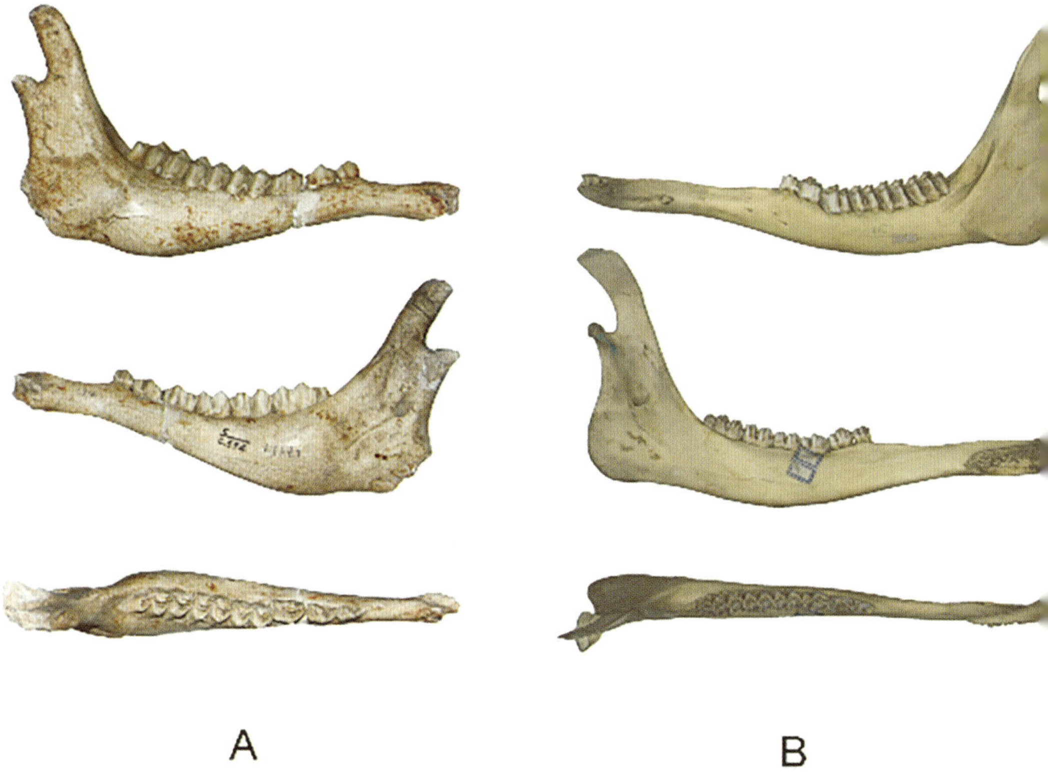

◆ 肿骨中华大角鹿（A），驼鹿（B），水牛（C）和家马（D）的下颌骨。（中科院古脊椎所 供图）

这一研究采用有限元方法，对三者的下颌骨进行力学分析。结果发现，大角鹿的下颌骨与水牛、家马的下颌骨结实程度相近，而驼鹿的下颌骨十分脆弱，受到较大外力时容易折断。下颌骨的结实程度常与其食性相关，证明大角鹿虽为鹿科动物，却可能与水牛（牛科）和家马（马科）一样，可以进食富含纤维的草料。这为大角鹿选择性取食富含钙、磷等利于其大角生长的营养物质创造了条件。

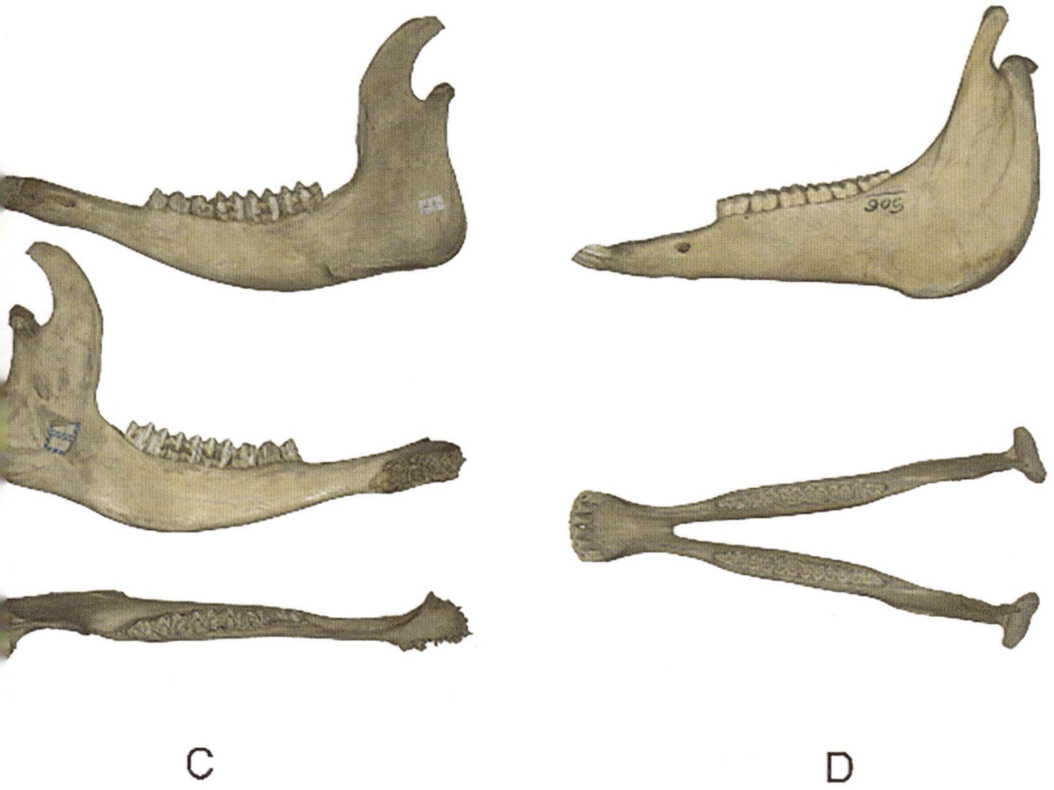

此前已有研究者在周口店遗址第一地点发现了富含钙和磷的蒿属和桦属等植物。这一研究推测，肿骨中华大角鹿可能会有选择地大量取食这类植物以补充每年鹿角脱换所需的营养物质，不过这一假说还需进一步验证。

相关研究成果在古生物学国际期刊《历史生物学》在线发表。

P85 答案：C. “大安虎”和现代老虎是远房亲戚

这只 5 亿多年前的海洋霸主有了名字

中国科学院南京地质古生物研究所古生物学者重新研究了我国澄江动物群中的一块标志性奇虾化石，发现这只“明星奇虾”形态奇特，不同于已经命名的奇虾类群。科研团队为其建立了一个新属新种，并命名为“帽天山开拓虾”。相关研究成果刊印在国际期刊《地质学会会刊》上。

奇虾出现在 5 亿多年前的寒武纪早期。它们身体造型怪异，最长者体长超过 2 米，是最早称霸海洋的顶级捕食者。这一研究的奇虾化石采集于我国云南帽天山的澄江动物群，距今有 5.18 亿年历史，是澄江动物群的标志性化石之一。

研究团队对这块奇虾化石重新进行了精细的形态解剖研究。参与研究的中科院南古所副研究员曾晗介绍，跟其他奇虾相似，这只“明星奇虾”有着流线型的躯干，躯干上长着成对的桨状叶片和鳃片，用于游

◆ 帽天山开拓虾标本。（中国科学院南京地质古生物研究所 供图）

◆ 帽天山开拓虾三维艺术复原图。（杨定华 绘，曾晗、赵方臣 指导）

泳和呼吸。它的头部有一对多刺的钳子和一对大大的复眼。头部下方长着一只辐射状口器。十分特别的是，这只奇虾的尾部长着一对尤为细长的尾叉，前爪的形态细节也与其他奇虾明显不同。

基于这些形态特征上的差异，研究人员判断，化石上的奇虾不同于已经命名的奇虾类群。研究团队为其建立了一个新属新种，并将其命名为帽天山开拓虾。

科研人员还对帽天山开拓虾进行了演化分析。结果表明，它已经非常接近奇虾类群的演化起点。“这项研究为追溯奇虾这类动物的起源以及整个寒武纪早期的生命演化提供了重要新证据。”领导此项研究的赵方臣研究员说。

【选一选】

问题：科研团队将澄江动物群中研究的奇虾化石命名为“帽天山开拓虾”，主要是因为它：

A. 是寒武纪早期唯一的奇虾化石

B. 形态特征与其他奇虾类群明显不同

C. 是已知最大的奇虾化石

D. 是澄江动物群中唯一的标志性化石

答案见 P97

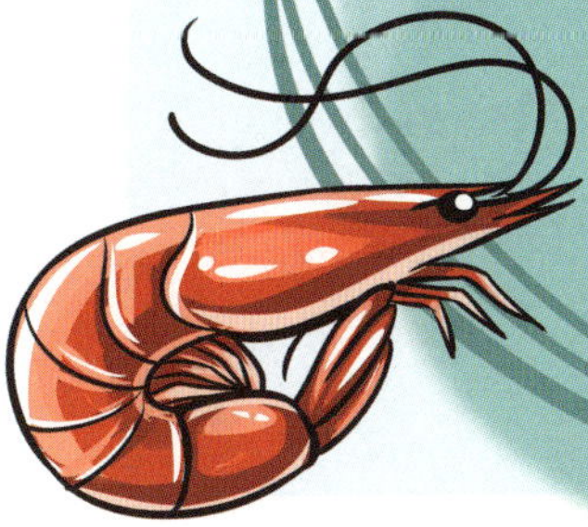

古生物学家揭示贵州龙的青春期发育

古生物学家 2023 年的研究揭示了 2.4 亿年前贵州龙的青春期发育。结果表明，更为强壮的前肢代表了雄性青春期发育结束后的“两性异形”。该成果发表在国际期刊《当代生物学》上。

长期以来，同一物种不同性别间的显著身体差异被称为“两性异形”或“第二性征”，像鹿角、雄狮的鬃毛等，这些差异通常在个体成年后出现。

贵州龙是一种生活在 2.4 亿年前的小型海生爬行动物，它的化石被广泛发现于贵州兴义和云南富源。贵州龙化石具有数量可观和“两性异形”显著两大特征，这使得研究它们的青春期发育成为可能。

通过对比幼年个体、青春期个体及成年个体骨组织，分析骨密度和生长速率，研究团队得出了贵州龙在青春期快速生长

◆ 发现于云南富源的贵州龙化石。（李强 摄）

◆ 贵州龙的肱骨形态转变。
（李强 摄）

的结论，获得了贵州龙青春期发育开始和终止的信息：青春期雄性个体的肱骨逐渐形成了三角形中轴截面，而雌性和幼年个体肱骨中轴截面一直保持椭圆形。

“肱骨中轴形状的变化对应着肌肉附着面积的增加，这表明雄性个体的前肢会发育得更强壮。”论文通讯作者、合肥工业大学教授刘

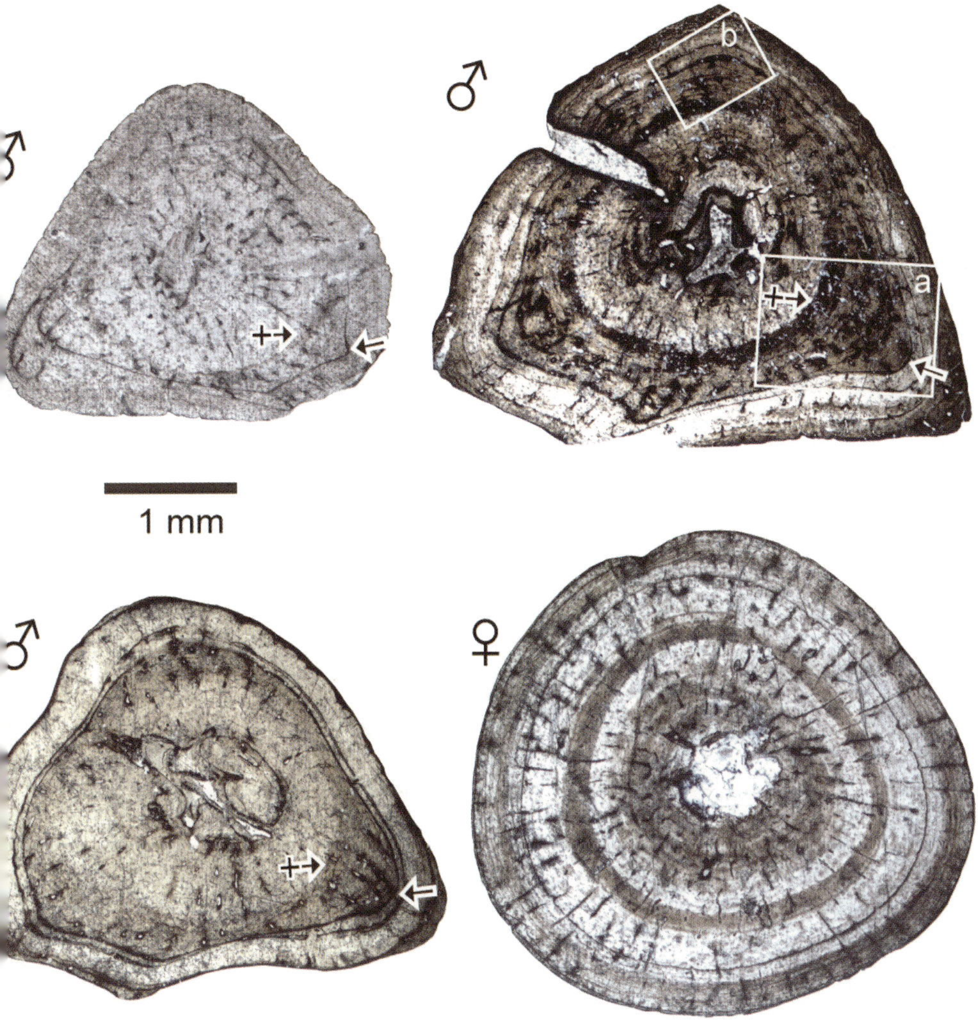

俊解释说，雄性贵州龙面临巨大的捕食压力和频繁争斗，前肢要承受很强的外力刺激，因此在青春期，它们需要前肢肌肉的发育。此外，强壮的前肢对于雄性个体的繁殖行为也具有优势。

该成果由中国、德国、日本的古生物学家共同合作完成。

P93 答案：B. 形态特征与其他奇虾类群明显不同

这种远古骆驼，因“挑食”在末次盛冰期加速走向灭绝

中国地质大学（武汉）生物地质与环境地质国家重点实验室赖旭龙教授、盛桂莲教授团队联合中国国家博物馆、丹麦哥本哈根大学等机构，对已灭绝诺氏驼的古基因组进行研究，揭示了旧大陆骆驼属动物演化历史的

◆ 已灭绝的诺氏驼复原图（中）与现生的野双峰驼（左）和家双峰驼（右）。（中国国家博物馆环境考古研究所 供图）

复杂性，发现诺氏驼因“挑食”在末次盛冰期加速走向灭绝。相关研究成果在线发表在国际知名学术期刊《当代生物学》上。

论文通讯作者之一盛桂莲教授介绍，骆驼对干旱恶劣气候环境有很强的耐受性，是学界探究生物环境适应性的理想物种，其演化历史一直备受关注。早更新世晚期以来，分布在欧亚大陆的骆驼以现生的单峰驼、家双峰驼、野双峰驼和已灭绝的双峰驼诺氏驼为主。

研究团队获取了我国东北地区 7 个晚更新世时期诺氏驼化石材料的完整线粒体基因组及部分核基因组，利用骆驼属动物灭绝种与现生种的遗传学数据，结合形态学、年代学、稳定同位素数据开展跨学科分析，并对诺氏驼与现生双峰驼祖先种群可能存在的基因流动进行了分析。发现在骆驼属动物的演化史上，欧亚大陆双峰驼不同物种存在广泛的基因流动，诺氏驼与家双峰驼、野双峰驼之间的演化关系不能模式化概括为简单的分叉树，推测其应为网状结构，其演化历史比学界已有认知

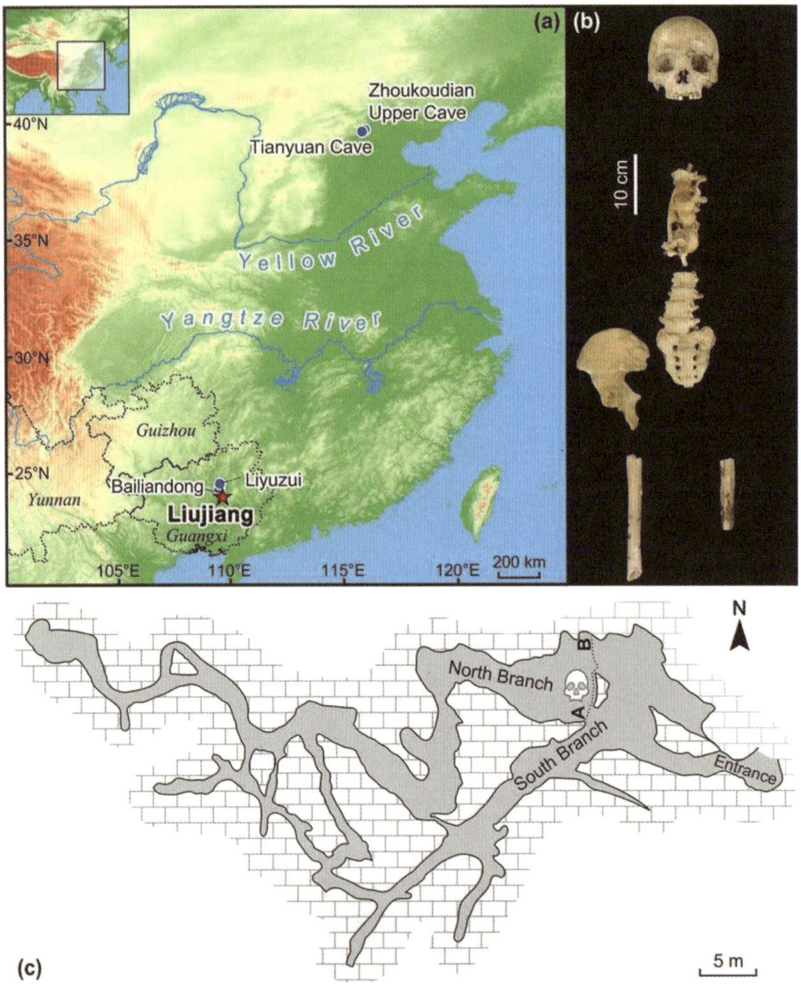

◆ 柳江人地理位置（a）、柳江人化石（b）、通天岩洞平面图（c）。（中国科学院古脊椎所 供图）

更为复杂。

与现生双峰驼有着交叉亲缘关系的诺氏驼为何在晚更新世末期走向灭绝？研究人员通过对诺氏驼样品的碳同位素分析发现，随着时间推移，诺氏驼食性变化不大，饮食习惯较单一，比较“挑食”。相比现生家双峰驼和野双峰驼，诺氏驼的核苷酸多样性更低，这可能反映了在深海氧同位素 3 阶段期间诺氏驼种群就已发生了收缩，随后到来的末次盛冰期严酷气候环境成为压垮诺氏驼的“最后一根稻草”，大大加速了其灭绝进程。

【想一想】

诺氏驼的饮食习惯对其灭绝产生了什么影响？这说明了什么？

这种 3000 多万年前的鼠，为何以“粗壮”为名？

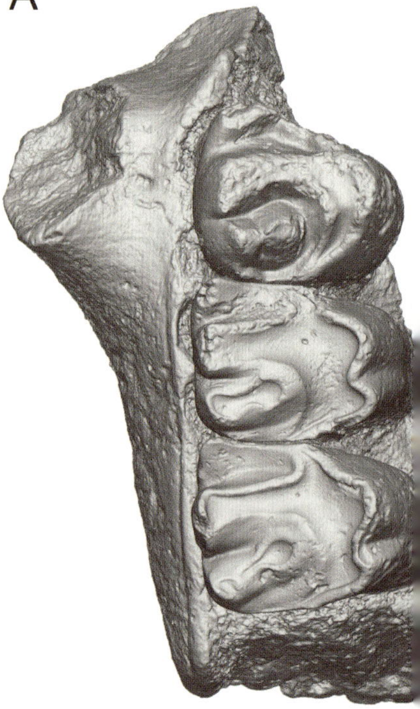

中科院古脊椎动物与古人类研究所倪喜军、李强研究团队根据在宁夏东部鄂尔多斯盆地西缘采集的豫鼠化石，确定了一个豫鼠新种“粗壮豫鼠”。相关研究成果已在线发表于国际期刊《古脊椎动物学杂志》。

豫鼠属是一类具有豪猪型头骨、松鼠型下颌的啮齿动物，属于啮齿目梳趾鼠超科。现生的梳趾鼠类物种多样性较低，仅有 4 属 5 种，且地理分布上局限于北非和东非；梳趾鼠类化石种类的多样性则较高，目前已知的至少有 37 属，在约 5600 万年至 530 万年前，广泛分布于欧亚大陆。在我国，目前已知豫鼠属分布于北方和西南地区的 12 个地点，共有 9 个种和少量未定种，时代集中出现在距今约 4800 万年至 3800 万年的中始新世。

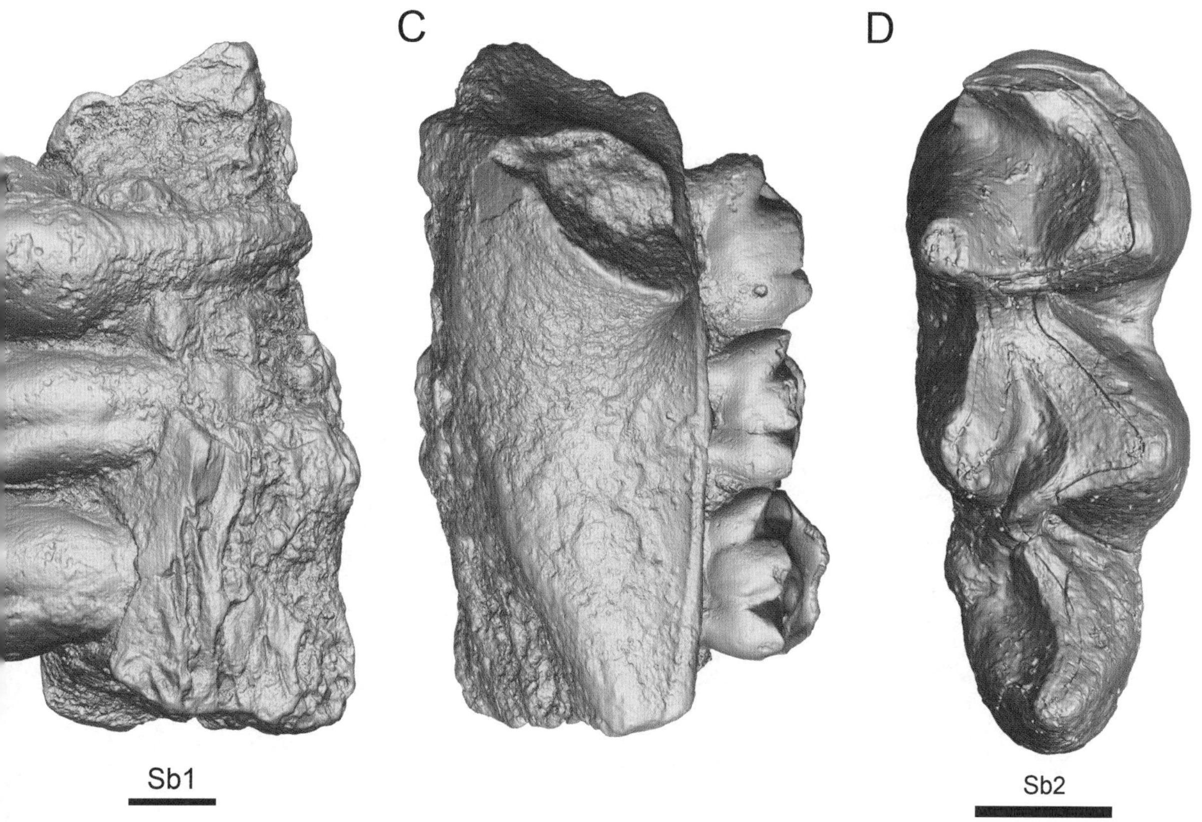

◆ 宁夏东部新发现的“粗壮豫鼠”和相同层位产出的安氏脊齿鼷鹿化石 CT 扫描图。（中科院古脊椎所 供图）

论文的第一作者巩皓介绍，该豫鼠新种，是已知所有豫鼠种类中个体最大、齿冠最高、齿尖齿脊最粗壮的，每个颊齿的长度达到半厘米。个头在啮齿动物中属于较大体型。因此新种被命名为“粗壮豫鼠”。豫鼠牙齿特征的进步性表明，其生活的时代要比中始新世稍晚一些，在距今约 3800 万年至 3400 万年前的晚始新世。

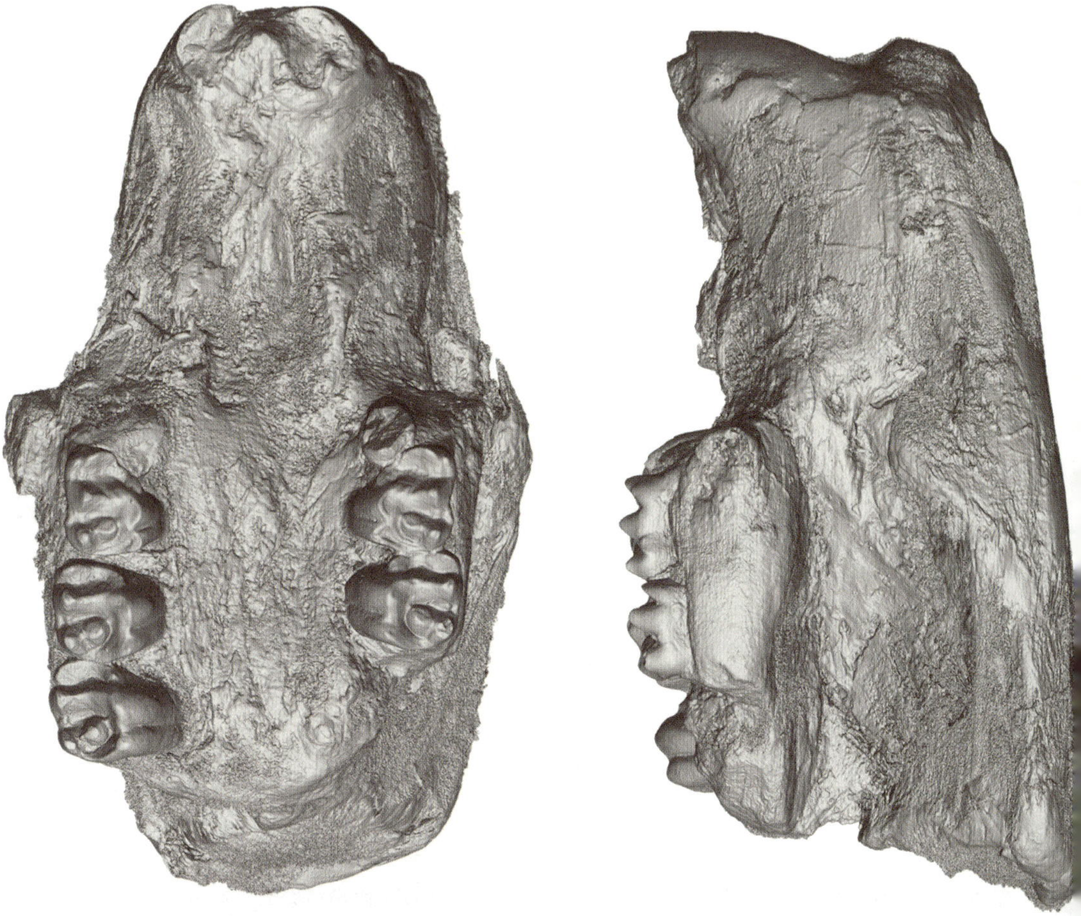

◆ 在河南发现的豫鼠头骨化石片段也被归于豫鼠新种“粗壮豫鼠”。（中科院古脊椎所 供图）

此外，研究团队还估算了豫鼠的体重。根据经验公式计算，豫鼠的体重可能在 485 克至 880 克之间。“‘粗壮豫鼠’的体重差不多是普通龙猫的两倍，是大鼠的两到三倍。”中科院古脊椎所研究员倪喜军说，通过将“粗壮豫鼠”新种与其他已知的豫鼠种类进行比较可以发现，从中始新世早期到晚始新世时期，豫鼠属呈现出颊齿逐渐增大、齿冠高度增加、体重增长的演化趋势。

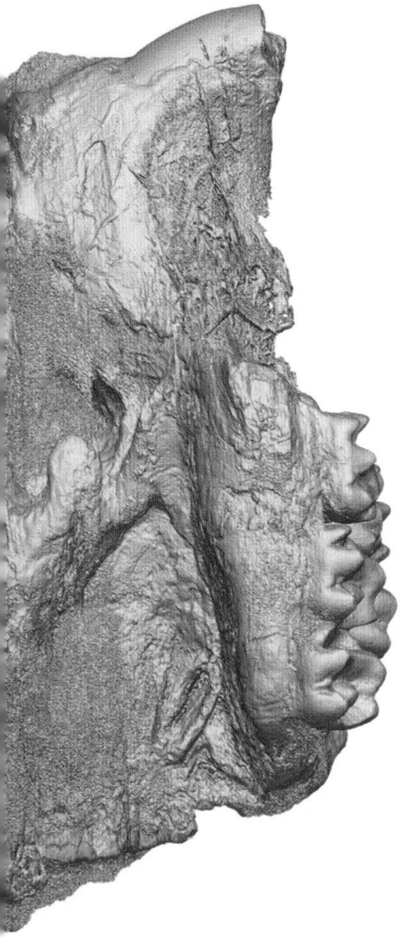

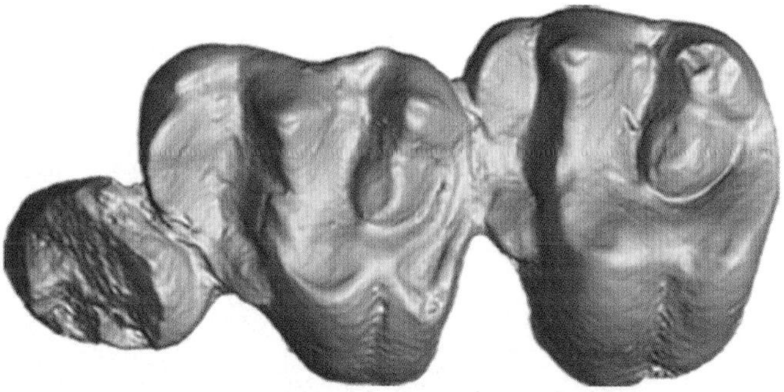

◆ “粗壮豫鼠”的牙齿化石 CT 扫描和三维重建图。（中科院古脊椎所 供图）

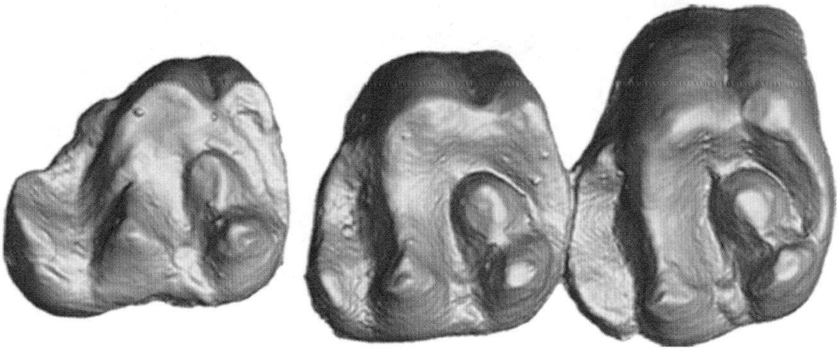

这枚 1 亿年前的龟蛋里，有小宝宝吗？

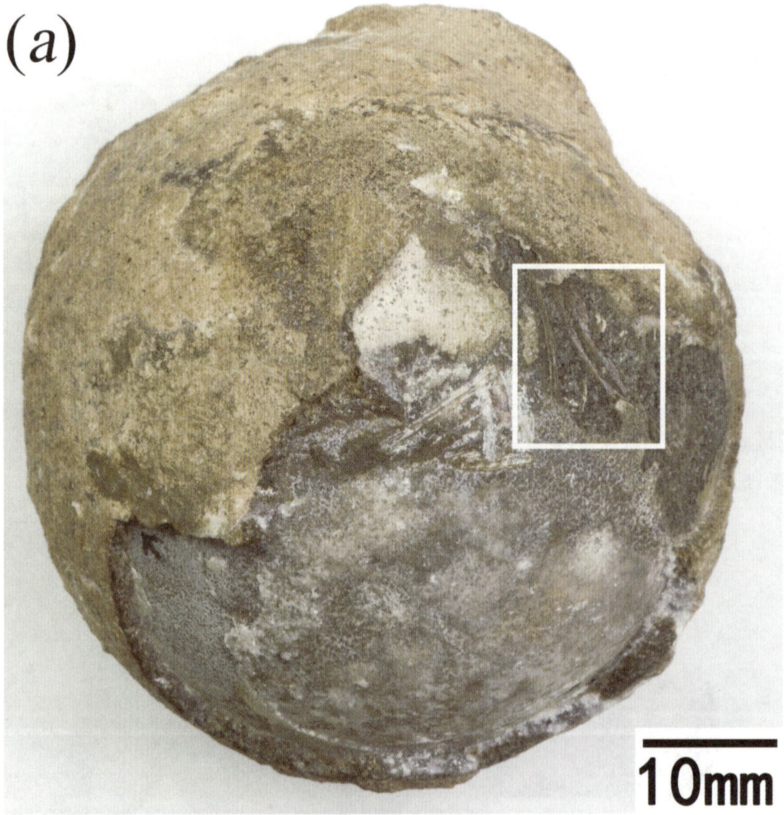

◆ 龟胚胎化石照片，图中白色箭头指示暴露出来的胚胎骨骼。（韩凤禄供图）

中国地质大学（武汉）韩凤禄团队 2018 年在河南进行野外考察时，意外获得一枚蛋化石。经研究确认，这是一枚约 1 亿年前的龟的胚胎化石，是已经灭绝了的体型巨大的南雄龟科成员所产的蛋。

龟鳖类起源于三叠纪晚期，在地球上已存在了 2 亿多年。世界各地保存有大量龟鳖类骨骼和蛋化石，但很少发现龟鳖类胚胎化石。这一研究是古生物学界对河南白垩纪龟鳖胚胎化石的首次详细研究，也是少有的根据胚胎将龟蛋和具体的成体属种联系起来的新发现。

“这枚化石鸡蛋大小，整体呈球形，蛋壳极厚，在蛋壳破损处发现了疑似骨骼的结构。”中国地质大学（武汉）地球科学学院副教授韩凤禄介绍，通过对化石进行高精度显微 CT 扫描、重建 3D 影像，

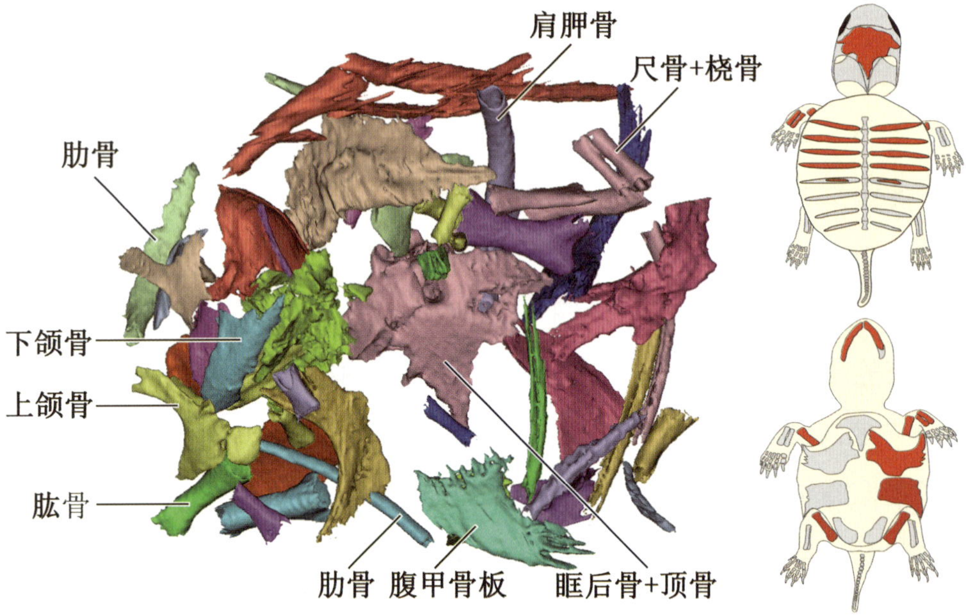

◆ 胚胎骨骼的复原与重建，左图为 3D 重建图，右图红色部分为识别出的龟胚胎骨骼。（韩凤禄 供图）

研究者确认这是一枚龟的胚胎化石，这也是在我国报道的第二枚龟的胚胎化石。

韩凤禄说，这枚化石保存骨质较疏松，易碎，不易进行修复。从 CT 影像可以看到，胚胎骨骼并不关联，纤细的骨骼给整体的重建带来了困难。研究人员用了一年时间，对内部骨骼形态进行了较准确重建。“我每天都会反复对比研究这些图像，直到有一天看到刚修复出来的下颌，才确信这是龟的胚胎，并且是一只已临近破壳的龟宝宝。”韩凤禄说。

如何确认这是哪种龟下的蛋？韩凤禄团队联合加拿大的研究者及中国科学院古脊椎动物与古人类研究所的科研人员，对化石进行了系统研究。这枚化石的蛋壳厚度近 2 毫米，利用现生龟类成体和蛋在大

◆ 龟胚胎化石想象图。
（韩凤禄 供图）

小及重量上的函数关系，研究者推断，这枚胚胎化石的成体龟体长应有 1.6 米，最终根据体型、骨骼特征以及产地和层位归入南雄龟科的南阳豫龟。

这枚 1 亿年前的龟蛋，为何具有极厚的蛋壳？当时龟的生存环境如何？对于这些问题，研究者提出了多种假说。最终认为，这种厚蛋壳很可能是一种对非正常的极端环境的适应，但具体的影响因素有待进一步研究。

相关成果已在线发表于国际权威生物学期刊《英国皇家学会学报 B》。

这种史前小动物，灭绝与“脸短”有关吗？

中科院古脊椎动物与古人类研究所的科学家在内蒙古中部发现了一批约 2000 万年前的短面猬化石。经研究发现，这种在地质历史上只“短暂”存在过的猬科动物，可能与现生的多种刺猬一样有着非凡的扩散能力。相关研究成果已在线发表在国际期刊《历史生物学》上。

论文第一作者、中科院古脊椎所李录博士介绍，短面猬的化石十分稀少，这批化石主要包括准噶尔合短面猬较为完整的头骨及其他两种短面猬的下颌、牙齿等。

短面猬，顾名思义，具有奇特的面部短缩的特征。“短面猬头骨尤其是面部按照长宽比例相较其他猬科动物短了四分之一至三分之一，牙齿数量也更少。这种特殊的形态可能是为了改变食性，从而减少和其他猬科动物及习性相似动物的竞争。”李录说，比如短面猬具有和食肉类动物相似的裂齿，这可能意味着高度的食肉性。猬科动物是机会主义者，捕食对象以无脊椎动物为主，但短面猬可能更偏向于捕食脊椎动物。

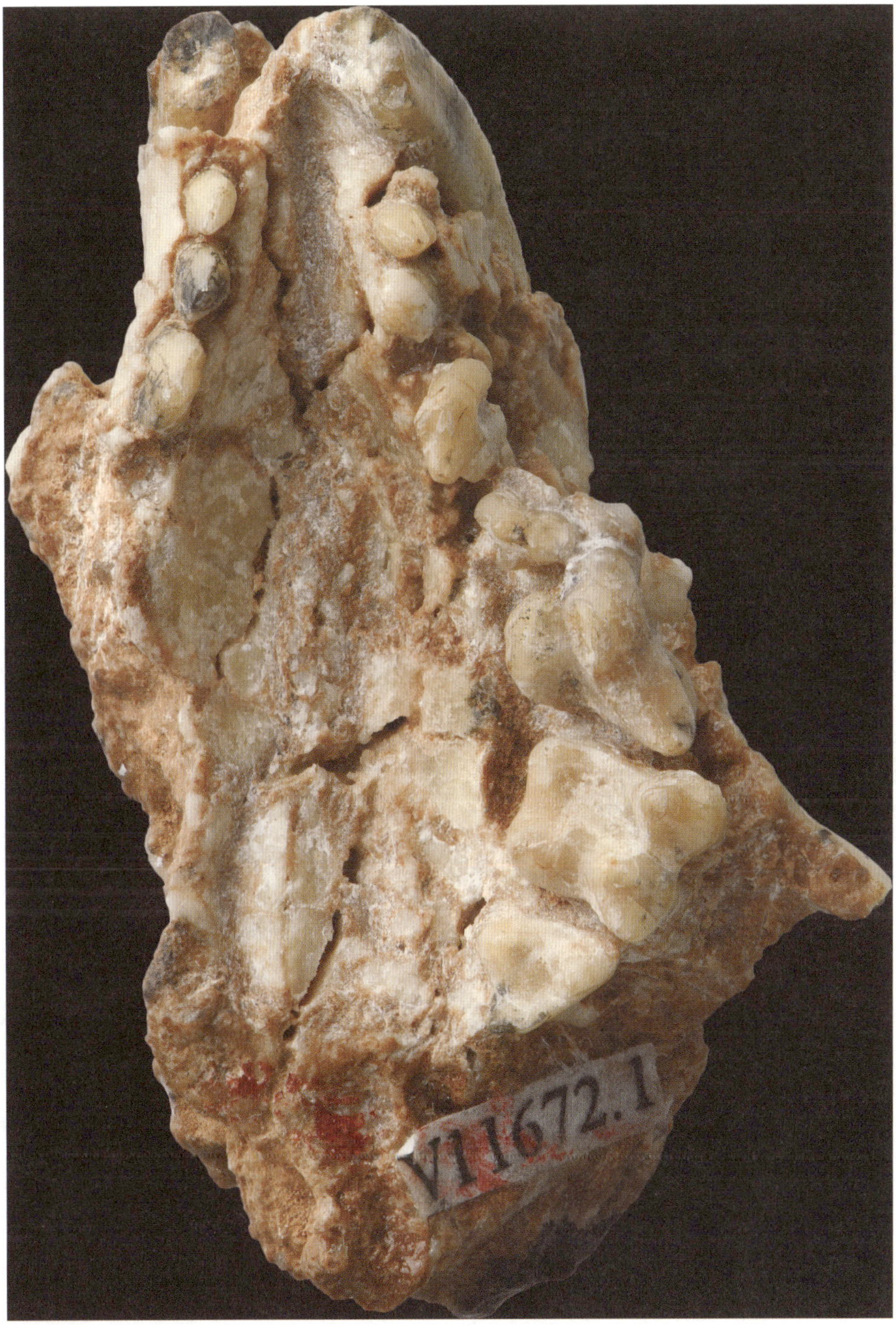

◆ 准噶尔合短面猬正型标本。（高伟 摄，中科院古脊椎所 供图）

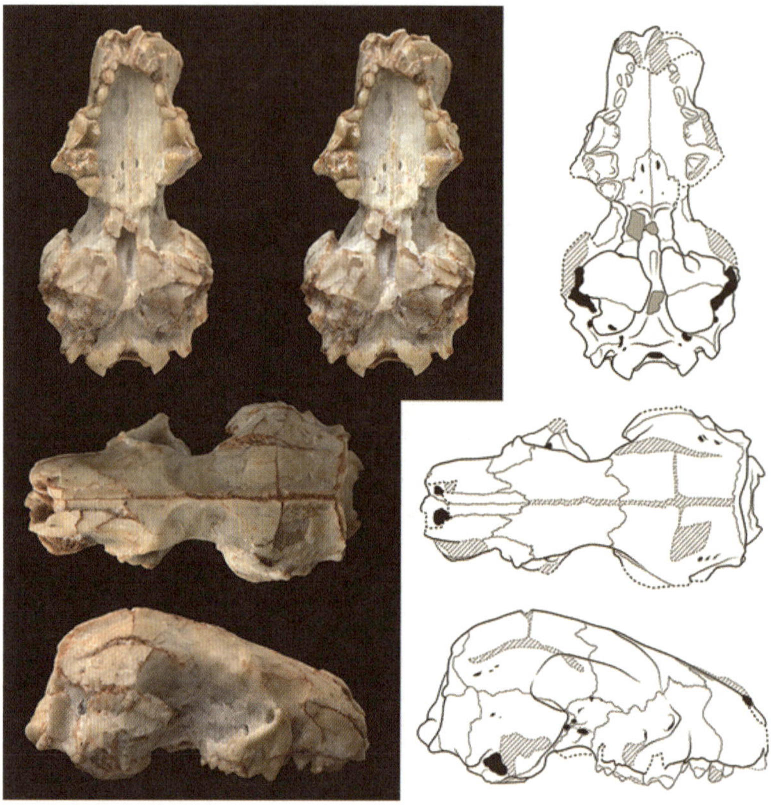

◆ 准噶尔合短面猬头骨照片和线条图。（高伟摄、李录 绘，中科院古脊椎所 供图）

短面猬亚科在约 3000 万年前出现在蒙古国，在约 2100 万年前的早中新世开始在北美洲西部出现，而已知的最晚纪录是在约 900 万年前晚中新世的美国。相比亚洲其他短面猬，准噶尔合短面猬与北美洲短面猬的亲缘关系更加密切。据此推测，与准噶尔合短面猬关系密切的一支短面猬，可能在早中新世早期和若干食肉类动物一起扩散至北美洲。

◆ 猬亚科大耳猬（上）与短面猬亚科准噶尔合短面猬（下）头骨对比示意图。（李录 摄，中科院古脊椎所 供图）

◆ 化石发现地点近景。（李录 摄，中科院古脊椎所 供图）

而化石的发现地与首次发现准噶尔合短面猬的新疆富蕴距离超过 2000 公里，也证实了短面猬和现生的多种刺猬一样具有非凡的扩散能力。3 种短面猬化石的发现表明短面猬在适宜的环境中具有相当高的分化和多样性。

尽管有着很强的扩散能力，但相比其他猬科动物，短面猬的存在时间却很“短暂”。李录解释，扩散能力不能作为衡量动物生存适应性的唯一指标，灭绝可能是多种因素造成的：短面猬可能以食肉为主，这导致其食性与其他猬科动物相比过于单一；非常特化的形态特征给短面猬预留的形态变化余地非常少，这使其很难在短时间内进行调整；而气候环境变化导致包括短面猬在内的北美洲所有猬科动物在晚中新世全部灭绝。

这种奇特的动物究竟长什么样？遗憾的是，因为短面猬化石数量有限，头后骨骼化石更是从未发现，可供复原的形态学信息严重不足，科学家还没能绘制出短面猬的复原图。而现生猬科动物的形态差异较大，也让人们更难想象已经灭绝的短面猬的样子。

【想一想】

生物的形态特征如何影响它们的生存？这种小动物的灭绝对我们理解生物多样性有什么启示？

鼠兔原来是一家？

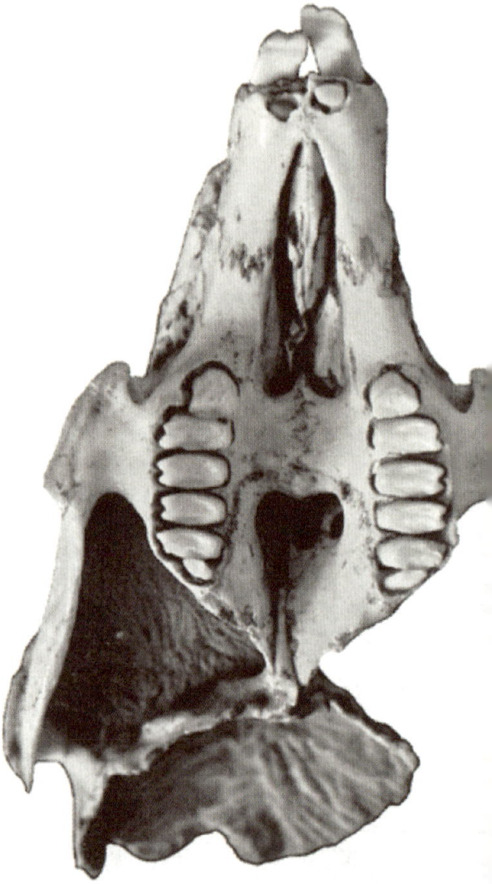

兔这种长着长耳朵、三瓣嘴、短尾巴的可爱动物，早已被大家熟知，进入儿歌、神话等多种文艺作品。不过，生物学上的兔究竟指什么？鼠、兔是不是一家？古生物学者和科普专家带你“追兔寻源”，探索兔子的起源之谜。

中国科学院古脊椎动物与古人类研究所研究员张兆群介绍，在生物学上，兔是哺乳动物纲兔形目所有动物的总称。这个类群有两个现生家族：兔科和鼠兔科。鼠兔科动物耳朵又短又圆，样子像老鼠，典型代表如伊犁鼠兔。兔科动物长着长耳朵，和大家印象中的兔子最为相符，典型代表有

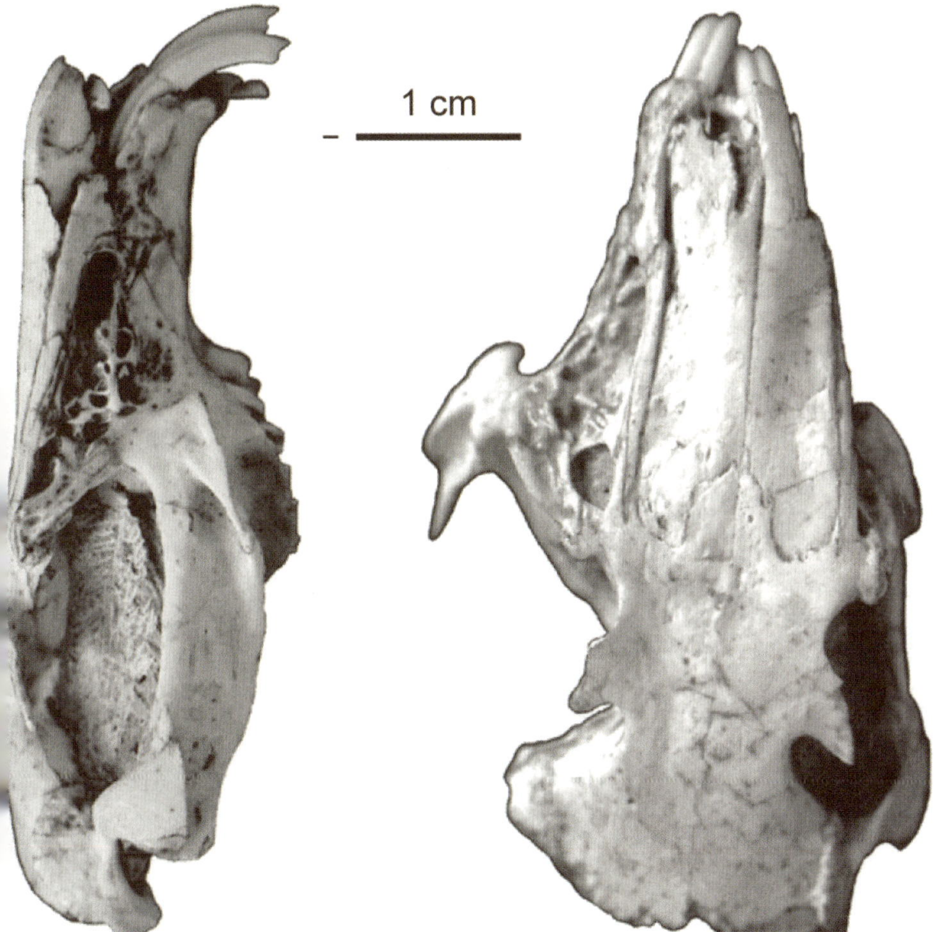

◆ 矮脚丝绸兔头骨化石。（中科院古脊椎动物与古人类研究所 张兆群 供图）

野兔、家养白兔等。

从生物形态学上看，兔形目动物都有两对上门牙：在前排一对大门牙的后侧还藏着一对小门牙。它们的上颌骨前部为类似窗格的很薄的骨头，或一个大空腔。在已有兔形目各类群的跟骨上，科学家还发现有斜向穿过的小孔。

在大家印象中，兔子和老鼠都需要不断啃啮食物来磨牙，因此很可能是“近亲”。在生物学上，现代生物分类学创始人林奈早在18世纪就把兔、鼠一起列入啮型动物。但到20世纪初，又有古生物学者认为，兔和鼠在形态学、DNA等方面存在明显差异，应该视为两个不同的进化支系。兔、鼠是否同根同源，就此成为20世纪动物学的一个争论焦点。

直到20世纪70年代，我国著名古生物学者李传夔先生在安徽潜山发现了重要的动物头骨化石，为解决这一争议提供了关键证据。科研团队在同一地层中发现两种形态非常接近的远古动物，并分别将它们命名为安徽模鼠兔和东方晓鼠。

南京古生物博物馆展陈部主管贺一鸣说，安徽模鼠兔和东方晓鼠生活在大约6200万年前，是迄今发现最古老的接近兔形类、啮齿类的祖先。从形态上看，这两种动物除了门齿数量不同，其他特征都很接近。它们的

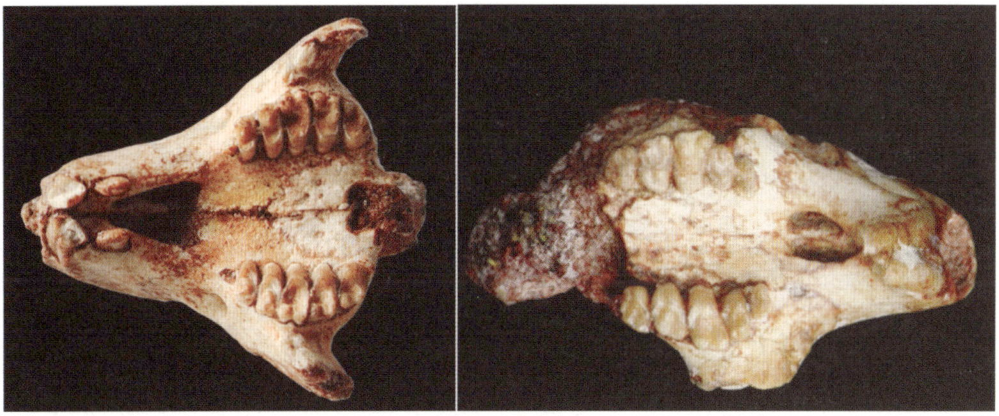

◆ 安徽模鼠兔头骨（左）与东方晓鼠头骨前部的齿列（右）。（中科院古脊椎动物与古人类研究所 张兆群 供图）

发现，有力支撑了鼠兔同源的观点。

“古生物技术的发展，为研究兔子起源提供了更多证据。现在，分子生物学研究已经表明，鼠、兔两个大类一起从其他有胎盘类动物中分化出来，直到6500万年前才‘分道扬镳’，各自走向演化之路。”张兆群说。

这些中华“明星兔”，都长什么样？

“兔”有着漫长的演化历史，在中国大地上，也曾发现过很多重要的远古兔类化石。这些珍贵的“明星兔”是谁？它们长什么样？古生物学者和科普专家带您“追兔寻源”，一窥这些早期兔祖先的真容。

◆ 安徽模鼠兔复原图。（中国科学院南京地质古生物研究所 杨定华 绘）

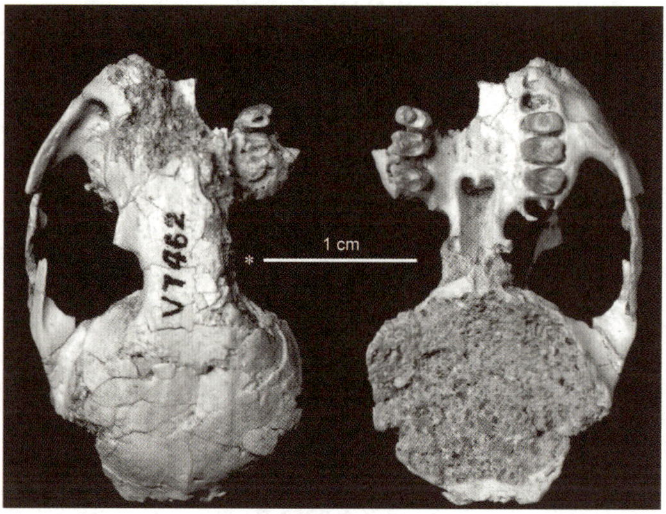

远古道森兔头骨。（中科院古脊椎动物与古人类研究所 张兆群 供图）

中国科学院古脊椎动物与古人类研究所研究员张兆群、南京古生物博物馆展陈部主管贺一鸣介绍，世界范围内迄今发现的最早且接近兔形类的动物，是在安徽潜山发现的安徽模鼠兔。这种动物生活在大约6200万年前，虽然名字中有“兔”，但还不是严格意义上的兔子。准确来说，算是与兔子亲缘最近的远古动物。从外形看，它的体型、样貌倒是和现在的老鼠更相似。与兔子一样，它长有两对上门牙；但它长着两对下门牙，这与只有一对下门牙的现代兔子不同。

严格意义上的兔子指的是兔形目动物。这一类别的化石代表，是2007年在我国内蒙古发现的远古道

◆ 远古道森兔复原图。（中国科学院南京地质古生物研究所 杨定华 绘）

森兔。远古道森兔生活在约 5300 万年前，体型比安徽模鼠兔略大。最为关键的是，它已经具备了兔形目动物特有的关键形态特征：两对上门牙、一对下门牙、跟骨上存在小孔，是公认的目前已知最为原始且时代最早的兔形目化石。

到了 3000 多万年前，已经出现兔科动物，其中典型代表有在我国内蒙古发现的鄂尔多斯兔。这种兔子从体型、外观到解剖结构，都

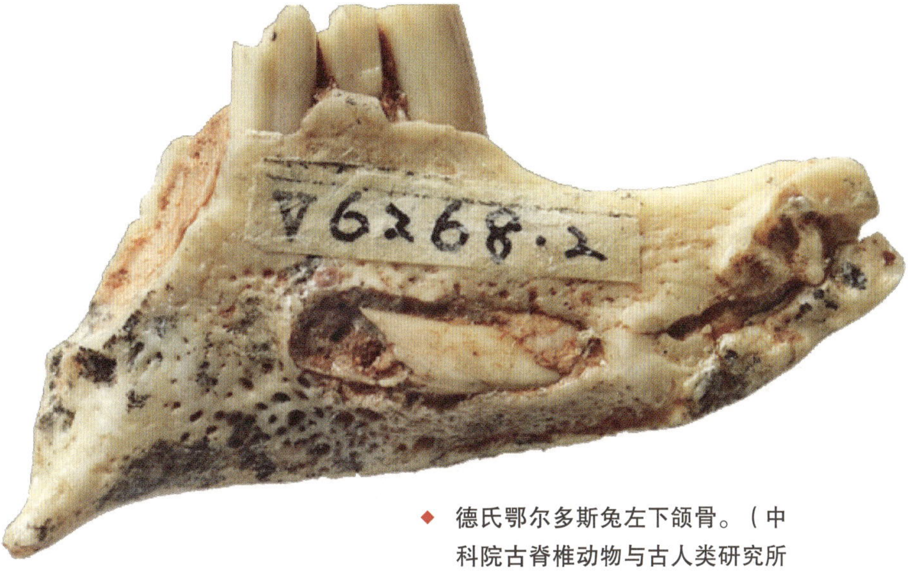

◆ 德氏鄂尔多斯兔左下颌骨。（中科院古脊椎动物与古人类研究所张兆群 供图）

与现在的野兔非常接近。

关于兔子的演化，至今还有很多谜题未解。张兆群介绍，兔子家族早期演化的中心在亚洲，但是从大约2300万年前开始，兔科动物在亚洲悄然消失，演化中心转移到北美；直到大约800万年前，北美洲与欧亚大陆的白令路桥重新打开，兔科成员才重返欧亚大陆，并开始快速扩散。古人类演化过程中，也曾发现有野兔伴生。如在周口店北京人遗址中，曾挖掘出大量野兔化石，兔子可能是古人类重要的蛋白质来源；3万年前的山顶洞人，甚至用兔子头骨制作装饰品。

“兔子为何在欧亚大陆消失了1000多万年，还有待新的研究来揭晓谜底。”张兆群说。

现代人类的中耳可追溯到一只约 1.2 亿年前的“梦幻小兽”

我们的中耳藏着从爬行动物向哺乳动物渐进演化的“基因密码”。现生哺乳动物的中耳具有三块听小骨（锤骨、砧骨、镫骨），而爬行动物的中耳仅有一块耳柱骨。人类中耳的听小骨是何时形成的？2023 年，中国科学院古脊椎动物与古人类研究所王海冰和王元青通过对一只约 1.2 亿年前的小动物梦幻小兽的研究发现，现代兽类的中耳结构早在白垩世就

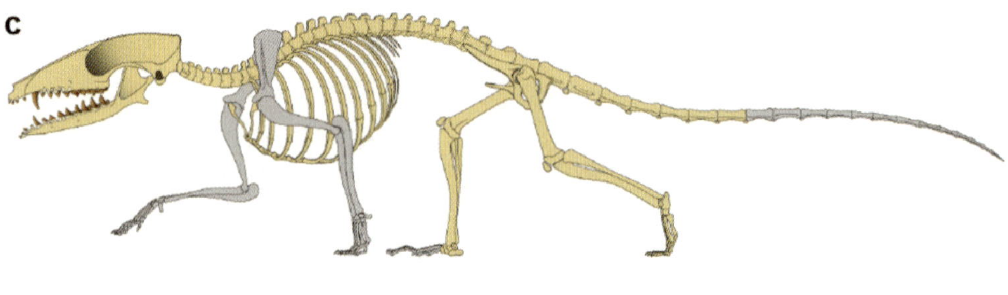

◆ “梦幻小兽”正型标本及复原图。
（中国科学院古脊椎所 供图）

已经开始演化。

古生物学家认为，哺乳动物中耳的砧骨和锤骨两块听小骨是从爬行动物的方骨及下颌关节骨演化而来的。但因纤细的听小骨很难保存为化石，在与人类演化密切相关的兽类（包括真兽类和后兽类）祖先中，中耳演化的直接化石证据十分有限。

这次，中国科学院古脊椎所王元青研究员团队在辽宁距今约 1.2 亿年的早白垩世九佛堂组地层中

“梦幻小兽”生态复原图。
（中国科学院古脊椎所 供图）

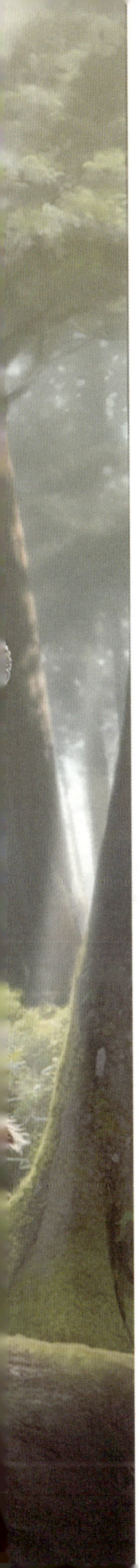

发现了一件真兽类化石——一只体长约 12 厘米的“小老鼠”。经过长时间修理、分析和研究，最终确定该化石代表了早期真兽类新物种，并发现它的中耳骨骼形态包括外鼓骨、锤骨、砧骨和镫骨，将其命名为“梦幻小兽”。

“小兽的梦幻之处在于，作为最早的真兽类哺乳动物之一，它显示出了现代哺乳动物中耳的典型特征，填补了兽类早期演化的空白，为我们现代人类的中耳形态奠定了基础。”中国科学院古脊椎所副研究员王海冰说。

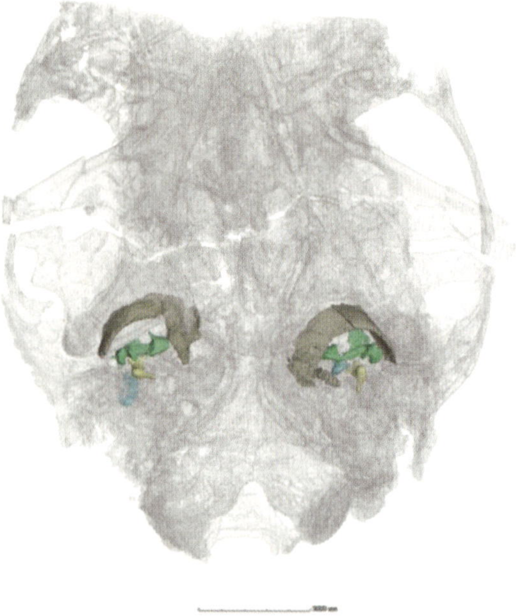

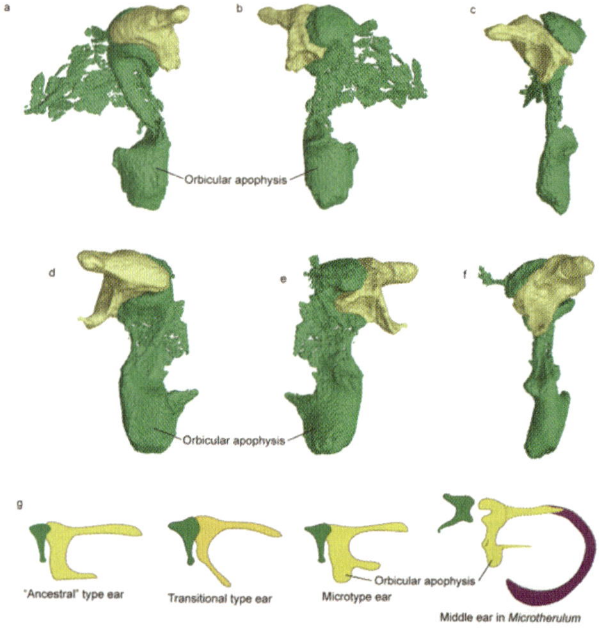

◆ “梦幻小兽”中耳及锤骨－砧骨关节。（中国科学院古脊椎所 供图）

依据锤骨－砧骨的形态，现生兽类哺乳动物的中耳通常被分为六个功能形态型，研究发现，梦幻小兽的中耳与现生哺乳动物的“小型中耳”最为接近。具有“小型中耳”的现生哺乳动物都适应高频听力，梦幻小兽的中耳、内耳结构表明早期真兽类很可能具备了比其他同时期哺乳类更加灵敏的听觉，尤其是高频听力。

相关成果在线发表于国际学术期刊《自然·通讯》。

【选一选】

问题：梦幻小兽的发现对研究哺乳动物中耳演化有什么重要意义？

A．它显示出现代哺乳动物中耳的典型特征，填补了兽类早期演化的空白

B．它证明了哺乳动物的中耳结构在白垩世就已经完全形成

C．它表明哺乳动物的中耳骨骼是从爬行动物的骨骼直接演化而来

D．它揭示了哺乳动物中耳的听小骨在梦幻小兽时代已经与现代哺乳动物完全相同

答案见 P135

两只侏罗纪“小鼠”改写哺乳动物早期演化史

从爬行动物到哺乳动物的演化过程中，有两个最重要的形态和功能变化：牙齿从简单到复杂以提高摄食能力、下颌头骨关节变为中耳听骨组合以提高听觉效力。2024 年，中外科学家对我国两种侏罗纪哺乳动物新化石的研究，揭示了哺乳动物最早的牙齿分化、中耳和颌关节转化，重塑和完善了早期哺乳动物的系统发育框架。

上述研究由中国科学院古脊椎动物与古人类研究所研究员毛方园、张驰联合内蒙古自然博物馆、云南省禄丰市自然资源局和楚雄州古生物化石研究中心以及美国、澳大利亚科研人员共同完成，相关成果形成两篇论文，在国际学术期刊《自然》同期发表。

现生哺乳动物的牙齿都源自一种叫作磨楔齿的牙齿模式。蜀兽是侏罗纪早期小型哺乳动物，具有

◆ “周氏近柱齿兽”和“杨氏滇尖齿兽”生态重建。（中国科学院古脊椎动物与古人类研究所 供图）

特殊的假磨楔齿。近 20 年占主导地位的观点认为，蜀兽在系统发育上和南方磨楔齿类（包括鸭嘴兽等现生单孔类）的关系最近，但该观点在形态、功能和演化上都存在无法解释的难点。

180 万年前狗狗祖先的便便，告诉我们什么？

我国古生物学家通过研究云南元谋盆地 38 件犬科粪化石，重建了元谋盆地距今 180 万年前的重要气候事件，提出了犬科、元谋人和其他动植物类群共存的新见解。该成果发表在国际期刊《Heliyon》上。

研究团队负责人、云南大学生命科学学院教授毕顺东介绍，粪化石是一种遗迹化石，也是古生物学研究的重要部分，可以反映动物进食习惯、饮食结构、消化道特征、食物链等丰富信息。本研究的 38 件粪化石材料在时代上略早于元谋人。

通过 CT 扫描和 X 射线能谱等科技手段，团队发现，这些粪化石具有高钙质特征，内容物有骨骼碎片，可以推断出这些动物的饮食结构为食肉 / 骨型，结合化石形态的测量与对比，研究者推测出粪便生产者可能是同地层发现的犬科动物，可能是现今狗的原始祖先。

“这些粪化石可能是犬科动物在特定时期、特定区域短期排泄产生。它们使用的‘厕所’位于旱季的古河岸附近，且在旱季聚集、雨季消失。”毕顺东说。

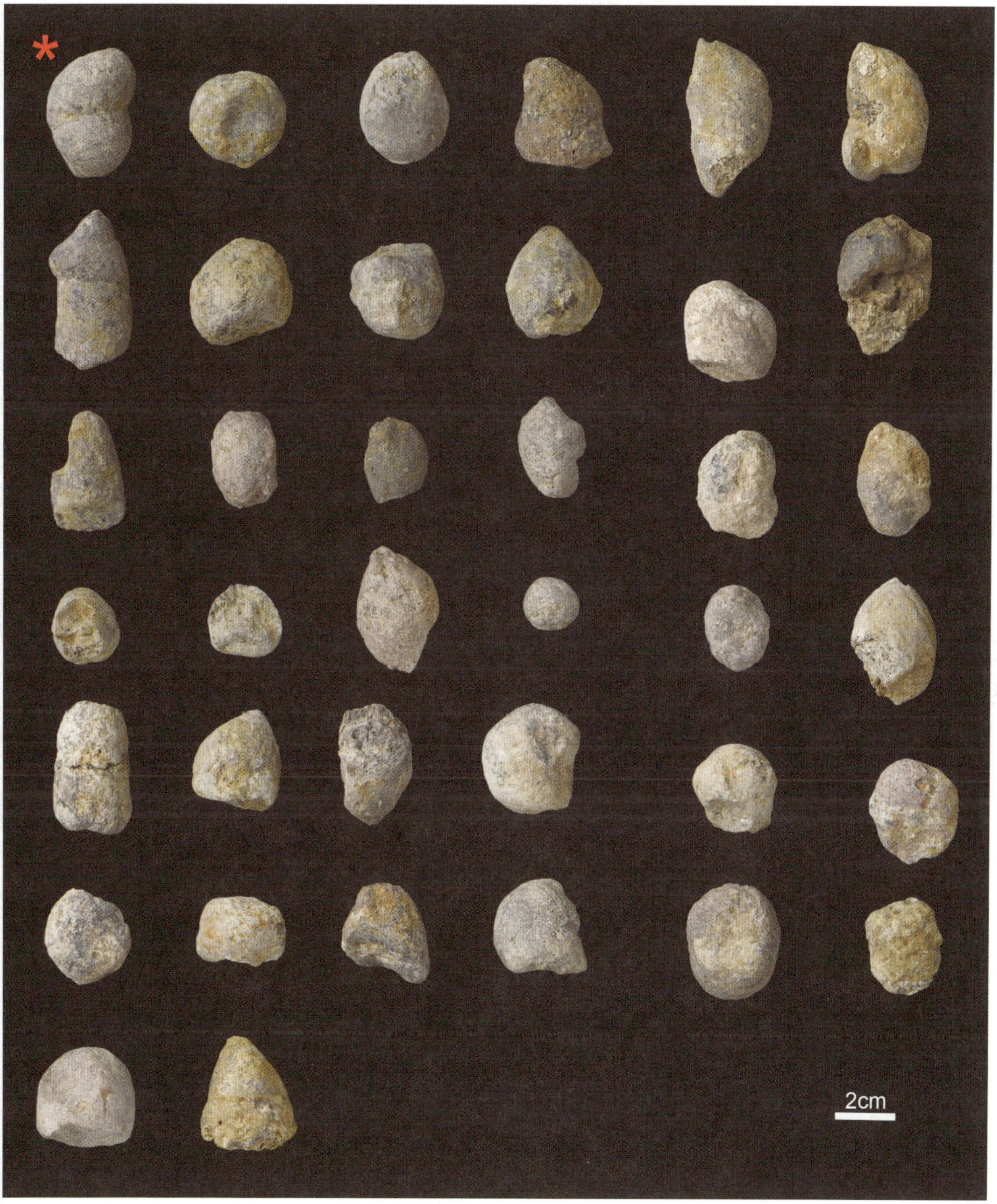

◆ 距今 180 万年的 38 件粪化石材料。（研究团队 供图）

此外，团队结合对粪化石周围沉积岩的孢粉学研究，发现 180 万年前的元谋盆地经历了一段短暂的气候不稳定时期，植被景观向干热河谷型过渡；大型和小型哺乳动物共存且存在迁徙行为；植食性和食肉类动物形成了复杂的食物链。

◆ 180 万年前元谋古生态系统重建效果图。（任文煜 绘）

“我们推断，这一时期的气候条件对哺乳动物的演化和迁徙产生了重大影响，并对之后元谋人的出现起到关键性作用。”毕顺东说。

P129 答案：A. 它显示出现代哺乳动物中耳的典型特征，填补了兽类早期演化的空白

蜘蛛蝎子 5.2 亿年前的祖先，可能长这样

云南大学中德研究团队使用先进的显微 CT 扫描、三维建模和虚拟解剖技术，还原了 5.2 亿年前早寒武纪澄江生物群中的长尾螳螂虫面貌。成果发表在国际著名生物学期刊《BMC 生物学》上。

团队负责人、云南大学古生物研究院副院长刘煜研究员介绍，距今约 5.2 亿年前的早寒武纪节肢动物中有一个特殊分支，它们的第一对附肢不是蜈蚣等节肢动物头部常见的触角，而是一对用于捕食的、强壮的大附肢。因此它们也被称为大附肢节肢动物，长尾螳螂虫正是大附肢节肢动物的一种。

过去由于化石的缺乏和技术的限制，研究者在这类节肢动物演化上存在争议。为解决这个问题，云南大学古生物研究院刘煜、侯先光团队使用显微 CT 扫描、三维建模和虚拟解剖技术等，从长尾螳螂虫的化石表面和内部提取信息，获得了该动物的三维立体全貌。

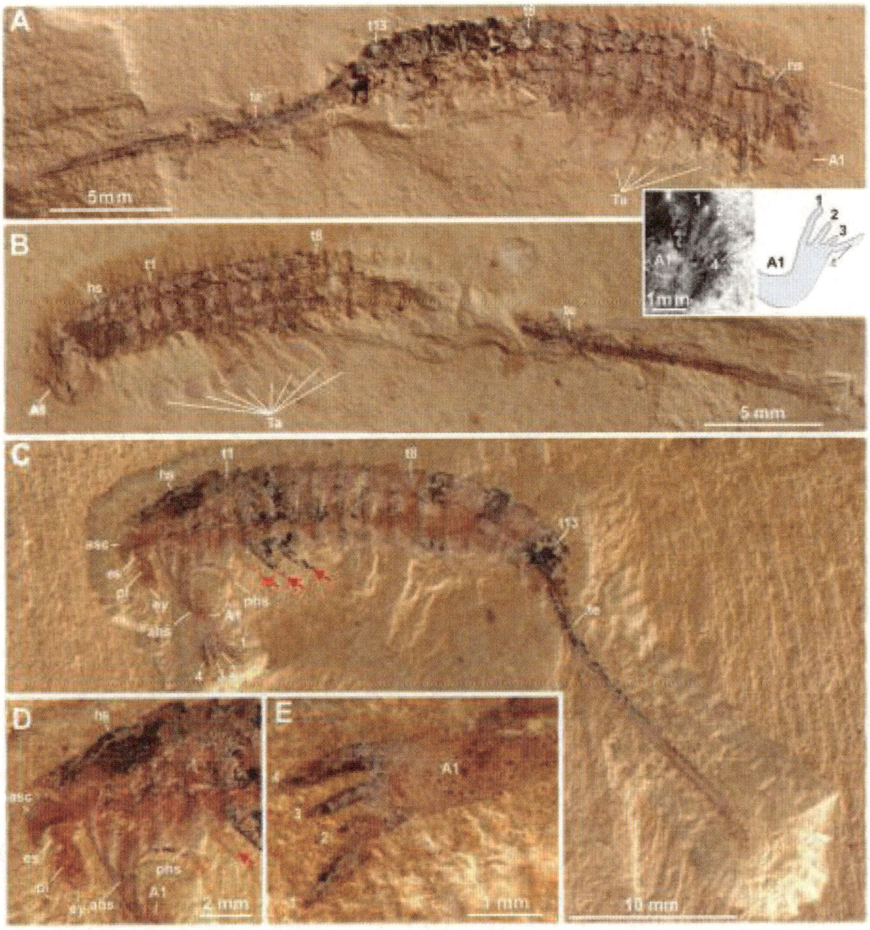

◆ 长尾螳螂虫化石照片（资料照片）。（周桂贤 摄）

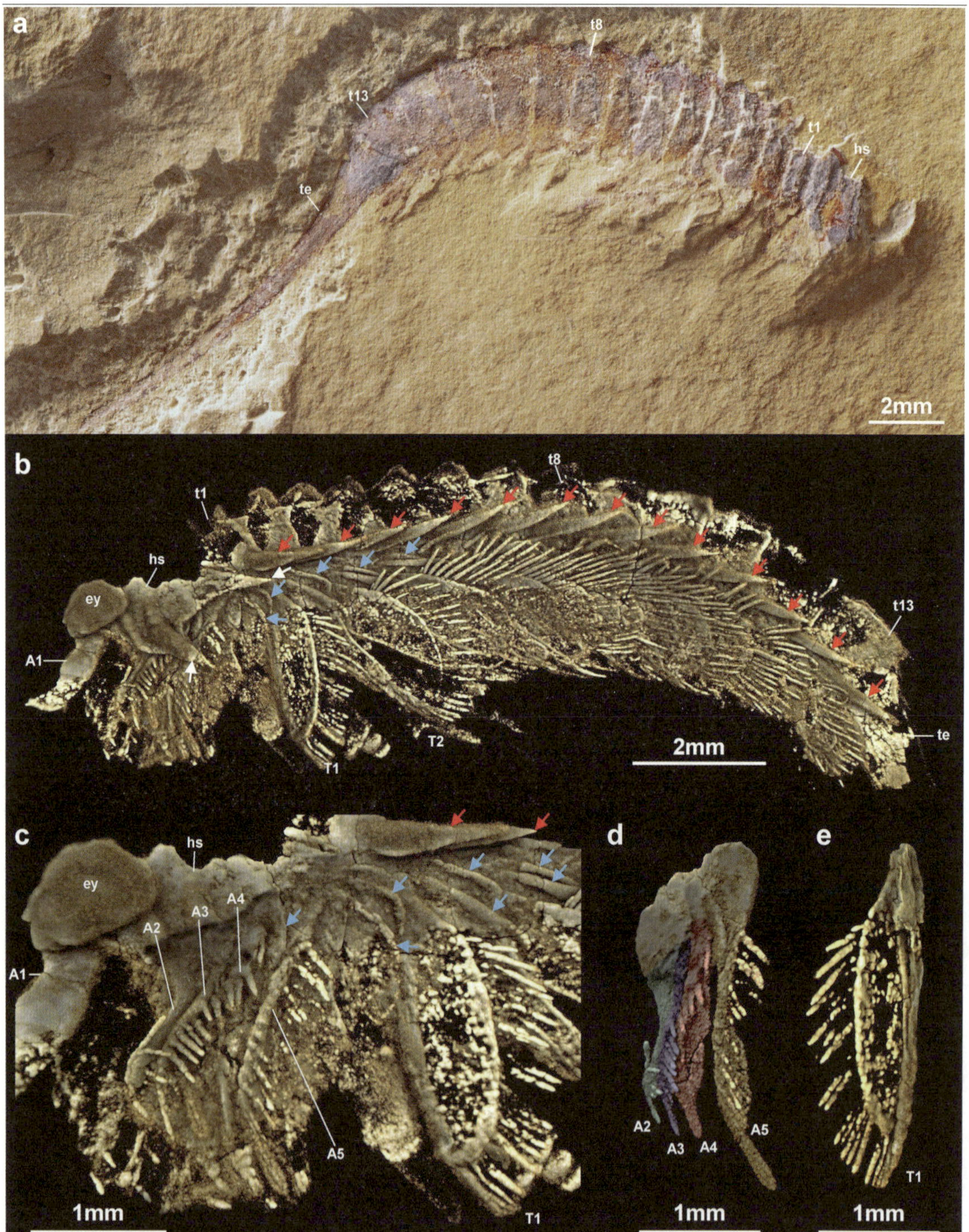

◆ 长尾螳螂虫 CT 三维模型。（刘煜 供图）

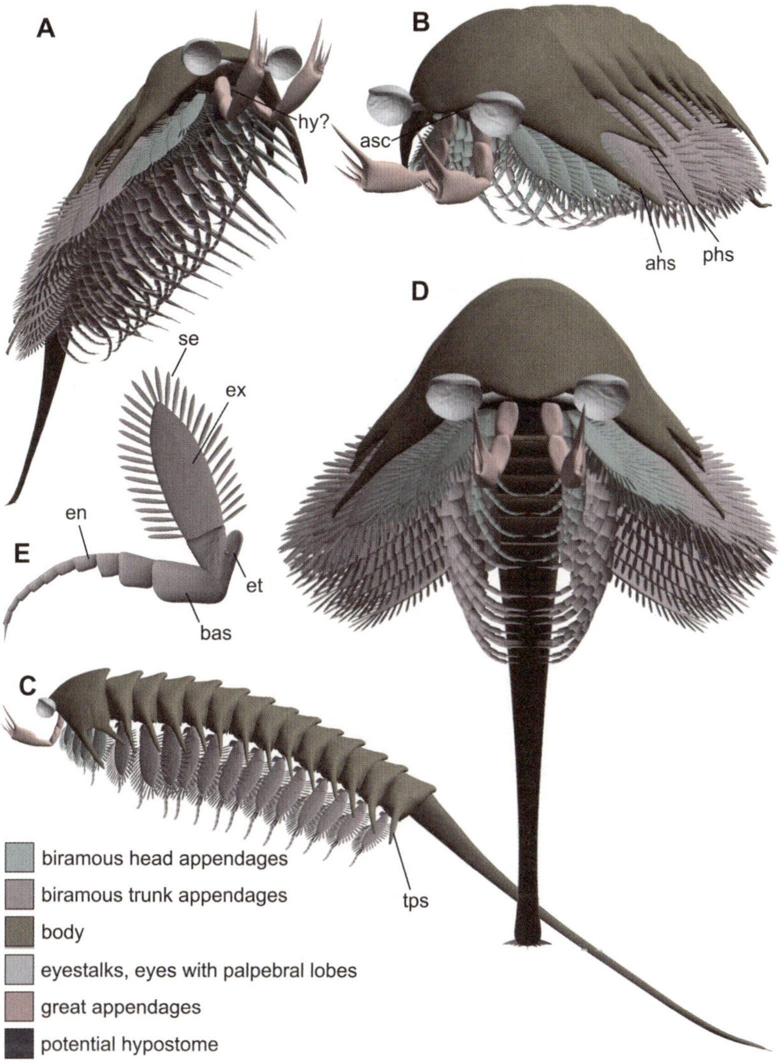

◆ 长尾螳螂虫计算机三维建模效果图。（刘煜 供图）

CT 三维模型清晰地显示了长尾螳螂虫细长的躯干由 13 个体节组成，尾部呈长棒形，末梢有细刺。值得一提的是，其头部有 6 个分节，即附着有一对柄状复眼的前骨片、有着一对大附肢的体节，以及 4 个各具一对双支型附肢的体节。研究显示，长尾螳螂虫的双支型附肢由向远端逐渐变细的内肢和边缘具有刚毛的片状外肢组成，其基节根部附着一个小的外叶。

“通过看清长尾螳螂虫的全貌，也让我们推测出大附肢节肢动物很可能是螯肢类动物，比如蜘蛛、蝎子的祖先。”刘煜说。

1.2 亿年前这种小鸟，吸引异性用哪招？

在自然界中，许多雄鸟长有色彩绚丽、形态繁杂的尾羽以吸引异性。在约 1.2 亿年前，一种鸟类也有着形态夸张的尾羽。由中科院古脊椎动物与古人类研究所研究人员主导的中外联合团队对这种鸟类进行了研究，揭示了性选择和自然选择的动态相互作用对鸟类早期演化的影响。相关成果发表在国际期刊《当代生物学》上。

中科院古脊椎所研究员王敏介绍，此次发现了约 1.2 亿年前反鸟类鹏鸟科的一个新属种“雅尾鸡鷊”。反鸟类与今鸟型类是鸟类演化史上的两个重要类群。在约 6500 万年前的白垩纪末期，反鸟类与恐龙一起灭绝，而今鸟型类则有一部分存活下来，并最终演化出了所有的现代鸟类。

雅尾鸡鷊的尾羽极为独特。“它的尾羽整体而言，是由扇状的尾羽也就是 6 根羽毛构成的一个连续平面，和中间的 1 对形态特殊的长尾羽组成的。这两种形态此前分别在其他中生代鸟类中发现过，但从未同时出现在一个标本上。”王敏解释，可以说这是首次看到两种特殊的尾羽形态聚合在了一起。

◆ 早白垩世反鸟类雅尾鸦鷴正型标本。（王敏 供图）

◆ 雅尾鸦鷴尾羽形态、色素体和后肢羽毛。（王敏 供图）

雅尾鹓鶵复原图。（章浩臻 绘，中科院古脊椎所 供图）

这种鸟类的体型大约与现生的喜鹊相当，而它的一对长尾羽甚至超过体长的 1.3 倍。王敏介绍，尾羽是鸟类飞行系统中的重要一环，形态受自然选择影响的同时，也受到性选择的作用。雅尾鹓鶵的一对长尾羽显然不利于个体本身的生存，但这样一种从自然选择角度来看越是不利的装饰性特征，多数情况下越是反映了持有者在获取食物、筑巢、抚育后代等方面更强的竞争力，这在性选择机制中被称为“障碍原理”。雅尾鹓鶵尾羽的结构很可能就是“障碍原理”作用的结果。

研究发现，在反鸟类与今鸟型类共同存在的时间里，长尾羽在反鸟类中更为常见，这可能是两者不同生态习性导致的。反鸟类以树栖为主，需要通过形态夸张的尾羽绕过灌木的遮挡，才能吸引异性；而原始的今鸟型类栖息在开阔的湖边，复杂的尾羽形态容易被捕食者发现，因而扇状尾羽在自然选择作用下变得更为常见，它们可能会通过鸣叫、筑巢或其他方式吸引异性。

【知识补给站】鸟类求偶

鸟类为了吸引异性，演化出了多种绚丽多彩的特征和行为。它们拥有鲜艳的羽毛，如孔雀开屏时绚丽的尾羽，能够瞬间吸引异性目光。除了外在的装饰，鸟类还会通过鸣唱来展示自己的才华，用悦耳动听的歌声传递爱意。更有趣的是，一些鸟类还会精心建造装饰精美的巢穴，或者在地面上排列各种小物件，打造属于自己的“爱情公寓”。这些行为不仅是为了展示自己的独特魅力，更是为了在繁殖季节中脱颖而出，赢得异性的青睐，确保基因的传承。

通过这份 1.2 亿年前的“食谱”，科学家证实古鸟类叶食性起源

2023 年中国科学院古脊椎动物与古人类研究所的科研人员从 1.2 亿年前辽西热河生物群古鸟化石胃容物中，发现了被子植物早期分支木兰类叶子的植硅体（植物微体化石），首次证实了古鸟类叶食性的早期起源和演化。

这项研究由中国科学院古脊椎所科研人员主导完成，相关成果在线发表于国际学术期刊《自然·通讯》。

被子植物决定了现代地球陆地生态系统主要景观构成，维持着包括人类在内的大量生物类群的生存需求。长期以来，鸟类被认为可能在被子植物起源和早期多样性方面扮演着协同演化的重要角色，但这一假说缺乏确凿的化石证据。

论文第一作者、中国

◆ 热河鸟的生态环境复原图。（中国科学院古脊椎所 供图）

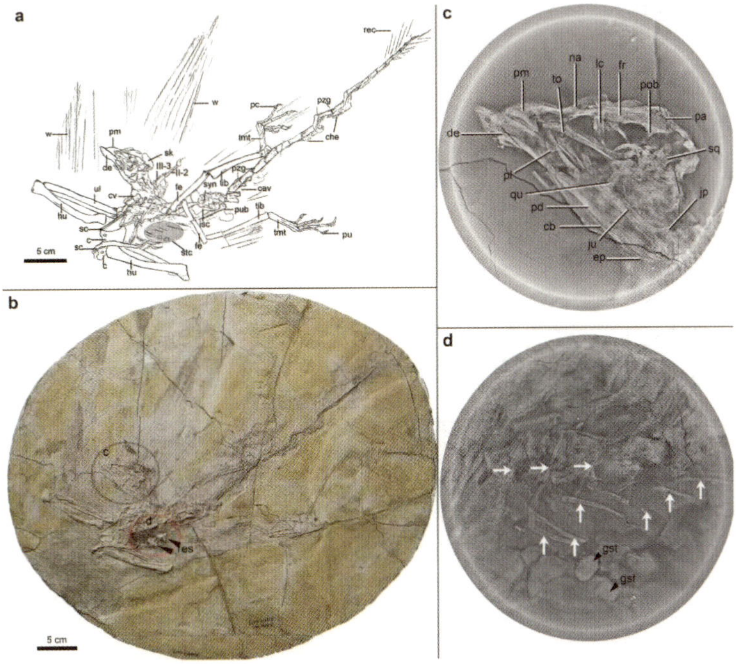

◆ 热河鸟标本的线描、摄影和计算机分层扫描成像。（中国科学院古脊椎所 供图）

科学院古脊椎所青年研究员吴妍介绍，我国辽西白垩纪时期的热河生物群发现了一系列重要的古老被子植物以及已知最古老的多样化鸟类组合，并展现出一个丰富的中生代动植物生态系统。为进一步探索被子植物和早期鸟类之间的相互关系，在这一研究中科研人员首次应用植硅体分析方法对原始热河鸟胃容物进行了仔细研究。

“原始热河鸟位于鸟类演化树较为基干的位置，对其食性的研究对整个早期鸟类生态起源辐射具有重要的指示意义。通过分析一个完整热河鸟化石个体的消化道材料，我们在热河鸟的胃容物中发现了来自木兰类叶子的植硅体。”吴妍说，这一证据将已知的早期植食性鸟类的食植类型精确到了木兰类植物的叶片，同时为鸟类向树栖性的生态位转化（即飞上枝头）提供了新证据。

研究人员还利用 X 射线、X 射线计算机分层扫描和扫描电镜等多重分析手段，结合形态计量分析和下颌骨骼几何形态的定量化研究，全面重建了古鸟类食性的早期演化和现代鸟类相似食性类群的关联。这一成果不仅为早期热河鸟食性提供直接证据，也对鸟类食性演化及其与被子植物演化之间的早期联系有了全新的认识。

数百万年前，这种猫头鹰竟在白天活动

生活在现代的猫头鹰，绝大多数是无声飞行的夜间猛禽。许多人可能并不知晓，少数种类的猫头鹰更适应日间狩猎，在白天反而更加活跃。2022 年，我国科学家在青藏高原东北缘，发现了昼行性猫头鹰的化石。这是在我国发现的最早的鸮形目鸟类化石，且得到了近乎完整的立体保存。

中科院古脊椎动物与古人类研究所副研究员李志恒介绍，在青藏高原东北缘发现的化石，是一种已灭绝的猫头鹰，被命名为日行中新猛鸮，生活在距今约 950 万年至 600 万年的中新世末期。化石出土自甘肃临夏盆地，从头骨到翅膀、腿部等结构都清晰可见，其中甚至找到了猫头鹰还未来得及吐出的食团证据。猫头鹰的身长在 40 厘米左右，体重估计在 240 克至 320 克。

如何确定这种猫头鹰是在白天活动的？李志恒解释，昼行性猫头鹰的眼睛与夜行性猫头鹰存在差异。一般来说前者的巩膜骨内径较小，因为白天不需要太多的光照就可以看清物体，而后者的巩膜骨内径更大，以尽量在夜间汇聚光线。

研究者将此件猫头鹰化石的巩膜骨与55种爬行动物以及包括多种猫头鹰在内的360多种鸟类的巩膜骨和眼眶大小进行了统计分析和比较。结果证明，这种猫头鹰的眼睛对光线的开放度较小，这样就能使透入的日光大幅削弱，从而在正午时分也能看清东西。

“当时临夏盆地处在青藏高原隆升后期的背景下，是类似开阔干旱的稀树草原环境，生活在这里的日行中新猛鸮很可能靠捕猎一些昼行性的啮齿类小型哺乳动物为生。”李志恒说。

相关研究成果发表在国际期刊《美国科学院院刊》上。

◆ 日行中新猛鸮复原图。（郑秋旸 绘，中科院古脊椎所 供图）

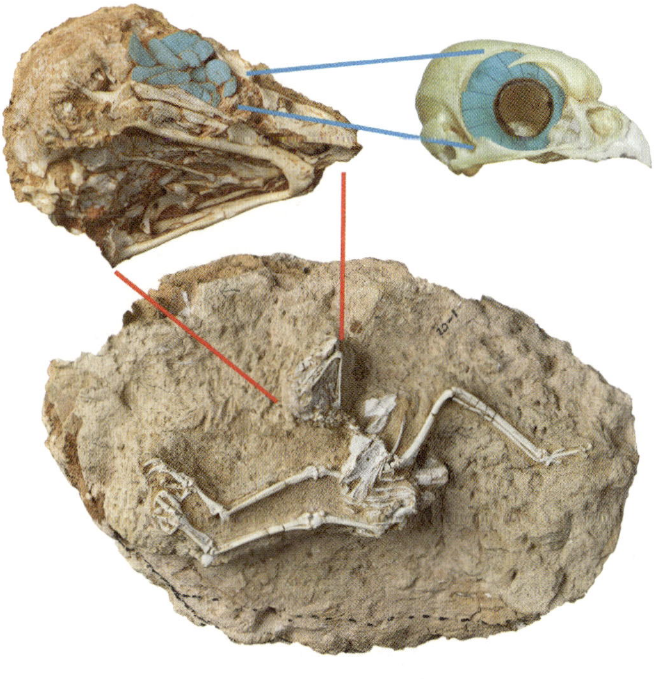

◆ 日行中新猛鸮化石及眼部骨骼聚焦，蓝色覆盖处为巩膜骨。（中科院古脊椎所 供图）

大熊猫吃竹已有 600 万年

中美科学家通过研究早期大熊猫的“第六指”化石发现，大熊猫偏爱吃竹子的历史至少已有 600 万年。该成果发表在国际期刊《科学报告》上。

与其他哺乳动物前肢有五根手指不同，大熊猫还有“第六指”，那就是在其手掌前端的一个增大的手腕部骨骼——“桡侧籽骨”。它就像一根多出来的“拇指”，让大熊猫的手掌得以形成对握、抓住竹子。

通过对云南昭通盆地水塘坝大熊猫祖先——“始熊猫”化石进行研究，古生物学家发现：距今 600 万至 700 万年前的始熊猫已具有“第六指”，而一直到现代，大熊猫的“第六指”并没有进一步增大。

中科院昆明动物研究所研究员吉学平介绍，大熊猫是熊科中的特殊成员，已演变成一种专注的植食性动物。它们用牙齿撕裂竹竿时，紧紧抓住竹竿是“第六指”最主要的功能。

研究成果显示：大熊猫的“第六指”不像人类拇指能独立运动，

◆ 云南昭通水塘坝大熊猫祖先的生态复原图。（Mauricio Antón 绘，昭通市文物保护考古研究所 提供）

它通过固定关节，与第一掌骨和舟月骨形成复合体，再与其他掌骨联动。虽然是被动抓握，但已足够为大熊猫提供吃竹子所需的抓握力。

“大熊猫并没有演化出一个更长的桡侧籽骨，而是始终保留着小

◆ 大熊猫抓握和咀嚼竹子。（Sharon Fisher 摄，王晓鸣 供图）

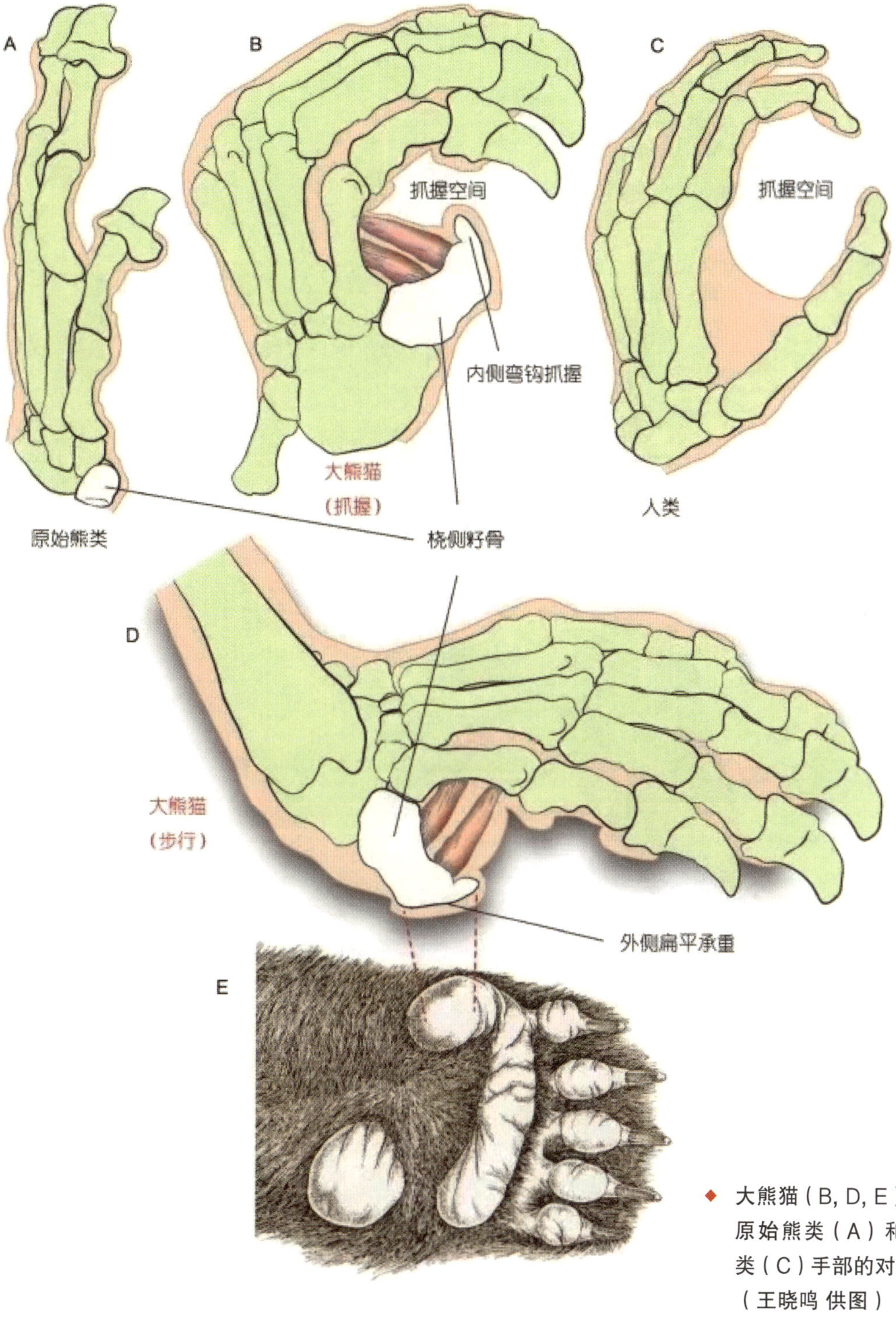

◆ 大熊猫（B, D, E）、原始熊类（A）和人类（C）手部的对比。（王晓鸣 供图）

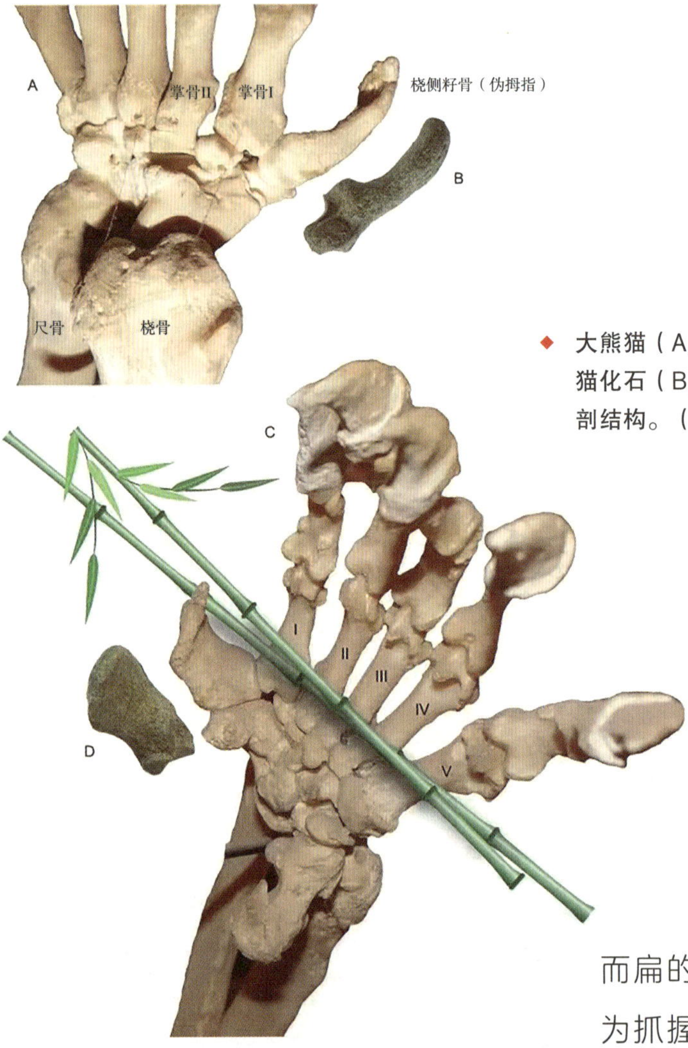

◆ 大熊猫（A, C）和云南昭通大熊猫化石（B, D）“第六指”的解剖结构。（王晓鸣 供图）

而扁的简陋结构，就像专门为抓握竹子设计，以防止竹子从手中滑落。”吉学平说。

专家表示，增大的桡侧籽骨是大熊猫对吃竹子的适应性进化。而“第六指”之所以没有进一步伸长，是为兼顾抓握竹竿和承担体重的功能，避免过大的桡侧籽骨

◆ 蜉蝣化石局部放大图。（中科院南京地质古生物研究所 供图）

对行走造成干扰。“因此‘第六指’进化得不长不短，正合适。”吉学平说。

该研究由中科院古脊椎动物与古人类研究所、中科院昆明动物研究所、美国洛杉矶自然历史博物馆等共同完成。

【选一选】

问题：大熊猫的“第六指”主要功能是什么？

A. 用于攀爬树木

B. 用于抓握竹子，防止竹子滑落

C. 用于挖掘食物

D. 用于防御天敌

答案见 P170

古犀牛中的“小可爱”化石在东亚地区首次被发现

犀牛家族中的小个子，有着翘翘的鼻骨……中国科学院古脊椎动物与古人类研究所邓涛研究团队首次在东亚地区发现了约 1400 万年前的翘鼻角犀化石，为这一类群向东亚地区迁徙提供了重要的化石证据。

相关成果在线发表于国际学术期刊《林奈学会动物学杂志》。

犀牛有 5000 多万年的进化史。虽然现存的 5 种犀牛都生活在非洲和亚洲热带、亚热带地区，但在地质历史时期中，从赤道到极地都有过犀牛的踪迹。其中，生存于中新世的翘鼻角犀与现生犀牛关系较为接近，但这一类群的化石过去只在西欧与南亚地区的巴基斯坦发现过，由于化石记录的稀缺，其在亚洲的演化与迁徙情况此前并不清楚。

翘鼻角犀最大特点在于独特的鼻吻部结构：鼻骨前端显著上翘，鼻端有小型独角，角座粗糙且呈球状。此次在宁夏同心地区发现的中新世中期（约 1400 万年前）的新种“叶氏翘鼻角犀”化石，是一件保存良好的成年头骨，鼻骨粗壮且上翘，鼻骨末端增厚且粗糙，指示有鼻角的存在。

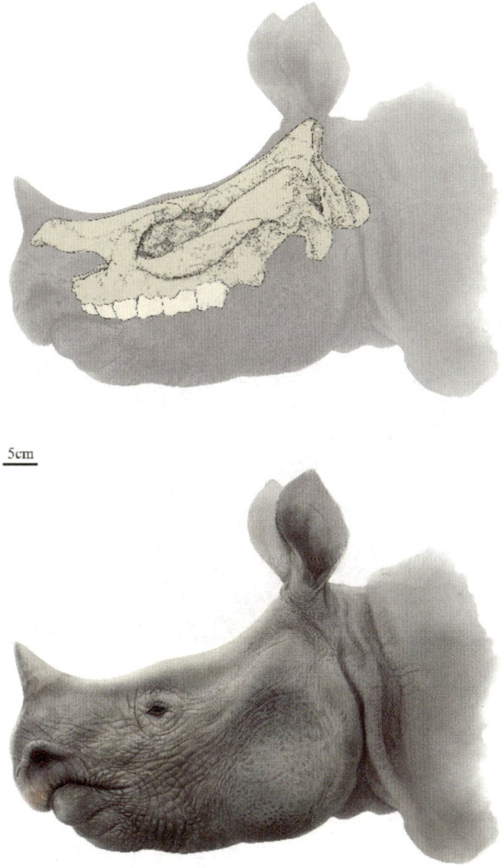

◆ 翘鼻角犀头部复原图。（中国科学院古脊椎所 供图）

◆ 宁夏同心地区中新世中期叶氏翘鼻角犀生态复原图。（中国科学院古脊椎所 供图）

翘鼻角犀体形与现生最小的犀牛苏门答腊犀相似，但四肢短小，腹部更接近地面，有着类似于河马的半水生生活方式。根据叶氏翘鼻角犀的枕部、齿冠等解剖学形态特征，科研人员推测它主要为食叶型。孢粉分析结果显示，同心地区整体植被以蒿草为主，中新世中期开始出现针叶林和阔叶林成分，这些植物成分的出现为叶氏翘鼻角犀提供了多样化的食物来源。

论文通讯作者、中国科学院古脊椎所研究员邓涛说，这一发现证明了翘鼻角犀的古地理分布范围很广，从欧洲一直延伸到亚洲的巴基斯坦南部和中国，说明在欧亚大陆范围内翘鼻角犀的迁徙没有受到生态和地理障碍的阻挡。而且，中中新世气候适宜期也为喜欢温暖湿润环境的翘鼻角犀向东亚扩散提供了有利条件。

【知识补给站】

犀牛是大型草食性哺乳动物，因鼻部长有 1 到 2 个角而得名。它们的皮厚如盔甲，能抵御攻击；角由角蛋白构成，与人类指甲成分相似。犀牛视力欠佳，但嗅觉和听觉敏锐，能察觉周围动静。它们以草和树叶为食，每天需消耗大量食物。现存 5 种犀牛中，白犀牛体型最大，以草为主食；黑犀牛较小，偏爱多叶植物。亚洲的印度犀、爪哇犀和苏门答腊犀因栖息地丧失和偷猎，数量稀少，濒临灭绝。犀牛性格温顺，常独居或与幼崽生活，需保护以避免灭绝。

5 亿年前，这种动物已学会“找房借住”

◆ 有寄居行为的动物类群。A 为寄居蟹，B 为腹足动物壳体中的倭革囊星虫，C 为有孔虫壳管中的福氏虫科环节动物。（云南大学 供图）

2021 年，云南大学古生物研究院研究团队在云南省昆明市禄劝彝族苗族自治县寒武纪剖面挖掘的化石标本中，发现了约 5 亿年前鳃曳类蠕虫的寄居行为，这也是动物寄居行为迄今为止最早的化石记录，反映了寒武纪早期生态系统的复杂性。相关成果已在国际期刊《当代生物学》在线发表。

研究人员介绍，寄居是一种占据并生活于其他生物外壳中的行为，在现代生态系统中广泛存在，可出现在不同动物类群中。其中，寄居蟹就是广为人知的代表。

云南大学研究团队共采集到 4 枚寒武纪鳃曳类蠕虫化石标本。研究人员在显微镜下观察标本时发现：每个个体的后部均掩藏在软舌螺体壳中，且虫体直径略小于软舌螺体管，这表明该蠕虫是在有意识地挑选软舌螺空管并“隐居”其中，以躲避捕食者。这一发现首次证实了鳃曳动物的寄居行为。

研究人员介绍，此前寄居行为最早的化石记录仅追溯到早侏罗世（近 2 亿年前），此次研究发现的寄居行为化石记录，则打破了过去对寒武纪生态系统的传统认知。此前研究普遍认为，寒武纪初期的生态系

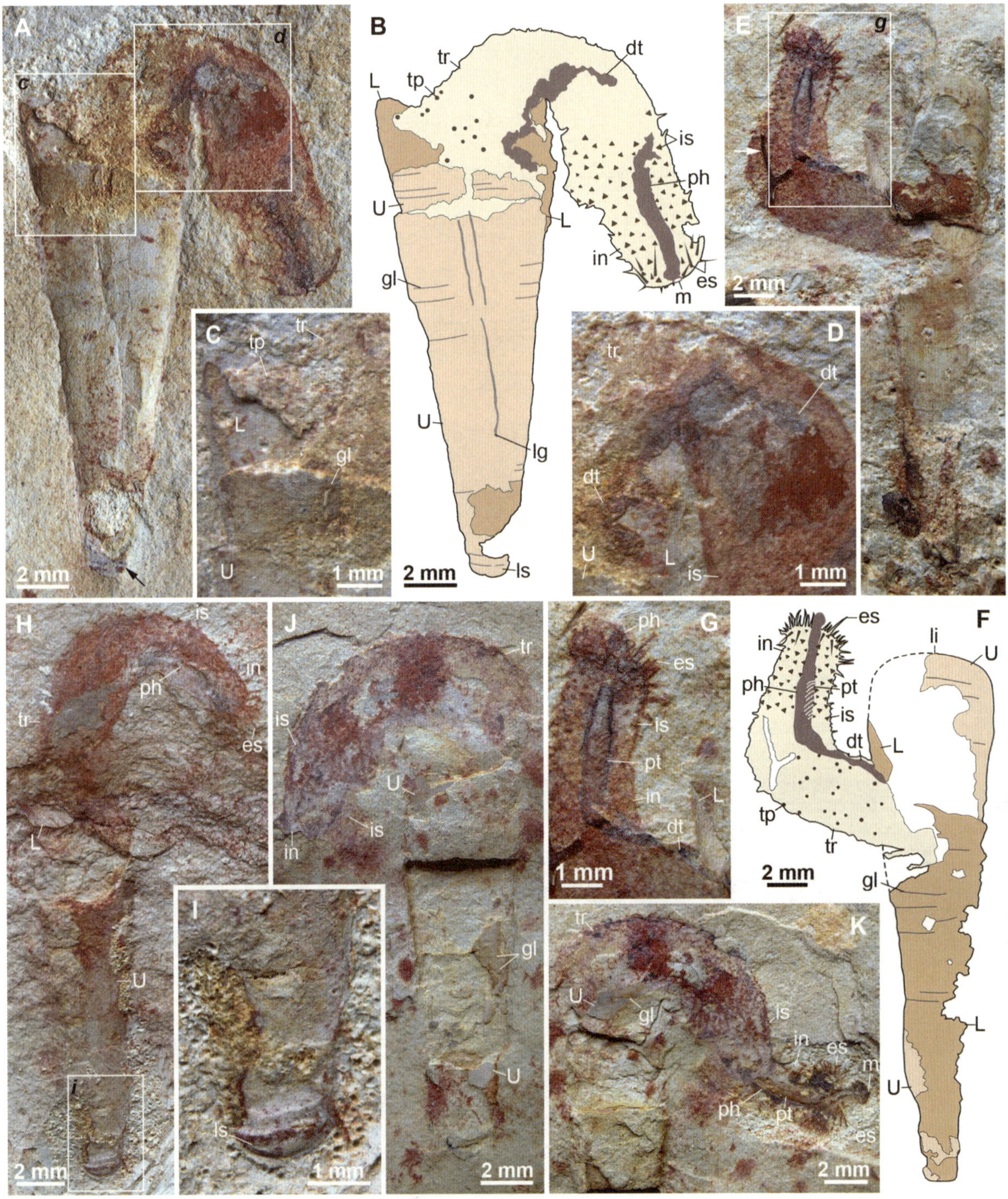

◆ 此次研究发现的寒武纪鳃曳类蠕虫寄居行为。（云南大学 供图）

◆ 此次研究发现的鳃曳类蠕虫寄居行为复原图。（云南大学 供图）

统比较简单，生物竞争压力没那么大。但此次研究发现证明，寒武纪初期的生态系统远比人们想象的复杂。

研究人员表示，寄居行为在大约 5 亿年前的寒武纪早期出现，连同近年报道的寒武纪早中期生物各种依存关系（如偏利共生、窃食寄生和内共生等），表明这一时期的生态系统可能比过去认为的更具现代性，即“寒武纪生命大爆发”可能以急速复杂化、捕食强度递增的生态系统为一鲜明特征。

古生物也有“托儿所”？

由中外科学家组成的研究团队在云南昆明附近一处约5亿年前的寒武纪“化石宝库”，发现了大量海洋生物幼体标本，更有罕见的卵化石。

主导此项研究的云南大学古生物研究院杨显峰博士介绍道，这个新发现的远古海洋群落名为“海晏特异埋藏化石库”。截至2021年，研究人员在此地已采集到118个物种，至少属于13个门类，包括海绵动物、节肢动物、蠕形动物、腕足动物等，并发现了相当数量的新物种。

杨显峰介绍，此前研究人员发现的寒武纪化石标本多为成年和亚成年个体，但在海晏特异埋藏化石库中，却出现了大量“幼崽”和罕见的卵化石。以节肢动物长尾周小姐虫为例，体长小于8毫米的标本占此次发现的该物种标本的43.3%，且较好地保存了附肢、消化道等软体信息。而在位于昆明的另一个化石发现地点，这个比例只有13.7%。

为何会出现这样“幼崽”扎堆的现象？

◆ 海晏剖面的幼体标本。（云南大学古生物研究院 供图）

◆ 产自海晏新剖面的各类动物卵化石。（云南大学古生物研究院 供图）

杨显峰解释，现代海洋无脊椎动物和脊椎动物一般不随意地在某地产卵和繁育后代，而是选择某一不同于成体生活的特殊地区作为育儿地点，这个地方发挥着类似人类社会“托儿所”的作用。海晏特异埋藏化石库很可能是迄今最早的古生物“托儿所”的化石记录。

不过，他同时提到，海晏特异埋藏化石库的特殊现象，也有另一个可能的成因，即当时该地区环境快速波动变化，伴随灾难事件的发生，大型个体迅速逃离，而运动能力相对较弱的幼体、亚成体则被大量埋葬。此外，还有季节性的迁徙行为、固有的种群动态、动态的生命周期等可能因素，有待进一步深入研究。

该研究由云南大学古生物研究院、美国宾夕法尼亚大学、中国科学院南京地质古生物研究所合作完成。相关研究成果发表在国际刊物《自然生态与进化》上。

【选一选】

问题：海晏特异埋藏化石库中出现大量幼体化石的原因是什么？

A. 该地区是古生物的“托儿所”，用于集中产卵和繁育后代

B. 环境快速波动和灾难事件导致大型个体逃离，幼体被大量埋葬

C. 季节性迁徙行为导致幼体集中出现

D. 以上都是

答案见 P175

这群5亿年前的动物祖先，长啥样？

5亿年前的动物长啥样？一个在山东新发现的远古化石群，也许能帮你解开这一奥秘。2022年，中、美古生物学者在山东临沂发现一个5.04亿年前的远古化石群，其中埋藏着数十种远古动物化石，科学家将其命名为“临沂动物群”。

领导此项研究的中科院南京地质古生物研究所研究员赵方臣介绍，新发现的临沂动物群位于山东省临沂市西郊。截至2022年，科学家已在其中发现超过35个化石物种。这些远古生物生活在5.04亿年前的海底，其中节肢动物数量最多，包括长着一对巨大“钳子”的寒武纪海洋霸主奇虾、

◆ 临沂动物群生态复原图。（杨定华 绘，赵方臣 指导）

◆ 临沂动物群中的刺迷音虫化石。（中科院南京地质古生物研究所 供图）

个头不大却异常凶猛的莫里森虫、身上长满长刺的迷音虫等。此外，还有不少海绵动物和蠕虫状动物。

尤为难得的是，临沂动物群中的大部分化石保留下了动物的软体结构，比如肌肉、皮肤、内脏、眼睛等，这让科学家有机会进一步了解这些远古动物的身体构造。

◆ 临沂动物群中的锥形斯氏盾壳虫化石。（中科院南京地质古生物研究所 供图）

◆ 临沂动物群中的唐氏迷音虫化石。（中科院南京地质古生物研究所 供图）

P153 答案：B. 用于抓握竹子，防止竹子滑落

在临沂动物群所生活的时期，地球生命刚经历过演化史上波澜壮阔的寒武纪大爆发事件。在短短几百万年时间中，包括脊椎动物在内的几乎所有现代动物祖先“集体亮相”，地球生命出现前所未有的繁荣发展。“临沂动物群中多种多样的海底生物，既是当时生物欣欣向荣的写照，也是探寻生命大爆发之后生物演化的重要窗口。寒武纪大爆发后动物如何迁徙、扩散和生活，谜底也许就藏在临沂动物群的化石之中。”赵方臣说。

相关研究成果发表在《国家科学评论》上。

【想一想】

为什么临沂动物群中的化石能够保存下动物的软体结构？这对我们研究远古生物有什么特别的价值

这种约 8 亿年前的古生物，好像一串串珍珠项链

2023 年，中国科学院南京地质古生物研究所早期生命研究团队牵头多名国内外古生物学者，在我国山东、安徽发现一种约 8 亿年前的原始生物化石——霍氏串珠。从形态上看，这种古生物很像一串串藏在远古岩层中的珍珠项链。

◆ 霍氏串珠化石标本。（中国科学院南京地质古生物研究所供图）

领导此项研究的中国科学院南京地质古生物研究所研究员庞科介绍，此次发现的霍氏串珠有两种“规格”不同的体形。大的霍氏串珠单个“珠子”直径可达 5 毫米，小的霍氏串珠“珠子”直径不足 1 毫米，但它们的形态和结构大体相似。从部分三维立体保存的标本看，“珠子”实际是包裹着一层有机质外壁的球体。几个到几十个“珠子”几乎等间距排列，形成一个完整的链状“珠串”，这就是霍氏串珠的整体形态。

研究人员判断，霍氏串珠可能是一种匍匐生活在沉积物表面的底栖生物，最有可能属于藻类。

“此前其他地区已经发现的霍氏串珠，最早可追溯至 14.8 亿年

◆ 霍氏串珠化石标本。（中国科学院南京地质古生物研究所 供图）

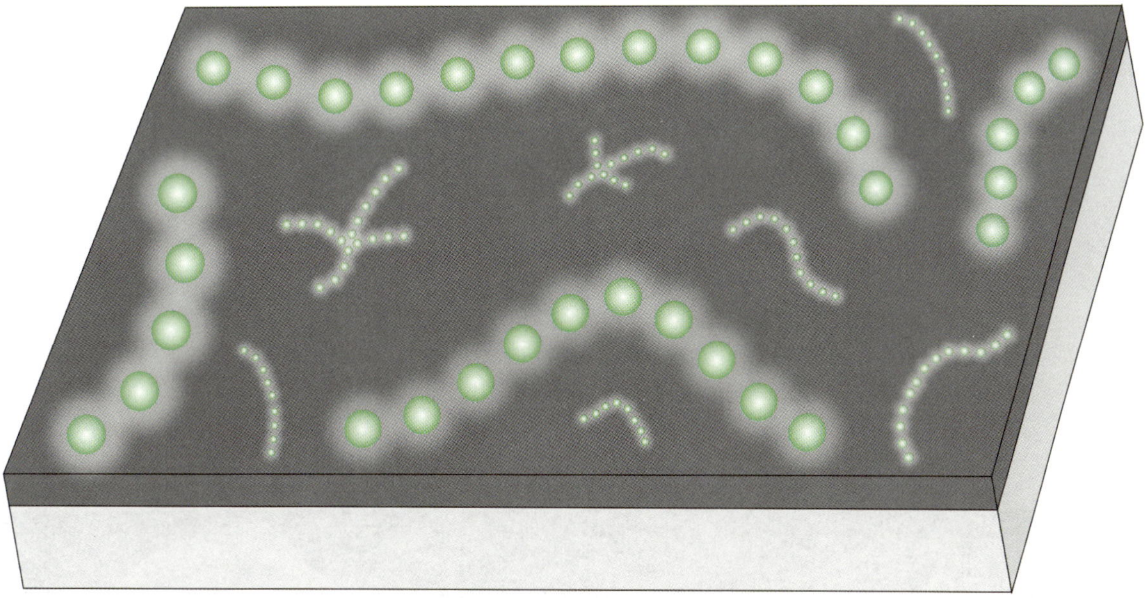

◆ 霍氏串珠形态复原图。（中国科学院南京地质古生物研究所 供图）

前。此次新发现的这批霍氏串珠化石标本虽然时间上称不上最早，但形态、结构保存得特别完好，因此尤为珍贵。”庞科介绍，通过对霍氏串珠显微结构的分析，此次研究还首次解开了霍氏串珠的生长之谜。科研团队认为，“珠串”中的“珠子”可能是一个个包含有多个细胞核的巨型细胞，多个巨型细胞聚集成链，整个生物体也就完成了长“大”的过程。

“霍氏串珠这种特殊的形态和生长方式，也为科学界理解早期生物的生长和演化提供了重要参考。”庞科说。

相关研究成果发表在国际期刊《通讯·生物学》上。

P165 答案：D. 以上都是

这是一块 5 亿多年前的肌肉

2023 年，中国、美国、瑞典、德国古生物学者组成的团队对我国陕西南部约 5.35 亿年前的远古化石进行研究，新发现一种形态类似“五环”的动物肌肉化石。科研人员判断，这种肌肉很可能位于动物“嘴巴”上，远古动物靠其收缩和舒张完成进食。

领导此项研究的中国科学院南京地质古生物研究所研究员张华侨介绍，此次发现的动物肌肉化石共有 3 枚，其中一枚较好保存了完整的肌肉结构。从形态上看，这种肌肉呈现类似“五环”的结构，从顶

◆ 此次发现的 5 亿多年前动物肌肉化石扫描电镜照片。（张华侨 供图）

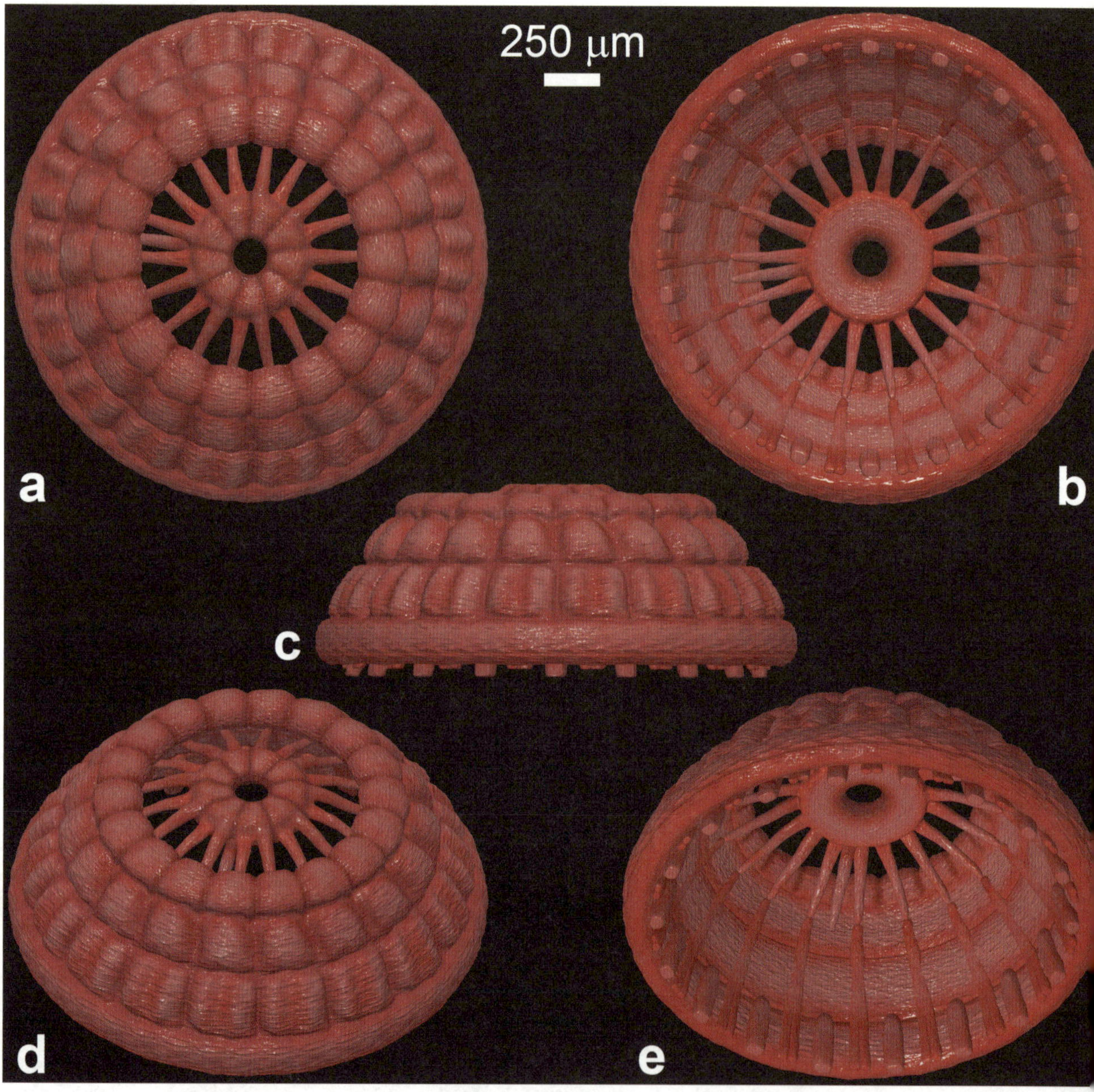

◆ 5 亿多年前动物肌肉复原图。（杨定华 绘）

到底由五个直径逐渐增大的环组成。第一、二环基本处于同一平面，之间有明显的空隙。第二到第五环紧密贴合，呈圆台状排列。第一、三环之间有 19 条辐射状结构连接，第三、五环之间有 36 条纵向结构连接。肌肉化石标本体形微小，最大的五环直径约 3 毫米。

研究团队经过细致的形态学研究和比对后判断，此次发现的肌肉化石从属于环神经动物。这类动物是节肢动物的近亲，现在仍有生存着的类群，包括铁线虫、蛔虫、鳃曳虫等。“五环”状的肌肉很可能位于动物的“嘴巴”上，辐射状和纵向排列的结构可以带动肌肉整体收缩和舒张，最顶端的一环甚至可以被“拉”进其余四环内，远古的环神经动物就依靠这些动作完成进食，并辅助运动。

“早期动物肌肉化石为我们了解运动的演化提供了重要依据。根据它们，我们可以获知生活在远古时代的动物怎样活动，并一步步发展出现在的运动能力。”张华侨说。

相关研究成果在线发表在权威生物学期刊《英国皇家学会学报B辑生物科学》上。

【填一填】

问题：

此次发现的5亿多年前的动物肌肉化石，其形态呈现怎样的结构？

从顶到底由五个直径逐渐增大的 ________ 组成。

第一、二环基本处于同一 ________，之间有明显的 ________。

第二到第五环 ________，呈 ________ 排列。

第一、三环之间有 ________ 条辐射状结构连接。

第三、五环之间有 ________ 条 ________ 结构连接。

答案见 P191

熊猫是啥时候开始“吃素”的?

“我们从这块熊猫牙齿化石来看，小种大熊猫的牙齿结构已经发生重大变化，可以证明这一时期的大熊猫已经开始吃竹子了。”黄万波说。

黄万波是中国科学院古脊椎动物与古人类研究所研究员，如今 90 岁的他在重庆自然博物馆担任特约研究员。在 2022 年“国际博物馆日”到来之际，黄万波讲述了大熊猫的直系祖先小种大熊猫的发展历史，以及大熊猫饮食习惯的演变。

“小种大熊猫化石最早发现于广西柳城巨猿洞，1984 年，我在重庆巫山龙骨坡首次发现了小种大熊猫的颅骨，这个颅骨比现生大熊猫的颅骨小得多，牙齿结构与更早期的熊猫相比，变化非常明显。其上第四前臼齿的主尖内面没有副尖，牙冠与齿根接合处也没有釉质凸起，俗称齿带，下臼齿也明显和现生大熊猫更像，便于磨碎、压断竹子。”黄万波说，这证明

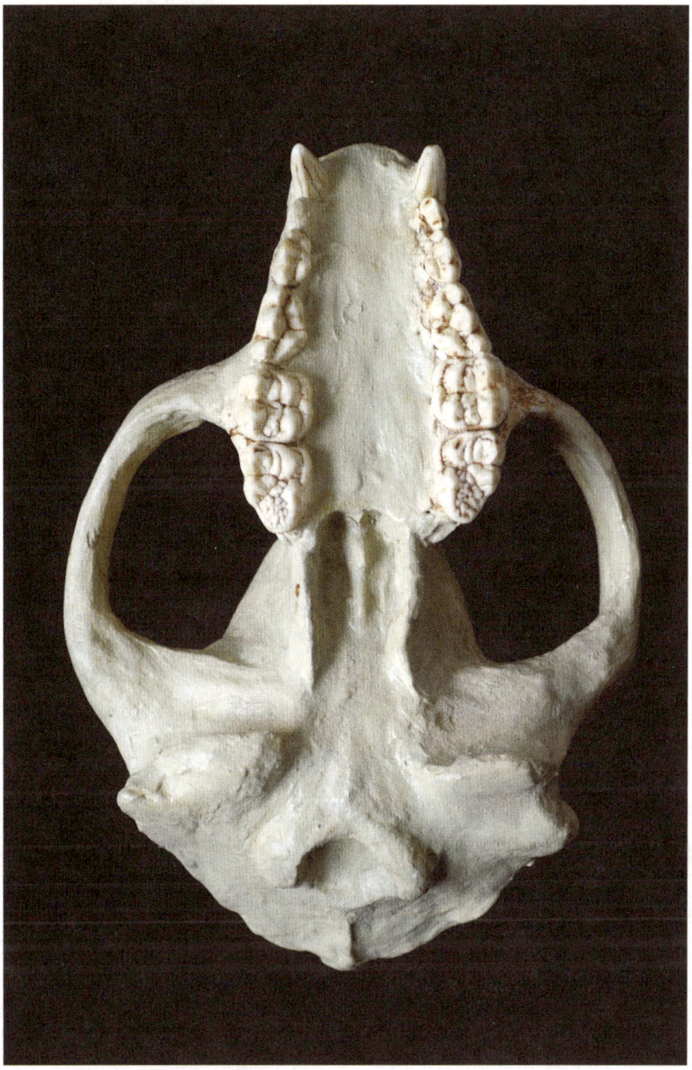

◆ 重庆巫山龙骨坡出土的小种大熊猫化石。（重庆自然博物馆 供图）

了这一时期的大熊猫由于生存条件变化，已经从肉食和杂食食性的始熊猫，进化到了以吃竹子为主的阶段。

他介绍，小种大熊猫是一种世界上已灭绝的古生物，体长约 1 米左右，为现今大熊猫的直系祖先，它们活跃在约 200 万年前。

◆ 黄万波在野外考古。（重庆自然博物馆 供图）

“我们可以推理这样的场景：在某一个时期，小种大熊猫可能为了躲避剑齿虎等猛兽，钻进竹林不敢出来，在此期间只能以竹子充饥。这更加锻炼了它们牙齿适应竹子的功能，为其后代以竹为生的习性打下了基础。”黄万波说。

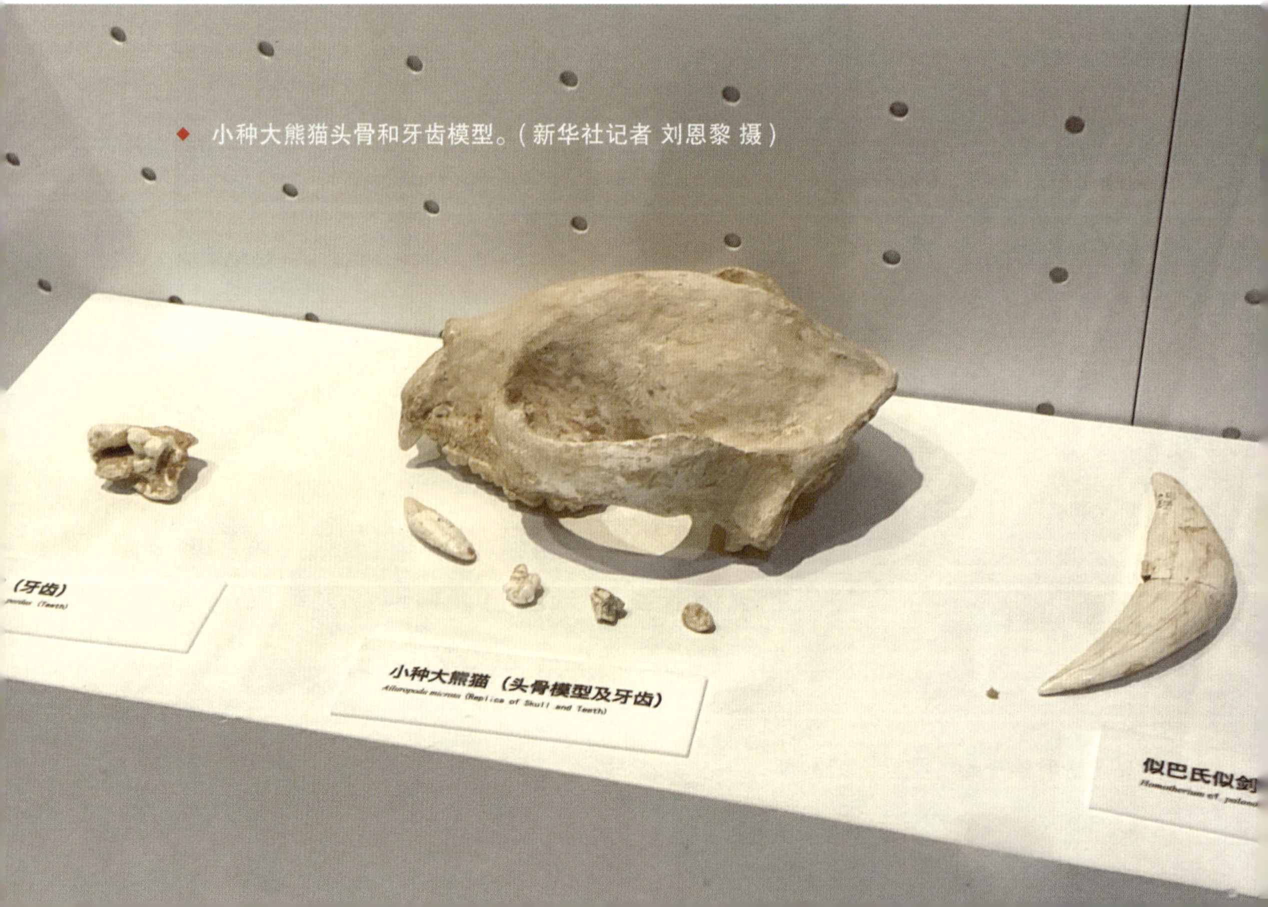

◆ 小种大熊猫头骨和牙齿模型。（新华社记者 刘恩黎 摄）

◆ 小种大熊猫化石模型近景。（章林 摄，新华社发）

黄万波表示，小种大熊猫具有重要研究意义，和现在的大熊猫一脉相承，其骨骼化石为研究大熊猫不同时期饮食习惯的转变提供了重要佐证，也对研究大熊猫与人类历史发展、生态演变之间的关系提供了重要参考。

大熊猫是国家一级重点保护野生动物，是我国濒危物种保护的旗舰种和伞护种。多年来，我国采取了一系列措施加强对大熊猫的保护。全国第四次大熊猫调查显示，大熊猫分布在秦岭、岷山、邛崃山、大相岭、小相岭和凉山等 6 大山系，野生大熊猫数量为 1864 只。

“大熊猫的生存环境受食物、温度、湿度、微量元素等多种因素影响，这是一个有机的统一体。”黄万波说，大熊猫化石研究的教育意义在于，要想让大熊猫与我们的子孙后代同行，必须把生态环境保护好。

【想一想】

小种大熊猫的牙齿结构发生了哪些重大变化，使其更适应吃竹子？

中国科学家公布十项新生代化石研究世界之最

2023年，中国科学院古脊椎动物与古人类研究所在甘肃省临夏回族自治州和政县公布了十项新生代化石研究世界之最。

和政羊复原图。（中国科学院古脊椎动物与古人类研究所 供图）

◆ 和政盘绕雉复原图。（中国科学院古脊椎动物与古人类研究所 供图）

中国科学院古脊椎动物与古人类研究所所长邓涛介绍，临夏盆地发现的十项新生代化石研究世界之最分别是：世界上最大陆生哺乳动物巨犀的聚集地；最丰富的铲齿象化石；最大的三趾马动物群；最早的稀树草原群落；最大的鬣狗——巨鬣狗；独一无二的和政羊；熊类的最近祖先——戴氏祖熊；最早的拟声鸟类——和政盘绕雉；保存最久远的蛋白质；最大的马——埃氏马。其中，保存最久远的蛋白质是指在临夏盆地发现早于650万年前的鸵鸟蛋化石中检测出的蛋白质序列，这早于非洲坦桑尼亚380万年前的鸵鸟蛋化石中保存的蛋白质。

临夏盆地位于青藏高原东北缘，该地区拥有发育自青藏高原隆升以来不晚于3000万年的连续的沉积地层，记录了多尺度、多维度的重要科学证据，是重建环境变迁和生物演化的一个天然实验室。学术界将临夏盆地内以和政县、广河县和东乡县为主的富含新生代化石的区域称为和政地区，在此发现的脊椎动物化石包括爬行纲、鸟纲、哺乳纲，超过250个属种，其中含有80多个新属种。这些化石分属晚渐新世巨犀动物群、中中新世铲齿象动物群、晚中新世三趾马动物群和早更新世真马动物群。

◆ 铲齿象骨架及头骨发育系列。（中国科学院古脊椎动物与古人类研究所 供图）

◆ 埃氏马头骨。（中国科学院古脊椎动物与古人类研究所 供图）

邓涛介绍，早先临夏盆地拥有六项新生代化石研究世界之最，其中世界上最早的披毛犀因最新发现于西藏的古化石将这一年代向前推移而被剔除。此次又新增了包括世界上保存最久远的蛋白质等五项世界之最。“科学研究永无止境，和政地区拥有大量古动物化石遗存，我们也期待新的发现和突破。”邓涛说。

P183 答案：环；平面、空隙；紧密贴合、圆台状；19；36、纵向

中科院古脊椎所标本馆成为全球自然藏品的重要组成部分

化石标本不仅证明着过去，也影响着未来。来自 28 个国家的 156 位学者通过对全球自然博物馆藏品进行评估，发现 73 家最大的博物馆和标本馆保存着超过 11 亿件自然藏品，将有可能指导未来与人类和生物多样性密切相关的决策。中国科学院古脊椎动物与古人类研究所的标本馆位列 73 家机构之一。

◆ 中科院古脊椎所标本馆。（中科院古脊椎所 供图）

上述研究分析于 2023 年在线发表于国际知名期刊《科学》。

论文的共同作者、中科院古脊椎所研究员邓涛介绍，研究将纳入统计的博物馆和标本馆的自然藏品分为生物、地质、古生物和人类学四个方面，并对全球进行地理分区，形成了包括19种藏品类型、16个地理分区共304个网格的藏品覆盖度网络。

“中科院古脊椎所标本馆拥有46万余件化石和人类遗存标本，保留下亚洲最大的古脊椎动物与古人类收藏，在全球自然藏品网络中，成为整个亚洲温带古脊椎动物和古人类化石方面最具代表性、门类覆盖度最高的机构。”邓涛说。

邓涛研究员在中科院古脊椎所标本馆观察化石。（中科院古脊椎所 供图）

研究指出，保存在世界各地自然博物馆和标本馆中的自然藏品是我们理解自然世界和人类在其中地位的物理基础。21世纪，自然藏品作为重要的信息来源，与人类面临的野生动物保护、气候变化、流行病防治、粮食安全、生物经济等问题和挑战直接相关。

“自然藏品提供了一个了解地球过去和现在的独特窗口，它们越来越多地被用于对未来做出可验证的预测，成为与生物多样性有关的重大政策框架的基础和主要知识来源。我们希望这些藏品今后能够为政府的政策制定提供更多参考。”邓涛说。

面向未来，论文作者们建议，自然博物馆需要在快速变化的地球上继续采集和收藏标本，以对地球生物类群进行更充分的研究；加快标本数字化以及公共知识平台中的数据实践、共享和管理；形成协调一致的全球战略，用于未来管理和公平使用、研究全球藏品等。

P195答案：A. 甘肃省临夏回族自治州的临夏盆地

数万只史前动物“出没”这个“动物园”不一般

在甘肃省临夏回族自治州和政县，有一座神奇的“史前动物园”。在这里，千百万年前的古动物们穿越时空，与每个来访者相遇。

这就是和政古动物化石博物馆。博物馆馆藏 3 万多件古动物化石，分三纲 8 目 150 个属种，其中一级品达 43 件，以巨犀动物群、铲齿象动物群、三趾马动物群和真马动物群的化石最为丰富。“化石的时间跨度主要集中在距今约 3000 万年到距今约 250 万年之间，展出的仅是一小部分，其余都在仓库里。”和政古动物化石博物馆讲解员张海莲说。

“数量丰富，种类繁多，保存完整，世所罕见。”张海莲这样形容博物馆的藏品。

在这座“动物园”里大大小小的古动物化石静静地陈列着。其中，有许多完整的动物骨架化石镶嵌在泥土中，被整块发掘出来，定格着古动物们生前最后的姿势。

在铲齿象化石展厅，24 具从三四个月到 40 多岁的铲齿象头骨化石依次排列，从中仿佛能看到这种史前巨兽一生的轨迹。

数量如此庞大的古动物化石来自哪？

馆长何文介绍，博物馆的化石几乎全部来自临夏盆地，其中主要来自临夏州广河、东乡、和政三县。馆藏精品之一的 24 具铲齿象头骨化石几乎全部发掘自同一地点。

临夏盆地主要位于临夏州，在该州约 0.8 万平方公里的土地上，散布着 100 个化石发现地点，出土了数万件古动物化石标本。因其地处青藏高原与黄土高原交汇地带，蕴藏了丰富的古动物化石资源。“和政县至今发现化石出露点 30 多处。出土的最著名的古动物化石之一，就是世界上独一无二的和政羊。”张海莲说。

在和政羊展厅，一个巨大的“羊头”在展柜里陈列着，它由数个和政羊头骨化石拼凑而成。“和政羊距今已有约 1200 万年历史。”张海莲说，博物馆里仅和政羊的头骨化石就有 700 多个。

张海莲介绍，很多古动物化石标本显示，这些动物不是自然死亡，而是在自然灾害下突然死亡，

◆ 斯氏弓颌猪土板骨架（母子合葬）。（和政古动物化石博物馆 供图）

因此大量遗骸被掩埋、沉积，形成化石并保存到现在。这些重要的化石标本，为我们了解地球历史提供了重要线索。

何文介绍，这些化石是研究青藏高原隆升、地球气候环境变迁和古生物演化不可多得的物证。从博物馆的 4 个哺乳动物群里，可以发现青藏高原隆起给临夏地区带来的重大气候变化，还有因此导致的生态环境和古动物的变化。

◆ 和政古动物化石博物馆内陈列的 24 具铲齿象头骨化石。（新华社记者 胡伟杰 摄）

距今约 1600 万年前，青藏高原还没有完全抬升，印度洋暖湿气流可以进入北部的临夏盆地，由此导致了当地水草丰沛、河流交错的生态环境。当时在此栖息的铲齿象，可以用像铲子一样的一对硕大前齿切断并铲起水中植物。

“而距今约 1100 万年前，该地区动物类型完全转化为开阔干旱地带的三趾马动物群，包括 100 多种动物，与今天东非大草原上的动物群相似。到了距今约 250 万年前，随着冰河世纪的来临，临夏地区的动物群演变为以每只脚一个脚趾的真马以及披毛犀这样的典型耐寒动物为代表。”中科院古脊椎动物与古人类研究所研究员邓涛说。2021 年，由他领导的中美合作团队，依据和政古动物化石博物馆工作人员在临夏盆地发现的头骨化石，确立了巨犀的一个新种——临夏巨犀。

博物馆作为中科院古脊椎所和政科研基地，在化石保护利用上展开合作。“我们负责化石收集、整理、修复等基础工作，为专家进一步研究奠定基础。”何文说。

【选一选】

问题：和政古动物化石博物馆的化石主要来自哪里？

A. 甘肃省临夏回族自治州的临夏盆地

B. 甘肃省兰州市的周边地区

C. 青海省的柴达木盆地

D. 四川省的成都平原

答案见 P189

探索远古奥秘，致敬科普征程

——《远古发现》出版后记

2021年4月起，新华社开设“远古发现”专栏，讲述考古科学的最新研究成果，这些稿件视角独特，资料丰富，通俗易懂，科学性强，且图文结合，受到广大读者的喜爱。为进一步扩大这些精品报道的传播力，在更广泛的读者层面产生文化感染力，新华出版社的编辑们以“远古发现”栏目稿件为基础，策划出版了同名系列图书。

这百余篇科普稿件，是新华社记者们深入科研一线收集而来的珍贵成果。正是他们用专业的素养，将晦涩的科学知识转化为生动有趣的文字；用执着的精神，挖掘最前沿的远古发现，只为给读者带来最真实、最鲜活的报道。是他们默默无闻的付出，让这些生动的科普故事，走进大众的视野。参与本书采写的记者有：马莎、王安浩维、王凯、王珏玢、王迪、冯源、田金文、邓华宁、任彦逸、农冠斌、刘恩黎、庄北宁、朱高祥、朱筱、宋晨、张泉、张桂林、李伟、杨驰、杨欣、杨雅婷、周凯、岳冉冉、庞明广、林碧锋、邱冰清、金地、陆浩、陈尚才、陈席元、陈嫱、陈露缘、侯文坤、侯文坤、胡伟杰、胡拿云、赵彩琳、赵雪彤、钟思睿、恩浩、秦宏、袁原、温竞华、谢佼、谢建雯、董瑞丰、雷云亮、熊翔鹤、潘晔（按姓氏笔画排序）。

在编辑过程中，编辑团队结合科学内容与读者兴趣，将这些主题多元的稿件，划分到不同的板块之中，只为给读者带来更清晰、更流畅的阅读体验。最终为大家带来了“远古大灭绝与恐龙”“多彩动植物”“神秘的古生物”三册图书。

在此，向所有参与 “远古发现” 专栏创作的记者们致以最诚挚的感谢，也感谢每一位在图书出版过程中给予支持与帮助的同仁。希望这套图书能成为一把钥匙，打开读者探索远古世界的大门，让更多人感受到远古生命的魅力与科学的无穷乐趣。

用科学的钥匙
解锁远古奥秘
揭秘地球文明的起点

DISCOVERIES OF ANCIENT MYSTERIES

远古发现

远古大灭绝与恐龙

第一辑

纸飞机冒险队 编

新华出版社

图书在版编目（CIP）数据

远古大灭绝与恐龙 / 纸飞机冒险队编 .
-- 北京 : 新华出版社 , 2025.4
-- (远古发现).
-- ISBN 978-7-5166-7939-5

Ⅰ. Q915.864-49

中国国家版本馆 CIP 数据核字第 2025N67Z23 号

远古发现
编　　者： 纸飞机冒险队

出 版 人： 匡乐成
出版统筹： 沈　建　王永霞　赵怀志
责任编辑： 刘　芳
编　　务： 褚阳波　王　涵　长孙依蓬（实习）
装帧设计： 刘宝龙　马　冰

出版发行： 新华出版社有限责任公司
（北京市石景山区京原路 8 号　邮编：100040）
印　　刷： 河北鑫兆源印刷有限公司

成品尺寸： 185mm × 260mm 1/16　　**印张：** 35.25　　**字数：** 425 千字
版次： 2025 年 6 月第 1 版　　**印次：** 2025 年 6 月第 1 次印刷
书号： ISBN 978-7-5166-7939-5　　**定价：** 128.00 元（共三册）

目录

2.52 亿年前的大灭绝“真凶”不止一个？

二叠纪末生物大灭绝是 5 亿多年来地质历史中发生的最严重的生物灭绝事件。由中国科学院南京地质古生物研究所、南京大学等单位的学者组成的研究团队发现，华南周缘大规模酸性火山喷发是二叠纪末生物大灭

二叠纪末生物大灭绝前的华夏植物群和大灭绝后的草本植被系统对比图。（中科院南古所 供图）

绝的一个重要诱因，而曾经所认为的西伯利亚大规模基性火山喷发并非二叠纪末生物大灭绝的唯一推手。相关研究成果发表于国际知名刊物《科学进展》。

二叠纪末生物大灭绝导致约 81% 的海洋生物物种和 89% 的陆

地生物物种在短短 6 万年内灭绝。中科院南古所研究员张华介绍，2.52 亿年前的二叠纪末，陆地生态系统遭到重创，造成热带雨林消失、成煤作用停止、土壤系统崩溃和气候快速干旱化等环境灾变。

“我国四川、云南、贵州等地的陆相二叠系—三叠

◆ 二叠纪末生物大灭绝前的华夏植物群和大灭绝后的草本植被系统对比图。（中科院南古所 供图）

◆ 我国西南地区陆相二叠系—三叠系界线剖面。（中科院南古所 供图）

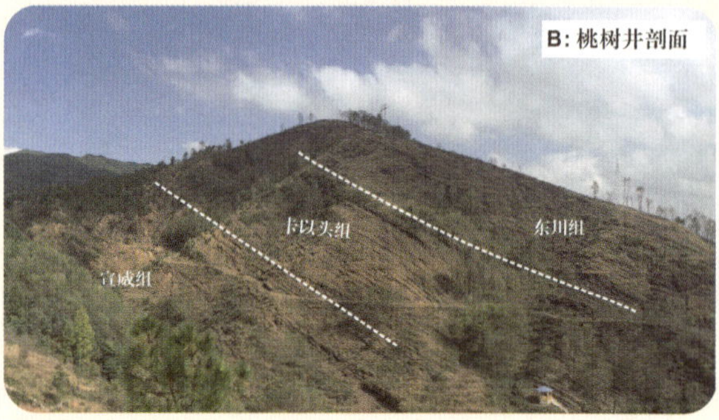

系界线剖面记录了这一灾难事件的全过程，是在陆地上更全面认识二叠纪末生物大灭绝事件及其诱因的理想区域。”张华说。

在云贵川地区的陆相二叠系—三叠系界线剖面生物大灭绝层位，研究团队发现铜超千倍的异常富集，并伴有汞元素的异常富集、大规模野火事件沉积、铜同位素和汞同位素的异常波动等，这些异常都来自华南周缘酸性火山喷出物的直接沉积，表明华南周缘酸性火山喷发对二叠纪末陆地生态系统崩溃起到了至关重要的作用。

张华说，以往二叠纪末生物大灭绝的研究多集中在海洋沉积记录

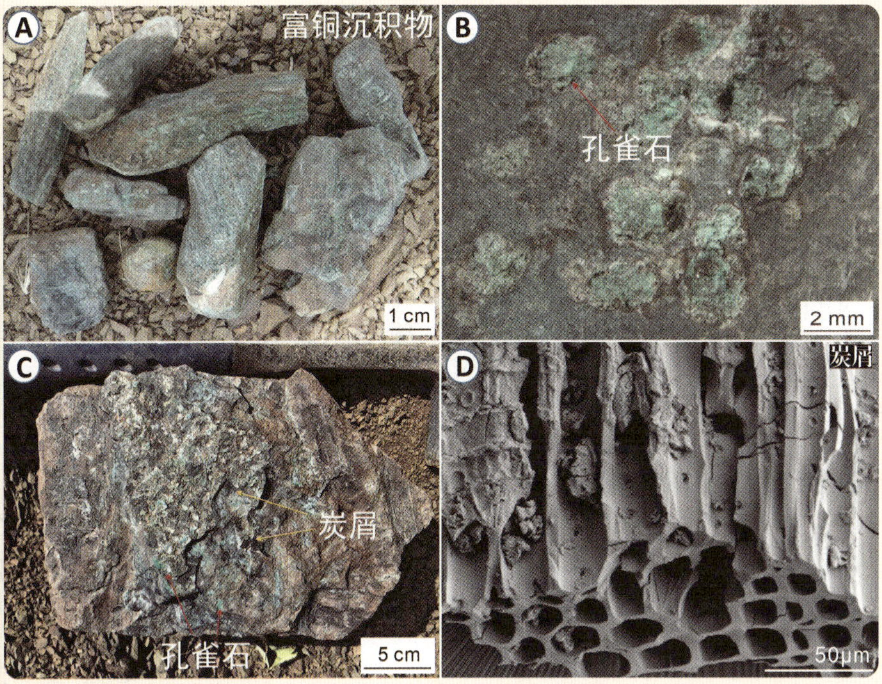

◆ 华南陆相剖面二叠纪—三叠纪过渡期富铜沉积物和炭屑。（中科院南古所 供图）

上，陆相二叠纪末生物大灭绝的研究相对较少。这项研究在陆地上建立了火山活动和二叠纪末生物大灭绝之间的联系。

尽管这项研究不否定西伯利亚大规模基性火山喷发对二叠纪末生物大灭绝事件的影响，但结合我国东部、澳大利亚东部、南美洲西部等地广泛存在的大规模的二叠纪—三叠纪之交酸性火山喷发记录，可证明华南周缘酸性火山喷发导致的环境灾难远超以往的认识，可能是2.52 亿年前这次最大的生物灭绝事件的主要“凶手”之一。

【想一想】

除了火山喷发，还有哪些自然因素可能对生物大灭绝产生影响？

火山爆发带来生物大灭绝？2 亿年前曾发生过

◆ 2 亿年前火山爆发导致森林大火示意图。（中科院南古所杨定华 绘）

◆ 本次研究涉及的地层剖面：新疆准噶尔盆地郝家沟剖面照片。［中国地质大学（武汉）供图］

◆ 本次研究涉及的地层剖面：四川盆地宣汉剖面照片。（中科院南古所 供图）

2 亿年前，一场生物大灭绝让超过一半地球生物消失。这场进化史上的“浩劫”因何而来？2022 年，中国地质大学（武汉）、中科院南京地质古生物研究所领导的国际团队发现了有力证据，表明火山爆发是当时环境剧变和物种灭绝的主要原因。相关成果发表在国际权威期刊《自然·通讯》上。

参与此项研究的中科院南古所研究员王永栋介绍，2 亿年前的三叠纪—侏罗纪之交大灭绝是地球历史上的 5 次生物大灭绝之一。几十年来，科学家对这次灭绝的原因提出了各种推测，火山爆发被认为是重要诱因，但它的影响有多大一直难有定论。

此项研究中，科研团队对这一时期两个不同纬度地层中的碳同位素、汞元素、黏土矿物等展开研究。结果显示，这些地层中汞元素含量明显增加，碳同位素数值波动，指示风化作用的黏土矿物也发生了变化。由于火山活动是地质历史上最重要的自然汞来源，这样的结果证明，火山爆发不仅波及范围广，还导致了一系列气候和生态剧变。

结合以往地质研究，科研人员大致还原出 2 亿年前的大灭绝场景：当时陆地上的一片“超级火山”持续爆发近 60 万年，形成了横跨北美和盘古大陆的大规模岩浆沉积。火山向大气中排放了巨量二氧化碳和甲烷气体，使二氧化碳浓度达到现在的 10 倍左右。不断增加的温室气体造成气候变暖、海洋缺氧、海水酸化，并导致大陆风化作用不断增强。这一过程持续了约 200 万年。大量生物无法适应环境剧变，最终从地球上消失。

“不过，这次大灭绝也给另一些生物提供了发展空间。不久之后恐龙出现，开启了它们长达 1 亿多年的称霸之旅。”论文第一作者、中国地质大学（武汉）研究员沈俊说。

请根据文章中的橘色字文段，

在方框内复原一下火山爆发对环境的影响吧！

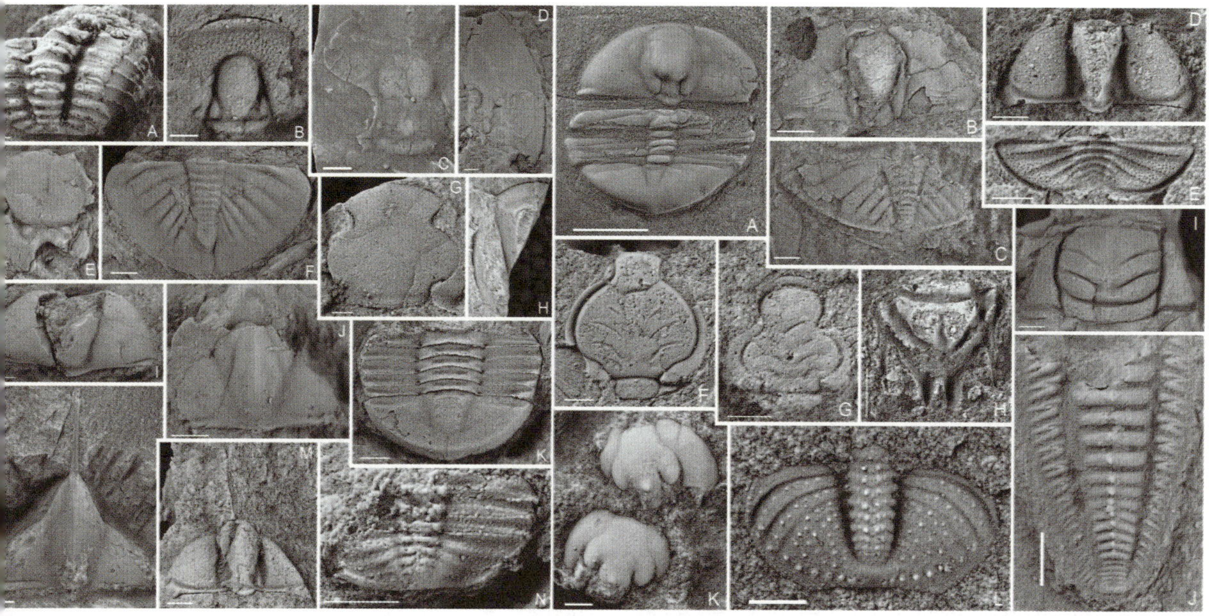

◆ 在镇雄地区发现的奥陶纪末生物大灭绝前的三叶虫动物群。（魏鑫 供图）

4 亿多年前，这里曾是大灭绝之前古生物的“避难所”

经过两年多研究，我国科学家于 2022 年在位于滇东北地区的云南省镇雄县，首次发现华南奥陶纪末生物大灭绝前的三叶虫动物群，为全面揭示华南板块西缘的海洋生物面貌提供重要窗口，这也进一步证实区域环境恶化时古生物“避难所”的存在。

2020 年以来，北京大学、中国科学院南京地质古生物研究所、中国地质调查局西安地质调查中心的科研人员通力合作，对镇雄地区奥陶纪末生物大灭绝前的三叶虫动物群进行深入研究，研究成果已在线发表于国际期刊《远古世界》。

论文第一作者、北京大学地球与空间科学学院博雅博士后魏鑫介绍，在已知地球历史时期，共发生过 5 次全球性的大规模集群灭绝事件，发生在 4.43 亿年前的奥陶纪末生物大灭绝是其中的第一次，对这一事件前后生物与环境协同演化关系的研究备受关注。

“此次在镇雄地区发现的三叶虫动物群略早于奥陶纪末生物大灭绝的时间，共有 9 科 15 属 17 种，含 4 个新种。”魏鑫说，镇雄地区地层出露良好、化石丰富、交通便利，是开展奥陶纪末生物大灭绝前生物与环境协同演化研究的理想地区。

科研人员通过逐层采样及古生物学和沉积学系统研究，揭示了镇雄地区奥陶纪末生物大灭绝前的三叶虫动物群面貌，并建立了一个新的三叶虫生态组合，为该时期华南三叶虫动物群的生态分异研究奠定了基础。

魏鑫说，根据三叶虫（种）的时空分布情况，能够推断出华南奥陶纪末生物大灭绝前发生过一次生物迁移事件：受构造运动影响，华南板块的海洋环境逐渐恶化，形成普遍缺氧的半闭塞海盆，致使大量三叶虫消亡，最终仅有少量三叶虫成功迁移到“避难所”，即相对更浅且充氧的环境中，如镇雄地区。

【想一想】

假如你穿越到 4 亿多年前，你会选择去这个“避难所”生活吗？说说你的理由。

科学家揭示大灭绝中高温野火事件或为陆地生态系统崩溃重要原因

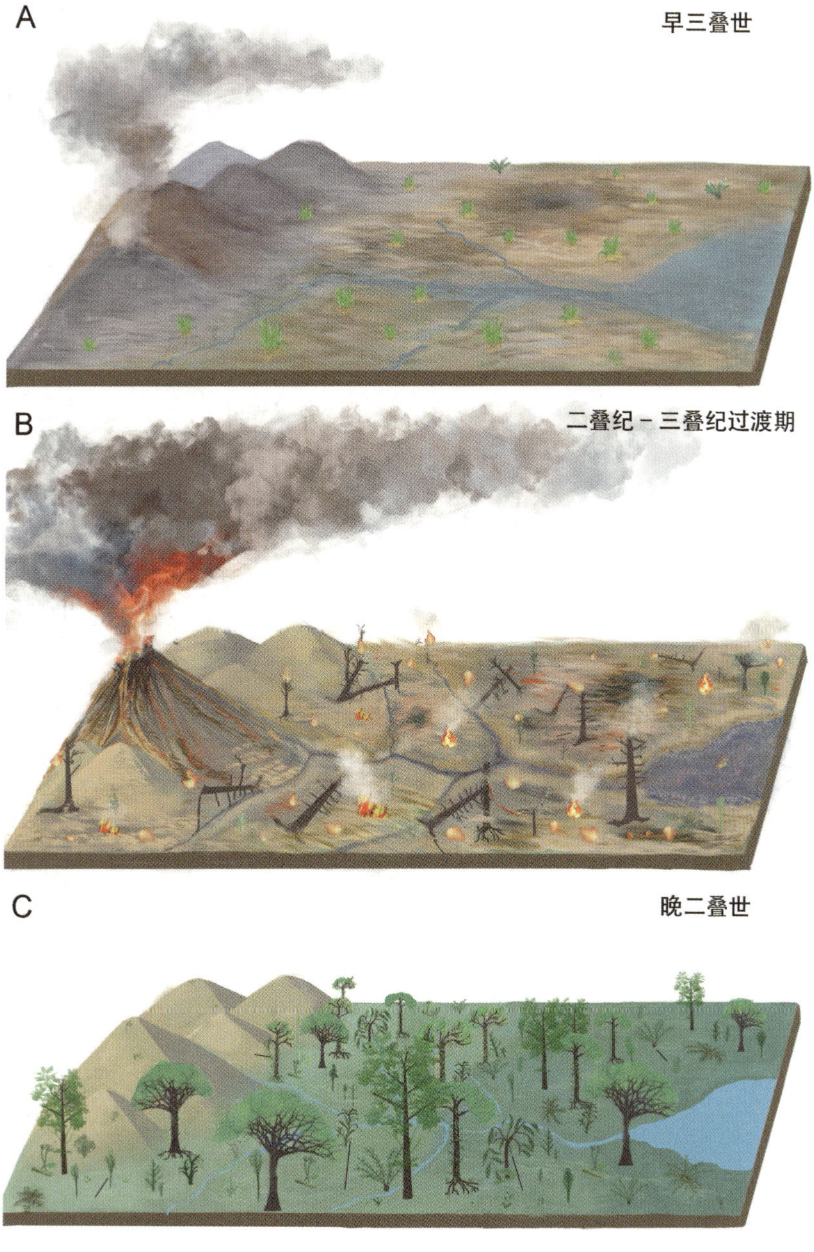

◆ 晚二叠世—早三叠世陆地生态系统重建复原图。（中科院南京地质古生物研究所 角升林 绘）

◆ 科研人员在贵州采集样品。（科研团队 供图）

中国科学院南京地质古生物研究所的研究人员与南京大学、云南大学的古生物学者合作并揭示了2.52亿年前生物大灭绝时期存在大规模高温野火燃烧事件，为了解该时期陆地生态系统的崩溃过程提供重要依据。

领导此项研究的中科院南京地质古生物研究所研究员张华介绍，2.52亿年前的二叠纪末生物大灭绝导致约81%的海洋生物和89%的陆地生物在很短时间内灭绝。在该时期，特提斯周缘强烈的酸性火山活动和西伯利亚大火成岩省通过释放大量温室气体和有毒气体，导致全球变暖，使得野火事件显著增加。“野火事件产生的多环芳烃有很强的化学惰性，能够在地层中长期稳定地保存，因此成为恢复古代野火事件最常用的一类指标。”

为深入了解二叠纪末期的野火事件对陆地生态系统崩溃和植被演替过程的影响，科研团队开展了详细的多环芳烃化合物分析工作。研究发现，在陆地二叠纪末大灭绝发生期间，多环芳烃含量显著增高，有机碳

同位素出现负异常，揭示在该时期高温且干旱的古气候条件下，存在大规模高温野火燃烧事件。在这些多环芳烃化合物中，部分低分子质量化合物源于生物降解，其异常富集程度还表明多环芳烃主要来自陆地植物的高温野火燃烧，燃烧的燃料由该时期的热带雨林植被系统提供。

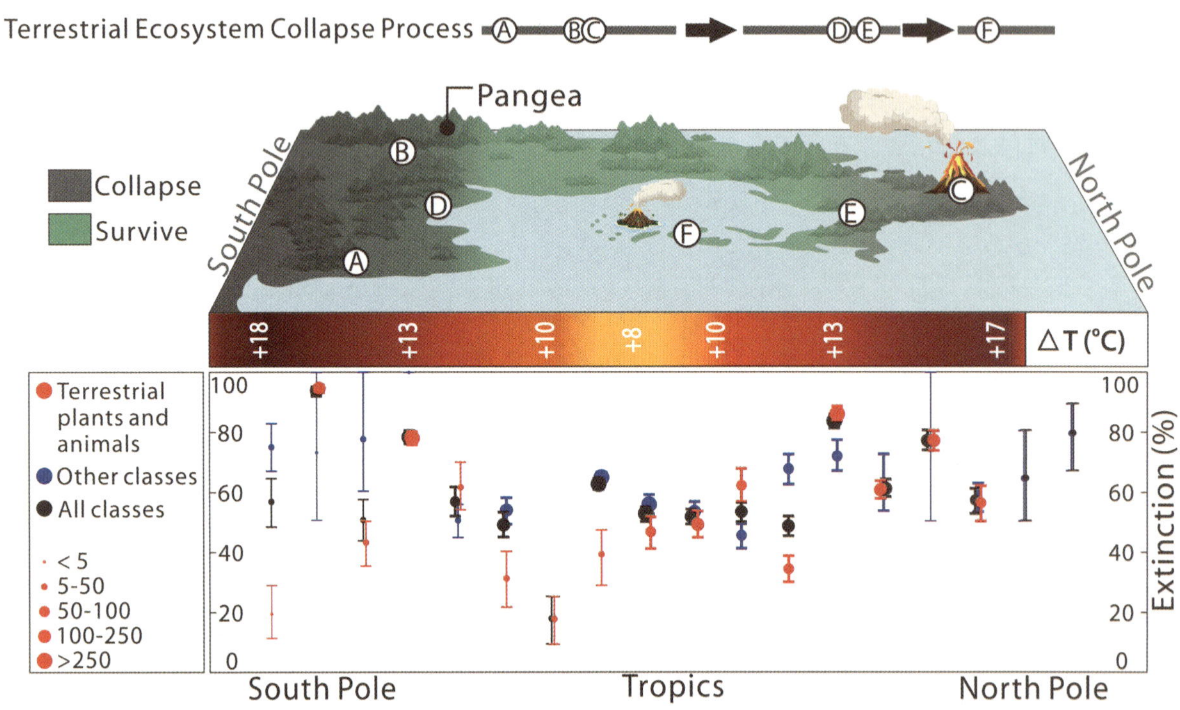

◆ 二叠纪末不同纬度带陆地生态系统崩溃过程模式图。（科研团队 供图）

现在的森林火灾和远古时期的野火事件有什么相同和不同呢？从火灾原因、影响范围等方面想一想吧。

2.5188 亿年前！赤道附近生物大灭绝有了更精确时间

中、美两国科研人员运用高精度同位素测年，最新测定了二叠纪末赤道等低纬度地区发生陆地生物大灭绝的时间。这一研究揭示了不同生态系统对环境恶化有不同的响应速度，有助于人们更准确地还原出生物大灭绝进程。

领导此项研究的中国科学院院士、南京大学地球科学与工程学院教授沈树忠介绍，发生在二叠纪末期的生物大灭绝是地质历史上最严重的一次大型灭绝事件，超过八成的海洋物种和约九成的陆地物种因此消失。此前科学界普遍认为，此次大灭绝发生在约 2.52 亿年前，但对于不同地区、不同生态系统的大灭绝进程，还缺乏更为细致的研究。

研究团队通过十余年的野外采样和高精度同位素测年，首次精确测定了二叠纪末期低纬度地区陆地生物大灭绝发生的具体时间。此外，研究人员还将不同纬度陆地灭绝和海洋灭绝的时间进行了比对，体现出不同生态系统在大灭绝期间的特点。

最新的采样测年显示，在二叠纪末期，赤道等低纬度地区的陆地生物大灭绝开始于 2.5188 亿年前。低纬度地区的陆地生物大灭绝，至少比海洋生物大灭绝开始的时间晚约 6 万年，至少比高纬度地区的陆地生物大灭绝开始晚约 43 万年。

研究人员还根据全球古生物大数据库，对大灭绝前后不同纬度带的生物多样性变化进行了分析。结果显示，低纬度地区不仅生物灭绝发生得较晚，灭绝率也相对较低，这可能说明当时低纬度地区的陆地生态系统具有更高的环境抗压能力。

“以最新的测年结果为依据，我们可以更精确地还原出 2 亿多年前那场生命浩劫的发生过程。在二叠纪末期，陆地生物大灭绝最早开始于高纬度地区，逐渐推进到中纬度、低纬度地区。而海洋生态系统的崩溃则有独特的规律，总体来说发生得更为迅速。”沈树忠说。

相关研究成果发表在国际学术刊物《科学进展》（Science Advances）上。

科学家揭秘 2.52 亿年前的海洋生物“统治之争”

约 2.52 亿年前，地球上发生了一次最大规模的生命灭绝事件，此后海洋中古生代类型的生物被现代型生物所取代，其中双壳类贝壳动物取代腕足类，全面接管了海洋生物群落。

这两类生物的“统治之争”缘何发生？中国地质大学（武汉）陈中强教授团队联合国内外合作者，利用高性能计算机进行古生态模拟分析，发现大灭绝事件与环境因素是导致这两类生物在海洋生物群落的统治地位上发生取代的根本原因，相关研究成果发表于国际学术期刊《自然·通讯》。

“化石记录显示，腕足类是古生代海洋中最常见的底栖生物，无处不在，双壳类在古生代海洋中则为边缘成员。大灭绝之后，两者的

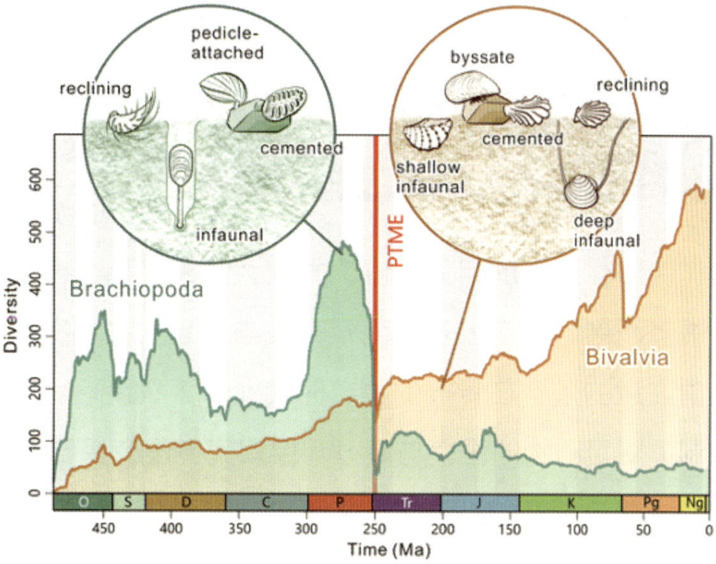

◆ 近 5 亿年来腕足类与双壳类的多样性变化。大灭绝前腕足类的多样性远高于双壳类，大灭绝后则相反。（陈中强教授团队 供图）

【生物小百科】

腕足类和双壳类生物在外形上有很大区别。腕足类有两瓣大小不一样的壳，而双壳类的两瓣壳通常是左右对称的。大家可以找一找身边有没有类似它们形状的物体呢？

地位发生了对调。更为神奇的是，这两类生物的取代事件与大灭绝同时，似乎发生在‘一夜之间’。”陈中强说，早在一个多世纪前科学家就关注此现象，但关于生物取代的驱动力一直悬而未决。

研究团队利用高性能计算机，对近 5 亿年来的近 33 万条化石记录进行了贝叶斯模拟分析，计算出这两类生物的长时间尺度的新生与灭绝速率。结果表明，两者在侏罗纪之前具有彼此相似的多样性速率演化趋势，证明两者均受到主要环境事件的影响。

贵阳生物群中发现的龙虾化石碎片。（代旭 摄）

此外，研究团队还利用多变量生灭模型，模拟不同生物与非生物因素对两者多样性演化速率的相关程度，发现大灭绝后整个海洋生物多样性的锐减促进了两者新生率上升，而双壳类与腕足类并不存在显著的竞争关系。值得注意的是，在转折的关键时期，即大灭绝后，急剧升高的海水温度限制了腕足动物的生存与复苏，但双壳类没有受到影响。

研究结果表明，2.52 亿年前的大灭绝事件对腕足类造成了灾难

◆ 贵阳生物群生态复原图。（杨定华 绘）

性打击，从而导致两类动物多样性的转换；双壳与腕足对外界环境耐受程度上的差异进一步加速了这一转变的发生。

“此研究强调了环境因素对生物宏演化历史的塑造作用，面对如今全球快速变化的气候环境，如何进行生物保护，避免腕足类悲剧的发生是迫切需要考虑的问题。”文章第一作者郭镇说。

2.5 亿年前化石宝库现世：展现史上最大生物大灭绝后的新世界

中国地质大学（武汉）宋海军教授团队在我国贵州省贵阳市及其周边发现一个距今 2.508 亿年的特异埋藏化石库——贵阳生物群。相关研究成果发表在《科学》杂志上。

宋海军介绍，贵阳生物群是目前已知的中生代最古老的一个特异

◆ 2021 年 10 月 13 日拍摄的澄江化石地世界自然遗产博物馆（无人机照片）。（新华社记者 陈欣波 摄）

2021年10月13日在澄江化石地世界自然遗产博物馆拍摄的寒武纪海底隧道。（新华社记者 陈欣波 摄）

埋藏化石库，当时距离地球地质历史上最具灾难性的二叠纪—三叠纪生物大灭绝，仅过去约100万年的时间。《科学》杂志的文章评审人认为，该发现为我们理解最大规模灭绝之后的生命恢复速度和模式提供了新的认识。

“贵阳生物群的发现可以追溯到2015年春天的一次野外踏勘工作。”宋海军说，当时其指导的学生代旭在一块黑色页岩中发现了一枚非常奇特的龙虾化石碎片，引起了团队的重点关注。之后，由代旭博士等人带队从2015年至2022年每年都在该地区开展野外工作，陆续发现了大量多门类化石，由此揭开了贵阳生物群的冰山一角。

为了弄清贵阳生物群的精确时代和生物面貌，团队成员在该地区开展了大量的地质工作，从古生物分类学、生物地层学、年代地层学、沉积学、沉积地球化学等方面入手开展了系统研究，已初步理清贵阳生物群的主要面貌、地层分布、埋藏年代、埋藏环境等信息。

◆ 2021年10月14日在澄江化石地世界自然遗产博物馆拍摄的奇虾化石。（新华社记者 陈欣波 摄）

截至2023年，贵阳生物群中已经发现了包括硬骨鱼、软骨鱼、牙形动物、海绵动物、双壳、菊石、腹足等十几个大类，总计40种不同的生物。从生态上看，贵阳生物群的营养金字塔已经很完整，此外还发现有大量粪便化石，表明当时的食物网已经较为复杂，生态结构已经很完善。“这进一步表明，二叠纪—三叠纪生物大灭绝之后的生态重建远比以往所以为的更快。”宋海军说，这有助于我们更好地认识极端气候条件下生物与环境之间的演化关系。

如今多彩动物世界的“蓝图”，5 亿多年前已经画好？

我们如今丰富多彩的动物世界从何而来？在这颗蓝色星球上，形形色色的动物构成的“生命树”已枝繁叶茂。而将时间的比例尺转换至以“亿年”为单位，这棵“生命树”最初的枝干何时出现？

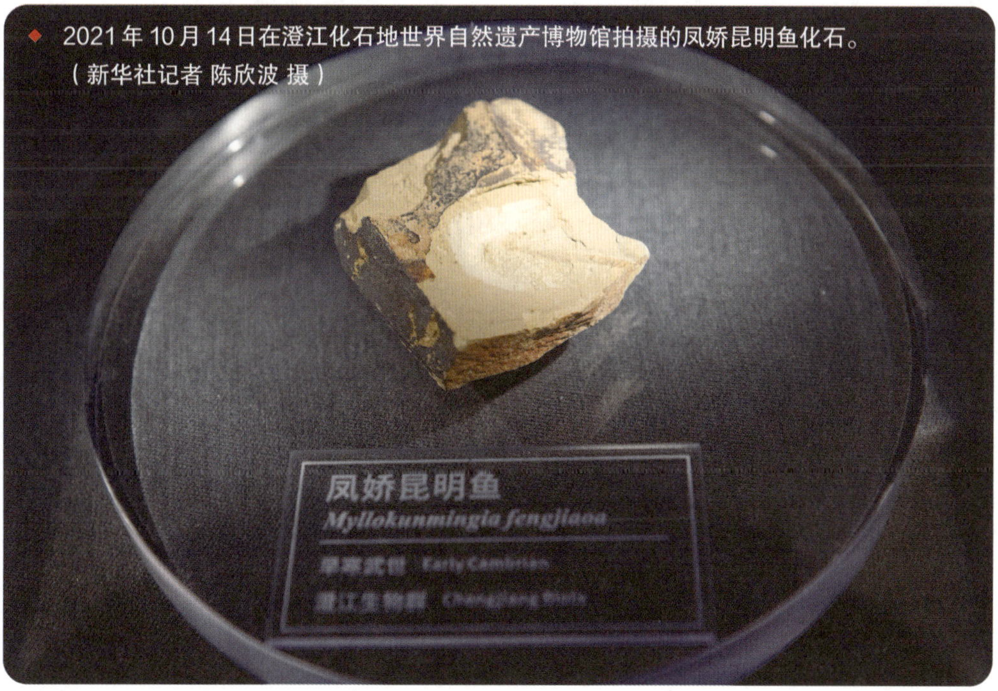

◆ 2021 年 10 月 14 日在澄江化石地世界自然遗产博物馆拍摄的凤娇昆明鱼化石。（新华社记者 陈欣波 摄）

【想一想】

寒武纪生命大爆发是如何发生的？为什么这一时期会出现如此多样的生命形式？

“追溯地球 38 亿年的生命演化历程，5 亿多年前的寒武纪生命大爆发是一个重要时间点。”中科院南京地质古生物研究所研究员赵方臣说，当时在约 2000 万年的时间里诞生了几乎所有的动物门类，爆发式地涌现出动物的原始祖先们。从这个意义上讲，寒武纪生命大爆发可以被看作是如今动物多样性的一个“起源点”。

在寒武纪早期，具有运动能力的动物们组成群落、相互竞争，物种的演化日新月异。而云南澄江生物群，正记录下了约 5.18 亿年前寒武纪生命大爆发最“巅峰”的时期，为相关研究提供了核心化石证据。

在澄江化石地世界自然遗产博物馆，可以“看到”5 亿多年前丰富多彩的动物世界——

当时澄江还是一片浅海，千奇百怪的动物有着不同的生活方式：有的在海底的泥里钻来钻去；有的用尾刺将身体锚定在海底，避免“随波逐流”；还有的漂浮在海面上捕食。“这里既有弱肉强食，也有共生关系。有固着在海底的海绵、海葵，也有长着腿可以行走、会游泳的动物，它们共同组成了一个多层次的海洋生态系统。”博物馆馆

◆ 2021 年 10 月 13 日，游客在澄江化石地世界自然遗产博物馆大厅“化石墙”前参观。（新华社记者 陈欣波 摄）

长陈泰敏说。

尽管当时大部分动物的体型在几厘米甚至更小，但海洋中已出现体型可达两米的“巨无霸”——奇虾。陈泰敏介绍，这是当时海洋中的霸主，尽管名叫奇虾，但却不是现代虾类的祖先。“因为它的身体太庞大，在地层里很难完整保存下来，科学家一开始只找到了它捕食用的螯肢，形状像一只没有头的虾，因此命名为奇虾。”

除了奇虾，行走在博物馆各个展厅，还可以看到在背上长有成对锋利刺、腹部长有成对的腿的怪诞虫，常以聚集的形式附着在其他动物壳体上的澄江龙潭村贝等“神奇生物”。据介绍，在寒武纪生命大爆发中，动物演化出了多种多样的身体构型，诞生了包括节肢动物、软体动物、刺胞动物、腕足动物等在内的 20 多个门类。

“当时的动物多样性有可能比现在还丰富。”赵方臣说，有很多寒武纪生命大爆发时期的奇特化石无法被归入已知的动物门类中。

“在寒武纪之前，动物构成身体所需的 DNA 都已具备，但 DNA 需要相互关联、形成基因网络，才能构建身体的形态。”赵方臣解释，寒武纪生命大爆发，就好比有了建材之后，盖出了房屋，这一时期，动物迅速找到了几十种内部结构高度稳固的身体构型。

以脊椎动物为例，在澄江化石地世界自然遗产博物馆，可以找到最古老的脊椎动物之一——一只 3 厘米左右的小鱼“昆明鱼”。陈泰敏介绍，虽然昆明鱼的个头很小，但它已经出现大脑、心脏和脊椎。

经过几亿年的演化，如今的动物在形态上与寒武纪时期已截然不同。在漫长的地质历史中，地球先后经历了 5 次生物大灭绝，也演化出诸多新物种。如今丰富多彩的动物世界，是否依然在寒武纪生命大爆发所描绘的“蓝图”中？

赵方臣解释，尽管许多物种出现又灭绝，但从大的门类上看，至今动物们依然在寒武纪生命大爆发时期所形成的“框架”中。

“比如节肢动物是一个门类，既包括昆虫，也包括虾、蟹等，它们的共同特征是身体分节、具有附肢，这个门类在寒武纪生命大爆发时期已经出现。”赵方臣说，此后地球经历的生物大灭绝都是小单元的出现和灭绝，再也没有大的门类产生。

在博物馆大厅高高的“化石墙”上，记者找到了一枚三叶虫化石。讲解员介绍，这种长着坚固甲壳、在寒武纪广泛存在的生物，在约 2.5 亿年前的二叠纪末期已经灭绝。

“在地质历史中，物种会因为不适应环境而自然灭绝，也会因为大的灾难而灭绝。”赵方臣说，而现在，一些物种由于人类活动而灭绝，这些物种的灭绝会导致整个生态环境的恶化，因此我们呼吁保护生物多样性。从这个角度看，2021 年在云南举行的《生物多样性公约》第十五次缔约方大会，从物种的演化角度也具有重大的意义。

穿越 5 亿多年的时光，这张动物世界的“蓝图”上已画满色彩，在目、科等层级上发展得更为多样，地球也因此更加生机勃勃。

2400万年间，青藏高原中部“长高”这么多

借助一株约2400万年前的“神奇小草”，中国科学院植物研究所的科学家重建了青藏高原中部2400万年前的高程与景观，这为揭开青藏高原抬升过程的神秘面纱提供了新的重要参考。相关研究成果发表在国际知名期刊《科学通报（英文版）》上。

近6500万年间，亚洲地区最重要的地质事件就是青藏高原的隆升。中科院植物所王宇飞团队与中科院古脊椎所、地球环境所相关团队合作，在研究了古、今温度和纬度差异变化的情况下，利用青藏高原中部伦坡拉盆地（现西藏那曲市域内）发现的、约2400万年前的苹属化石，测出了青藏高原中部当时的“身高”。

◆ 重建的 2400 万年前伦坡拉古湖及其周围的生态景观。（中科院植物研究所 供图）

依据苹属植物海拔分布上限，科学家确定了当时伦坡拉古湖平面的海拔上限不超过 3690 米。同时，依托化石同层的花粉组合数据，参考高原地区今天的花粉沉降规律，根据模型测算出古湖的海拔下限约为 2990 米。与今天当地约 4700 米的海拔相比较可以得出，2400 万年间青藏高原中部“长高”了约 1000 米至 1700 米。

结合其他古生物学和沉积学证据，研究人员“还原”了当时伦坡拉古湖周围暖温带针阔混交林的植被和生态系统。结果显示，当时的盆地内受印度季风的影响，水源充足、有湖泊。而同时期在高原北坡的塔里木盆地已经开始干旱化。这表明该时期高原中部的海拔高度已经能够阻断南来的水汽。

◆ 青藏高原中部伦坡拉盆地发现苹属化石的地层剖面。（中科院古脊椎所 供图）

“青藏高原不是整体性的一起抬升，我们的研究就是想弄清，各板块何时抬升到何高度，当时的生态环境是什么样的。”中科院植物所研究员王宇飞说，2400万年间，随着海拔升高，伦坡拉盆地从湖泊、森林变成如今的高寒草甸。今天，青藏高原仍在缓慢抬升中，解读青藏高原中部的抬升历史，可以为我们认识现在和未来青藏高原的生态环境变化提供参考。

曾让青藏高原中部水草丰美的风，咋没了？

水草丰美、森林繁茂，广阔的湖泊边是低矮的小草本，不远处则有高大的松、桦、栎，海拔较高处有冷杉和云杉，较低处生长有楝科等一些喜热的阔叶树种。这是今天亚热带山地的常见景象。很难想象，如今已是高寒草甸景观的青藏高原中部，曾经也有着这样的生态环境。

中国科学院植物研究所王宇飞团队与中科院古脊椎动物与古人类研究所邓涛团队及中科院地球环境研究所刘晓东团队合作，对2600万年至1600万年前的青藏高原中部气候研究发现，这里当时已经存在现代意义上的季风气候。相关研究成果发表在国际期刊《创新》上。

研究团队引入现代亚洲季风降水指标的概念与标准，利用高原中部伦坡拉盆地地层剖面中采集的花粉，重建了当地2600万年至1600万年前的温度与降水数据。数据显示，当时高原中部夏季和冬季降水的差值，约为240毫米至540毫米，夏季降水在年降水中的占比约为40%至60%，这和如今我国河南南部，安徽、湖北、江苏北部等亚洲季风区域的降水情况类似。

“当时高原中部海拔比现在低1000多米，来自印度洋的季风可以翻越群山、抵达高原腹地。丰沛的水汽带来了大的湖泊和繁茂的针阔混交林。”中科院植物所博士谢淦说。

是什么影响了青藏高原中部成为季风区？科学家发现，除了当时青藏高原的高度，地理位置也起到了至关重要的作用。研究发现，研究点所在的高原中部，2500万年前的位置比今天偏南约9至10个纬度，换算成直线距离约1000公里，这导致了当时当地夏季多雨、冬季干燥季风气候的出现。而随着高原的隆升和北移，季风渐渐无法“攀上”高原中部，导致今天当地已由受季风影响区转变为非季风区。

中科院植物所研究员王宇飞介绍，现在的亚洲季风，是与青藏高原的抬升历史密切关联的。此研究将现代亚洲季风的概念和降水指标引入到对古季风的界定与研究中，为理解亚洲季风的早期演化和驱动机制提供了新思路。

【知识补给站】

①亚洲季风的形成机制：亚洲季风的形成主要与海陆热力性质差异以及行星风系的季节性移动有关。在夏季，陆地升温快，形成低气压区；海洋升温慢，形成高气压区。风从海洋吹向陆地，带来丰富水汽，形成夏季风。冬季则相反，陆地降温快，形成高气压区；海洋降温慢，形成低气压区，风从陆地吹向海洋，形成冬季风。

②亚洲季风的影响范围：亚洲季风影响范围广泛，涵盖了东亚、南亚、东南亚等地区。在东亚，夏季风带来充沛降水，影响着农业生产和人们的生活；在南亚，夏季风为印度半岛带来大量降雨，对当地的水资源和生态系统至关重要；东南亚地区同样受亚洲季风影响，其气候和生态环境也因季风而呈现出独特的特点。

5.5 亿年前，柴达木盆地和华北曾是“邻居”？

中国科学院南京地质古生物研究所领衔的早期生命研究团队在柴达木盆地考察时新发现一个约 5.5 亿年前的远古化石群，这是迄今在青藏高原发现的最古老的化石生物群。化石证据表明，在 5.5 亿年前，

◆ 埃迪卡拉生物群化石复原图。（中国科学院南京地质古生物研究所 陈哲 绘图）

◆ 恰尼虫化石照片。（中国科学院南京地质古生物研究所 供图）

柴达木板块和华北板块很有可能是“近邻”。相关研究成果发表在国际地质学－地学期刊《地质学》上。

领导此项研究的中科院南古所副研究员庞科介绍，新发现的化石群位于柴达木盆地北缘的全吉山地区。化石群中的远古生物，生活在约 5.5 亿年前的埃迪卡拉纪晚期。这一时期，寒武纪生命大爆发尚未发生，但远古海洋里已经广布着各种复杂多样的软体生物，它们对研究早期生命的起源演化具有重要意义。

◆ 陕西迹化石照片。（中国科学院南京地质古生物研究所 供图）

此次科研团队在全吉山地区发现了众多埃迪卡拉纪典型生物——恰尼虫的化石。恰尼虫是一种形似树叶的生物，生活在海底。此外，化石群里还有丰富的埃迪卡拉纪条带状化石——陕西迹。陕西迹最早发现于我国陕西，是一种可以判定埃迪卡拉纪地层年代的典型化石。对比已发现的地层序列和化石产出，研究团队认为，柴达木板块与华北板块的地层情况非常相近。这表明，在 5.5 亿年前，这两个板块很可能是紧挨彼此的“邻居”。

“漫长的地质演化史中，不同板块经历了数次分分合合。5.5 亿年前，以现在柴达木盆地为主体的柴达木板块，与包括华北地区在内的华北板块还不是一块完整的大陆，而是挨在一起的‘近邻’。现在海拔 3000 多米的全吉山地区，在当时还是一片海洋。”庞科说。

3.5 亿年前，地球这场超长“冻灾”谁造成的？

中、英、德、美等国古生物学者 2021 年研究发现，种子植物的大规模繁盛是导致 3.5 亿年前地球超长“冻灾”的重要原因。这一发现为应对当前和未来的气候变化提供了重要参考。

领导此项研究的中科院南古所副研究员陈波介绍，在 46 亿年的地球历史中，曾发生过多次冷暖交替事件。约 3.5 亿年前至 2.7 亿年前的一次变冷，持续时间长、规模大，几乎让整个地球从“温室”变成“冰窖”，被称为“晚古生代大冰期”。

研究团队对这一时期化石中的碳、锶、氧等同位素开展详细分析，还原出“大冰期”前后大气中最主要的温室气体二氧化碳含量变化以及岩石风化和古温度变化规律，并结合种子植物多样性及分布变化判断，当时种子植物的

◆ 晚古生代大冰期的冰碛岩照片。（美国加州大学戴维斯分校 蒙塔涅斯 教授 供图）

◆ 现代种子植物。（中国科学院南京地质古生物研究所 供图）

大规模繁盛，可能是导致气候突然变冷的重要原因。

科研团队还原出的“大冰期”发生经过显示，“大冰期”发生前，种子植物的生长范围从中低纬度地区迅速扩展至高纬度地区。植物的大量生长和扩张，从两方面影响了大气中的二氧化碳含量。一方面，植物繁盛加速了岩石风化，风化使得硅酸盐和二氧化碳发生反应，形成碳酸盐沉积在海底。另一方面，植物的光合作用也会固定二氧化碳，形成有机质埋藏下来。这两种过程都会大量消耗空气中的二氧化碳，最终导致气候变冷。

“这一研究不仅有助于了解地球历史，还可能为当下应对气候变化提供参考。现在我们正经历又一次全球变暖的过程，亿万年前埋藏在地底的有机碳，如煤炭、石油等，又通过燃烧进入大气，空气中的二氧化碳含量增加，冰盖消融，这几乎与3.5亿年前发生的情况完全相反。要想影响、调节这一过程，人类并非束手无策。我们可以进一步研究陆地生态系统在调节气候中的作用，比如广植树木，利用植物的固碳功能为地球‘降温’。”陈波说。

相关研究成果发表在国际地学知名期刊《地球与行星科学通讯》上。

地球近十万年来最大规模陨石撞击坑，有多大？

依兰陨石坑夏季航拍图。（新华社发）

中国科学院广州地球化学研究所的研究人员在黑龙江省发现了地球近十万年来最大规模陨石撞击坑——依兰陨石坑。这也是继岫岩陨石坑之后我国境内发现的第二个陨石坑。

依兰陨石坑位于我国黑龙江省哈尔滨市依兰县境内，形态特征奇特，是一座月牙形环形山。这个碗形陨石撞击坑坐落在花岗岩体上，直径 1850 米，坑缘高出地表 150 米。陨石坑的大部分坑缘保存状态良好，但占总长度约三分之一的南部坑缘缺失。

中国科学院广州地球化学研究所研究员陈鸣表示，导致该陨石坑形成的星球撞击事件发生在约 4.9 万年前，基于对现有陨石坑资料的分析，依兰星球碰撞事件是地球近十万年来发生的一次规模最大的撞击事件。

“依兰陨石坑的形成与一颗直径约 100 米的小行星超高速撞击地表有关。这是一次极高强度的撞击事件，星球碰撞释放出的能量超过 1000 万吨 TNT 炸药的爆炸当量，引发了一次威力巨大的爆炸。”陈鸣说，撞击引起的冲击波将地表以下体积超过 4 亿立方米的花岗岩体瞬间撕裂成碎片并挖掘出一个巨大的碗形凹坑，形成的陨石坑真实深度与直径的比值达到地球同类型陨石坑之最。

陈鸣表示，这次撞击事件发生在旧石器时代中期末段，这个时期黑龙江中南部地区草原茂盛、森林密布、动物繁盛。该区域当时已有

依兰陨石坑冬季航拍图。（新华社发）

人类活动的踪迹，猛犸象一披毛犀动物群也是当时活跃的哺乳动物群，“这次星球撞击引发的巨大爆炸，导致了陨石坑及周边数十千米范围内的生态环境灾难。”

地球上已发现不少陨石坑，但这类地质遗迹在我国较为罕见。陈鸣表示，依兰陨石坑的发现不仅给我国行星科学的发展提供了重要的科研和科普基地，更拉近了人类与太空的距离。

相关研究论文由中国科学院广州地球化学研究所与奥地利维也纳大学的科学家联合撰写，作为封面文章发表在国际期刊《陨石学与行星科学》上。

西北一直干旱少雨？听听史前动物怎么“说”

干旱少雨，荒凉壮美的戈壁、沙漠，这是许多人对我国西北地区的印象。但这里一直是这样吗？把时间倒退回数千万年前，这里也曾

和政地区地层剖面。（和政古动物化石博物馆 供图）

水草丰茂、森林密布，巨犀、铲齿象等热带、亚热带动物先后在这里栖息繁衍。

西北地区为何会变为今天的模样？在数千万年的时间纬度中，这种变化又是如何发生的？

在位于甘肃省临夏回族自治州和政县的和政古动物化石博物馆，专家从史前动物的化石遗迹中找到了答案。

中国科学院古脊椎动物与古人类研究所研究员邓涛主要从事晚新生代哺乳动物、陆相地层和环境演变研究，他经常往返于甘肃省临夏州与北京之间。临夏地区因为特殊的盆地地形，保存了大量完整的远古哺乳动物化石。如今，和政古动物化石博物馆馆藏化石标本已超过3万件。

这些数量庞大的化石标本是解开西北气候变迁“密码”的重要线索。

◆ 这是复原后的三趾马骨架。（新华社记者 马莎 摄）

邓涛和他的研究团队发现，临夏盆地不同年代地质沉积层中的化石，先后指向了存在于本地区的 4 个不同的动物群，按照时间顺序，分别是巨犀动物群、铲齿象动物群、三趾马动物群和真马动物群。每个动物群又对应着不同的自然环境。“适者生存，每个时期的主导动物群都能适应当时的环境。”邓涛说。

由此，我们可以“解密”以临夏地区为代表的中国西北，乃至中亚内陆地区，在过去数千万年中，气候环境发生了怎样兴衰往复的变迁。

走进和政古动物化石博物馆，左侧一个史前动物的巨大复原塑像吸引了人们的注意力，它有长长的脖颈，站立时肩高可达 5 米。这就是巨犀，生活在距今 4200 万年至 2100 万年前，是一种体型高大的哺乳动物，以取食树冠顶部的树叶为生。“巨犀在茂密的森林里没法行动，可以推测，当时西北是以疏林为主的自然环境。”邓涛认为当时的气候比较温暖湿润，甚至有点炎热。

和政地区出土了大量铲齿象骨骼化石，博物馆拥有从三四个月到 40 多岁的铲齿象头骨，甚至还复原了一具铲齿象的骨架。专家介绍，铲齿象是继巨犀后在临夏地区发现的第二个大型动物群，它们生活的时代是全球暖期，温度比现在的平均温度至少高 4 摄氏度至 5 摄氏度。铲齿象以铲食水草为生，说明当时中国北方遍布湖泊、河流与茂密的森林。

而随着青藏高原隆升，全球暖期结束，铲齿象动物群迅速被三趾马动物群替代。在博物馆内，可以看到一具三

◆ 这是复原的三趾马生活场景。（新华社记者 马莎 摄）

◆ 这是埃氏马（真马的一种）复原骨架。（和政古动物化石博物馆 供图）

趾马复原骨架。与现代马不同，它的每条腿上有3个脚趾，擅长在开阔地带奔跑。据介绍，当时西北地区森林退化、草原兴起，特别适合三趾马种群生存。“那时候有点类似于现在的东非大草原，干旱而炎热。”邓涛说。

时间推移到距今250万年前，一种名为真马的种群出现，这也是第四个在临夏盆地出现的主导动物群。由于全球进入冰期，西北气候更趋干旱寒冷。“这一时期有大量食肉动物存在，它们是食草动物的天敌，奔跑、进食速度不如真马的三趾马动物群已不适应当时的环境。"邓涛解释，真马更类似于现代马，每只脚只有一个脚趾，这使得真马的奔跑速度更快。

"在我国西北地区，动物群的变迁不仅与全球气候密切相关，更受到青藏高原隆升这一地理因素的影响。"邓涛和他的团队发现，在青藏高原南北两侧，都有巨犀化石出土，说明当时高原远未隆升到现在的高度，巨犀动物群还能自由穿行。"我们推测当时隆升的高度在 2000 米以下。"邓涛说，而到铲齿象时代，高原南侧已无该种群分布的踪迹，表明高原已经隆升到阻碍铲齿象自由迁徙的高度，"可能在 3000 米以上"。

科学家通常根据动物的分布、身体结构、牙齿齿冠高低、食物类型等来判断当时的气候环境。而一些植物的花粉化石、孢子化石等则可佐证这一判断。

"临夏盆地是一个很特殊的地区，这里就像一部'高原史书'，完整记录下西北地区的气候变迁与青藏高原隆起过程。"邓涛说。

【连一连】

史前动物告诉了我们什么？

动物	西北当时的自然环境
巨犀动物群	以疏林为主的自然环境，气候比较温暖湿润，甚至有点炎热。
三趾马动物群	趋干旱寒冷
铲齿象动物群	遍布湖泊、河流与茂密的森林。
真马动物群	森林退化、草原兴起，干旱而炎热。

2.52亿年前的大灭绝，地球用了1000多万年才“活”过来

2.52亿年前的二叠纪末期大灭绝之后，陆地生态系统花费多长时间才恢复？陆地生物又是如何恢复的？2021年，中国地质大学（武汉）团队联合有关国际研究团队首次利用数学模拟等技术研究发现，大灭绝之后的陆地生态系统耗时1000多万年才得以恢复。这一研究还揭示了该阶段的生物复苏过程。

中国地质人学（武汉）陈中强教授的研究团队发现，2.52亿年前的大灭绝比其他灭绝事件对陆地生态系统更具破坏性，几乎每20个物种中就有19个灭绝，仅有5%的物种存活下来，生态系统需要重新建立。

◆ 复原图：二叠纪的丽齿兽咬杀吞食大型植食兽足类，然而，两者都在二叠纪末大灭绝中灭亡。（郭肖聪 绘）

◆ **复原图：二叠纪末大灭绝后陆地生态系统发生根本性变化，在大灾难中幸存下来的二齿兽一统江湖，成为陆地之王。（郭肖聪 绘）**

“大灭绝后，少数高级消费者和生态系统底层的微生物等幸存了下来。比如二齿兽，在此后一段时间里一统江湖，成为陆地之王。”陈中强解释，“但是食物链中间环节的断裂和残缺，使得地球陆地生态系统非常脆弱，难以承受恶劣环境带来的毁灭性打击，以至于地球要花上 1000 多万年的时间来慢慢恢复往日的生机。”

陈中强介绍，团队首次运用生态系统数学模拟技术，运用计算机编程技术和计算系统，针对产自我国新疆地区二叠系—三叠系地层中数万多条化石记录信息，进行大数据分析。

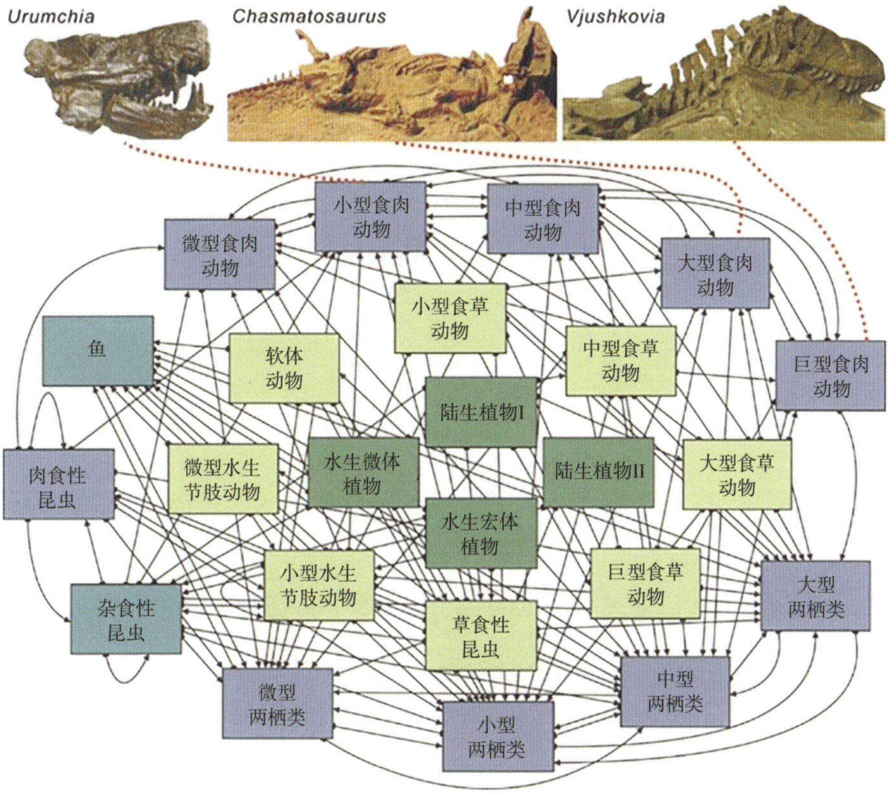

◆ 科研人员制作的古食物链网络图。（陈中强研究团队 供图）

“通过系统研究生物化石保存的形态功能特征、牙齿、胃容物和粪便化石，可以知道不同生物之间的捕食关系。”陈中强解释，把古食物链金字塔分为初级生产者、初级消费者、次级乃至高级消费者等关系，就像人们熟悉的大鱼吃小鱼，小鱼吃虾米。

研究中的古食物网由植物、软体动物、生活在湖泊中的昆虫、鱼类、两栖类和四足动物构成。这些四足动物小到蜥蜴类、大到巨型植食性动物，其中也包含掠食者。当这些动物灭绝后，接下来的1000多万年间，没有生物接替它们的位置，从而形成了极不稳定、脆弱的陆地生态系统。此后，恐龙和哺乳动物在三叠纪晚期开始出现。

1亿年前恐龙留下一串脚印，科学家测出了它的时速

距今约1亿年前，晚白垩世早期，一只恐龙生活在炎热潮湿、植被茂盛的水网地带。它踩出的一串9个脚印，化作了珍贵的恐龙足迹化石。

2021年，浙江自然博物院金幸生团队与日本福井县立恐龙博物馆的同行，在国际专业地学期刊《白垩纪研究》在线发表了对这片化石的研究成果。他们的其中一项工作，就是为这只恐龙“测速”。

“交警可以从刹车时轮胎的摩擦痕迹推测车速，刑警可以从脚印推测嫌犯的身高，我们也能根据恐龙足迹，推算出恐龙当时是在跑还是在走，速度多快。”金幸生研究员说。

金幸生团队2019年在浙江义乌发现了这片化石，

其足迹与四川伶盗龙足迹相吻合。伶盗龙属于恐爪龙类，它们后脚第二脚趾的爪子特别大，高高抬起，一般不着地。因此，恐爪龙行走时，后脚只有第三、四趾着地，脚印是非常典型的二趾结构。

研究者测量了恐龙足迹的长宽、两趾间角度、单步长和复步长。金幸生说，虽然恐龙不能复活，但是通过研究现生动物的行走方式，学界已有一套较成熟的数学模型：用足迹长度推算出身高，再用身高和复步长推算出行走速度。

要解答测速“应用题”，还要先做“选择题”。恐爪龙又分为驰龙和伤齿龙两类。两者后肢与身材比例不同，推算出的身高也不同。虽说足迹与属于驰龙的伶盗龙一致，但是“本尊”不能简单定性为伶盗龙，科学家要充分考虑已知条件。

发现的恐龙足迹化石。（金幸生研究员 供图）

如果它是驰龙，推算出的身高是 51.8 厘米，行走速度是每小时 6.1 公里；如果它是伤齿龙，推算出的身高是 65.6 厘米，行走速度是每小时 4.6 公里。总之，它当时是闲庭信步，既没在捕食，也没在逃命。

多年来，浙江自然博物院联合省内的县市博物馆及日本福井县立恐龙博物馆，在浙江开展了大量野外考察，发现和保护了一批古生物化石。金幸生说，浙江之前发现过蜥脚类、鸟类、非恐爪龙类兽脚类和翼龙类等足迹化石，这是浙江首次发现恐爪龙类恐龙足迹化石。

◆ 驰龙复原图。（金幸生研究员 供图）

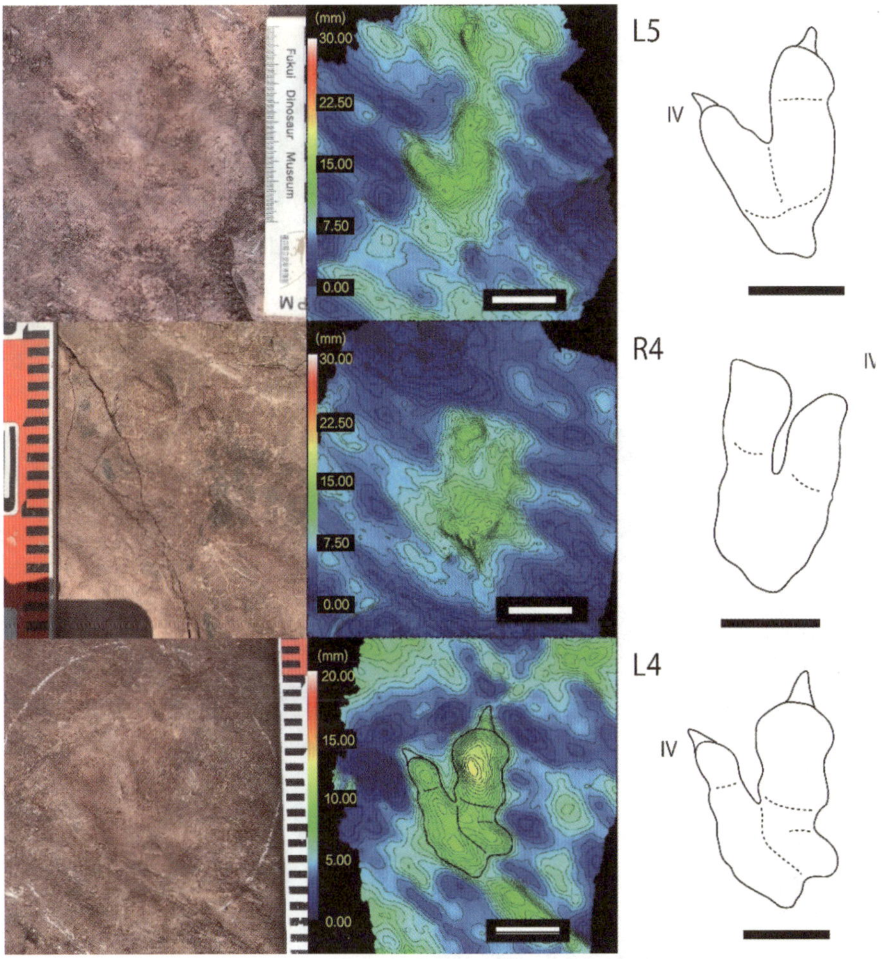

◆ 部分脚印的照片、3D 扫描和线描图。
（金幸生研究员 供图）

◆ 伤齿龙复原图。（金幸生研究员 供图）

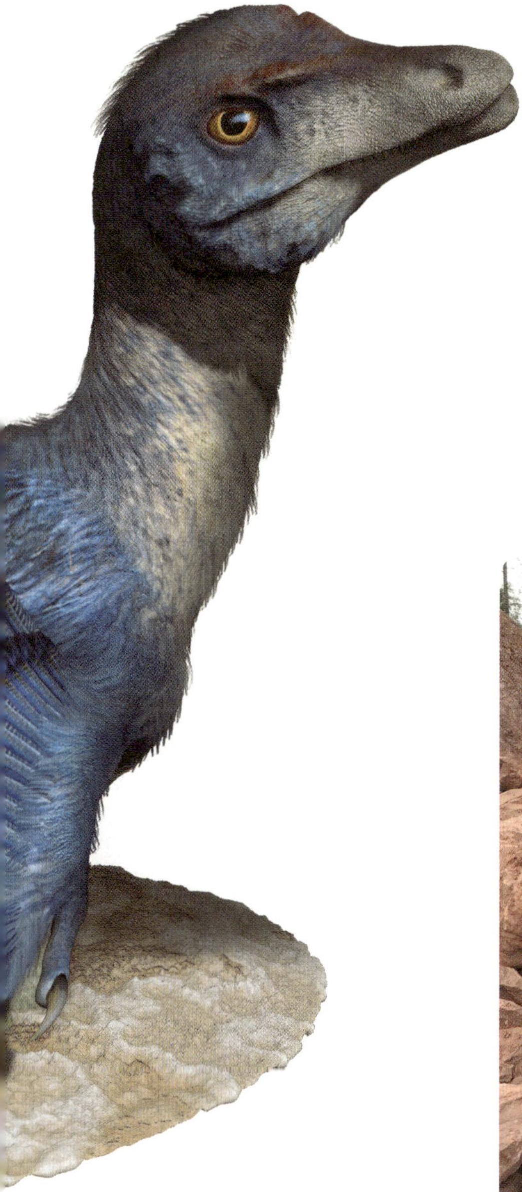

浙江自然博物院的古生物专家 2019 年在义乌进行野外考察。（金幸生研究员 供图）

早侏罗世，这只恐龙宝宝因何夭折？

2021 年，在距今约 2 亿年的我国云南禄丰县早侏罗世地层中，科学家发现了一具溺亡的 3 岁蜥脚型类恐龙化石。该发现发表在国际期刊《地质学报》上。

这具恐龙宝宝化石体长约 1.7 米，包括部分头骨，完整的颈椎、背椎和掌骨，以及股骨远端和胫骨近端。它的牙齿呈叶状，可推测是一类植食性恐龙，食物主要是蕨类和松柏类的嫩叶。

“骨组织学研究表明，这只恐龙正处于个体发育早期，我们通过与世界上其他原始蜥脚型类恐龙幼体比对，认为它大约在 3 岁左右。”论文作者之一、云南

◆ 恐龙幼体部分骨骼化石。（云南大学博士生 李洪清 摄）

大学教授毕顺东说。

为什么恐龙宝宝的化石较少被发现？毕顺东解释，恐龙一般 20 岁成年，寿命大约在 40 岁至 50 岁之间，其幼体和人类儿童类似，骨骼纤细，因此在地层中不易被保存，所以学界对恐龙宝宝的形态特征和个体发育知之甚少。

从出土情况看，“这只恐龙宝宝可能是被洪水淹没溺亡的。”毕顺东说，它肯定在泥淖里拼死挣扎过，但最终还是沉没了。但也正因为这一“非正常死亡”，较为完整地保留下了它的大部分骨骼，我们才有机会去研究它。

值得一提的是，学者通过研究还发现，该标本不属于任何已知属种，也许属于某个蜥脚型类恐龙新家族。

云南禄丰是我国恐龙化石发现最多的地区之一，当地发现的早侏罗世恐龙也成为我国目前已知最古老的恐龙类群。

◆ 恐龙幼体的头骨化石。（云南大学博士后 Claire Peyre de Fabrègues 摄）

超“迷你”！这个比 1 角硬币还小的脚印竟是恐龙留下的

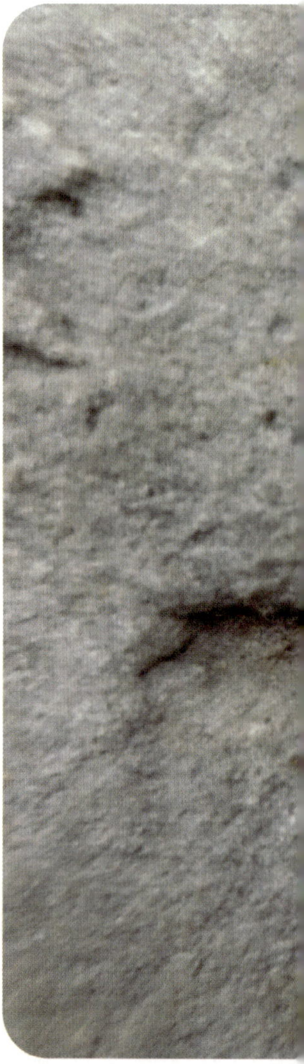

2021 年 6 月，由中、美、德等国古生物学家组成的国际研究团队宣布在四川自贡发现了一个长仅 10.2 毫米的微小恐龙足迹。这是中国境内发现的最小恐龙足迹，可能揭示了兽脚类恐龙的早成或超早成的发育策略。相关成果发表在国际古生物学期刊《历史生物学》上。

这个恐龙足迹发现于四川省自贡市富顺县永年镇五里村，长 10.2 毫米、宽 9.6 毫米，有三个明显的趾头，其中第 Ⅲ 趾最为突出，没有清楚的趾垫，每趾上都有一个相对较钝的爪印。该足迹是目前中国记录的最小恐龙足迹。

古生物学家认为，同一块岩板上连同这个足迹一起被发现的 40 多个三趾型足迹都属于跷脚龙足迹类，跷脚龙足迹常见的尺寸小于 15 厘米。

◆ 长仅 10.2 毫米的微小恐龙足迹和一角钱硬币的尺寸对比。（自贡恐龙博物馆 供图）

◆ 跷脚龙复原图。（作者神楝，自贡恐龙博物馆 供图）

“跷脚龙是一种小型肉食恐龙，是侏罗纪早期比较常见的一类恐龙。这些脚印形成于约 1.9 亿年前，当时四川盆地还是一片湖泊，自贡处于湖滨的位置。”自贡恐龙博物馆江山副研究馆员说。

与绝大多数微小型兽脚类恐龙的足迹一样，这一足迹究竟来自刚出生的小恐龙还是成年的小型恐龙仍然没有定论。但古生物学家倾向认为这个微小足迹是由刚出生不久的小恐龙留下的，造迹者体长估计约为 12 厘米，大致相当于现代麻雀的大小。岩板上保存了一系列大小不一、但形态相对一致的足迹，他们认为这可能代表了不同发育阶段小型兽脚类恐龙的足迹集合。

如果富顺微小足迹确实记录了幼年兽脚类恐龙在生命非常早期所留下的足迹，这很可能表明了一种早成或超早成的发育策略。在现生动物中，一些早成或超早成动物，如大多数陆禽、游禽的雏鸟，从卵

◆ 保存恐龙足迹的岩板照片。（自贡恐龙博物馆 供图）

◆ 最小足迹的 3D 图（右上）和轮廓图（右下）。（自贡恐龙博物馆 供图）

壳中孵化出来时眼睛已经睁开，全身有稠密的绒毛，腿部有力。其在一天内，甚至几个小时内就可以跟随亲鸟去觅食。

该研究由自贡恐龙博物馆、中国地质大学（北京）以及来自美国、德国、澳大利亚的古生物学家共同完成。

“巨龙时代”的逆生长：这类恐龙为啥体型突然变小？

> 【想一想】
>
> 为什么瓦雷斯龙类会出现逆生长现象？这种逆生长它们的生存和演化有什么影响？

白垩纪可谓是“巨龙的时代”。这一时期恐龙间的竞争日趋激烈，相当多的兽脚类恐龙走上大型化，甚至巨型化的演化道路。然而，科学家于2021年发现，在这些庞然大物中间，有一类神秘的恐龙——阿尔瓦雷斯龙类，体型却在较短的时间内急剧缩小了。这种变化可能与它们的“食谱”由蜥蜴等小动物转变为白蚁等社会性昆虫有关。相关研究成果发表在国际知名期刊《当代生物学》上。

中国科学院古脊椎动物与古人类研究所研究员徐星介绍，阿尔瓦雷斯龙类是一类小型兽脚类恐龙，是我们熟悉的鸟类的远亲。它们体型纤细，有修长的双腿和一双“小短手”。这

◆ “漫”话恐龙演化史——阿尔瓦雷斯龙类的小型化故事。（烨子 绘 中科院古脊椎所 供图）

类恐龙的化石在亚洲、欧洲和南北美洲都有分布，化石记录从距今 1.6 亿年左右的晚侏罗世一直延续到白垩纪末期，之后与大部分非鸟类恐龙一起灭绝。

此次研究发现，阿尔瓦雷斯龙类的小型化，并不是缓慢逐渐发生的，而是在较短的时间内出现了体重的急剧下降，这一过程主要发生在距今 1.1 亿年到 8500 万年间。“早期的阿尔瓦雷斯龙类体型相较于霸王龙等而言，也是很小的，体重约 5 千克至 50 千克，也就是火鸡到小鸵鸟的大小。而小型

◆ 四种代表性的阿尔瓦雷斯龙类的生态复原图，展现不同演化阶段阿尔瓦雷斯龙类恐龙体型和食性的差异。（韩志信 绘，中科院古脊椎所 供图）

化之后，体重变为约 0.5 千克至 5 千克，大部分体型要小于鸡，甚至和鸽子差不多大。”论文第一作者、英国布里斯托大学博士生秦子川说。

阿尔瓦雷斯龙类为何出现了这样的“逆生长”？此次研究发现，阿尔瓦雷斯龙类的小型化，恰逢彻底改变陆地生态系统的重大环境事件——白垩纪陆地革命的发生。

当时，有花植物开始占领陆地，生态环境发生巨变。伴随有花植物的繁盛，白蚁、蚂蚁、蜜蜂等社会性昆虫开始繁荣起来。而与此同时，阿尔瓦雷斯龙类开始了它们的小型化过程。这种时间上的吻合表明，阿尔瓦雷斯龙类的小型化过程有可能与它们从肉食性或杂食性，转变为虫食性有关。

“一般认为，小型兽脚类恐龙是机会主义者，有吃的应该都不会放过。一些早期的阿尔瓦雷斯龙类可能吃蜥蜴等小型动物。”秦子川说，“晚期的小型阿尔瓦雷斯龙类有点类似现在的小食蚁兽。它们可能是用粗壮的前肢挖掘和破坏朽木、泥巢等白蚁生活的地方，然后再进食白蚁。它们的吻部前侧不发育牙齿，这可能是为较长的舌头留下伸出的通道，以便粘食蚁类。”

至于阿尔瓦雷斯龙类为何发生这种转变，研究人员推测，高强度的生态竞争可能是一个原因，

◆ 白垩纪末期中国发现的一种仅有一个手指的小型阿尔瓦雷斯龙类——单指临河爪龙。（中科院古脊椎所 供图）

因为在同时间内，阿尔瓦雷斯龙类的不少远亲都在逐渐大型化，有些体重上升两到三个数量级。到了白垩纪末期，大型食肉动物的生态位应该已经“人满为患”，而阿尔瓦雷斯龙类的“逆生长”为生存赢得了一定空间。

不过，研究员表示，要具体证明阿尔瓦雷斯龙类食蚁假说，尚需要更多来自功能学和生态学的证据。该研究由中国科学院古脊椎动物与古人类研究所、英国布里斯托大学、美国乔治·华盛顿大学和南非金山大学合作完成。

我们在大运河边“修恐龙”

◆ 浙江自然博物院安吉馆展示的恐龙骨架化石。（郑文杰 供图）

在浙江自然博物院安吉馆，一副近乎完整的中国缙云甲龙骨架化石是不少观众必看的展品。它是目前我国南方地区发现的保存最完整的甲龙类化石。

很难想象，在与观众见面前，它埋藏在地层里，已经“散架”了近1亿年。是浙江自然博物院的研究人员和技术人员把这头恐龙“修”好的。

他们“修恐龙”的工作室就在京杭大运河边上，浙江自然博物院武林馆区的地下库房里。目前，这个团队正在“修”另一头恐龙。在两张工作台上，技术人员余潮河和刘安浩各自手持气动笔，细心地在恐龙化石上打磨。

“现在做的工作就是用气动笔把围岩从化石上剥落下来。”浙江自然博物院副研究馆员郑文杰说。

有的恐龙死亡后，遗体被泥沙覆盖，肌肉腐烂后留下骨骼，在漫长的岁月里，骨骼变

◆ 刘安浩用气动笔修复化石。（新华社记者 冯源 摄）

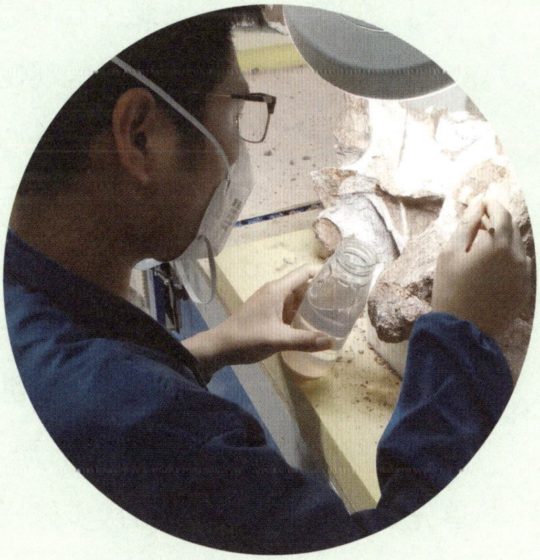

◆ 刘安浩在给化石涂保护试剂。（新华社记者 冯源 摄）

成化石，和它周围的沉积岩牢固地结合在一起。郑文杰说，恐龙化石修复的主要工作，就是要尽可能多地剥离围岩，让化石呈现出来。

“修复工作要非常细心静心，有时一节椎体就要花上一个月的时间。”刘安浩一边和记者讲述自己的心得，一边给化石露出的部分涂上保护试剂。有时化石开裂了，还要在裂缝里注入黏合剂进行加固。

“现在的工作，是室内精细修理和保护阶段。”浙江自然博物院研究馆员金幸生说，恐龙化石修复一般分 5 个阶段，首先是野外发掘保护和初步修理，然后是室内精细修理和保护，接下来要做科学研究、骨架复原和整体复原。

“化石的野外发掘是个由粗到细的过程。”金幸生说，“一开始可以用机器把化石外围的大块岩石切下来，接下来

就要像石匠一样，纯手工操作，一点点去凿了。”有的时候，化石在地层里就露出一点儿，下一步往哪个方向挖，如何不伤到化石，靠的全是研究人员的知识积累。

恐龙的骨架在地层里会被挤压，也会散架，能够找到一副基本完整的恐龙骨架化石是非常难得的，特别是恐龙头骨。金幸生说：“很多恐龙块头大，但是脑袋特别小，骨头特别薄。而且恐龙的头骨是许多小骨头‘拼’起来的，很容易散开。要能有一件‘龙头’出土，它绝对能去当‘镇馆之宝’。”

◆ 成功修复的中国缙云甲龙化石。（郑文杰 供图）

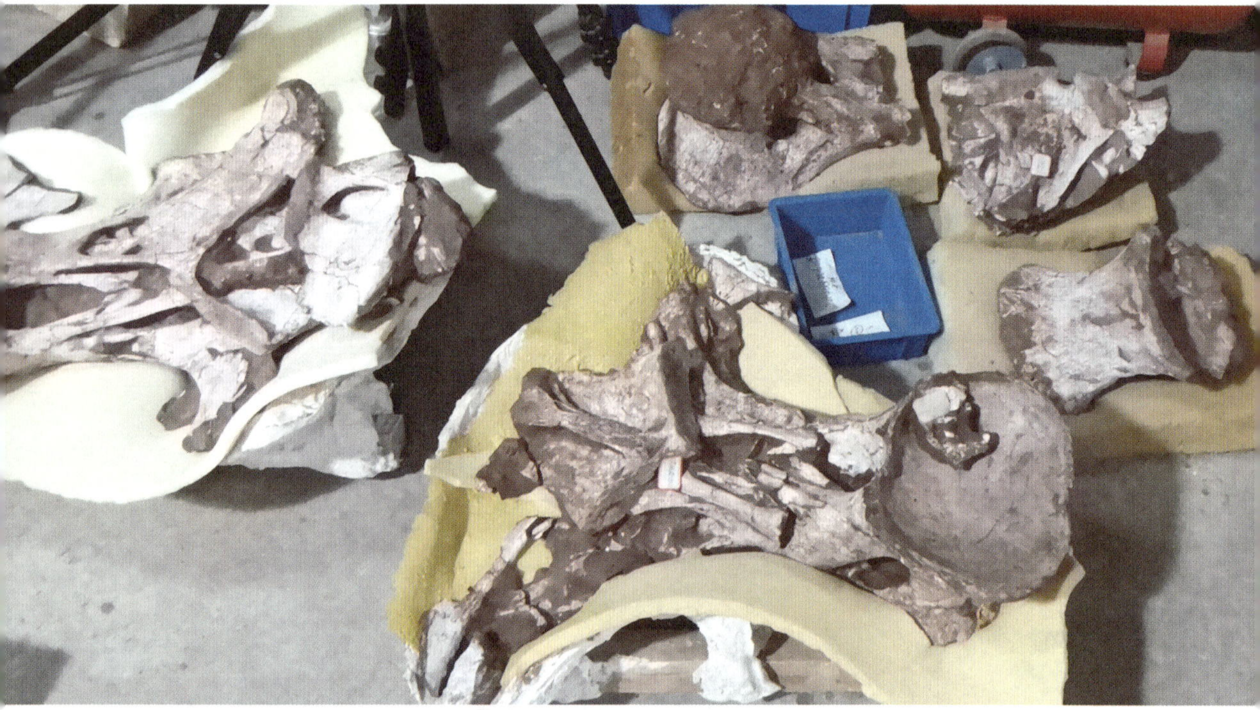

◆ “散架”的恐龙骨架化石。（新华社记者 冯源 摄）

在修理中国缙云甲龙化石时，郑文杰就有了这样的惊喜。“当时一点点地把头骨从围岩中剥离出来，真是非常高兴。”他指着一台双筒显微镜告诉记者，为了修好头骨，他们还要在显微镜下，用超声波修复笔进行修复。

“最后大家看到的完整的恐龙骨架是用铁架子托起来的，所以化石修复既是个动脑的活儿，又是个动手的活儿，石匠、木匠、电焊的技术都要懂一些。”金幸生说。

中国缙云甲龙化石是 2008 年至 2014 年在浙江省缙云县壶镇陆续挖掘出土的。从 2013 年到 2019 年，浙江自然博物院的 4 人团队花了 6 至 7 年时间，共修复了 5 头甲龙的化石，一共有 300 多件。他们首次在浙江发现了甲龙类恐龙尾锤化石、近乎完整的甲龙头骨化石，还同时发现了甲龙成年和幼年个体化石。

正在修复的这头恐龙的化石，也是和中国缙云甲龙化石一起出土的。金幸生估计，它应该是个大块头，估计有十几米长、几十吨重。“化石从缙云运到杭州，装了两卡车。”

从 1962 年浙江首次发现恐龙化石以来，目前全省已有至少 16 个县（市）发现了恐龙化石，且发现了 7 种新的恐龙化石。同时，浙江还发现了不少恐龙蛋化石和恐龙足迹化石。

我们为什么要保护古生物化石？两位研究人员告诉记者，古生物化石是地质工作者研究地层的重要“路标”。而它更大的意义还在这里——

“如果把地球的历史浓缩成一天，人类只在最后的短暂时间里‘拥有戏份’。研究古生物可以帮助我们更好地了解地球生物的演化过程，知道人类从何而来，明白人类在自然界中的地位。”郑文杰说。

“现在许多人都知道，恐龙灭绝的原因很可能是小行星撞击地球。研究古生物，还可以帮助我们研究远古自然界中的巨变灾变，也许未来的人类也会碰到灾变，现在的研究不断积累起来，会给子孙后代提供依据。”金幸生说。

1.9 亿年前
恐龙频频"光顾"这个地方，咋回事？

2021 年，云南大学脊椎动物演化研究院研究团队在云南滇中盆地发现了一处约 1.9 亿年前早侏罗世晚期的兽脚类恐龙足迹点，这也是目前云南发现的最大兽脚类恐龙足迹点。相关成果已在国际学术期

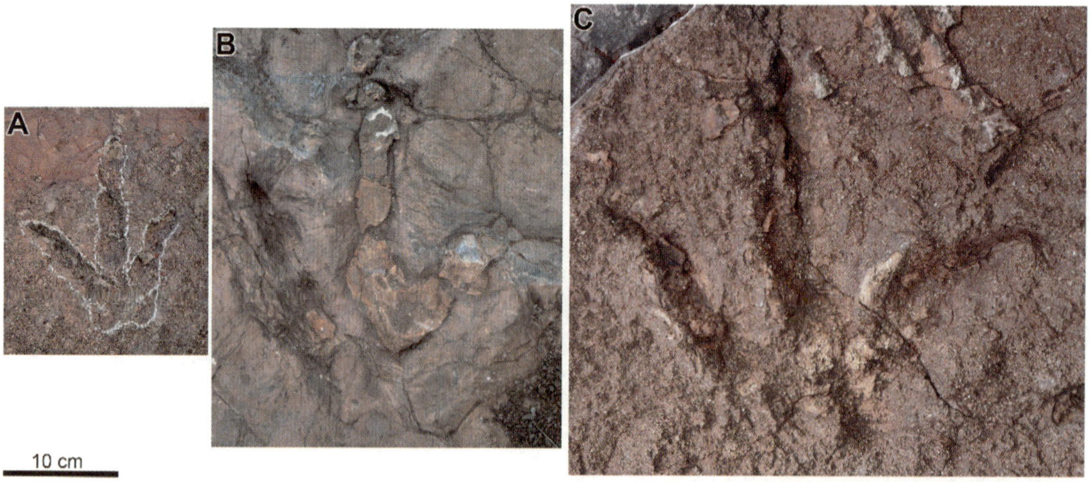

◆ 此次研究发现的兽脚类恐龙 A、B、C 三种足迹类型的代表照片及线描图。（云南大学 供图）

刊《PeerJ》在线发表。

据该研究团队介绍，云南滇中盆地有着丰富的恐龙化石资源。通过对恐龙足迹化石进行研究，可以推测恐龙行进速度和步态、运动能力、社会性、栖息环境及地表基质的状态等。

此次在一套以泥岩为主的岩层序列的不同岩层之中共发现 120 个三趾型足迹，经鉴定均属于兽脚类恐龙足迹。研究者推测，这些足迹属于早侏罗世晚期，当时这里处于热带一亚热带湖滨环境。所有的足迹在尺寸、形态和保存状况上各不相同。保存状况较好的足迹被分为 A、B、C 三个类型，其中 C 型足迹为大型足迹，仅发现一个，其趾迹较为纤细，趾间夹角大，有两个跖趾垫印迹。

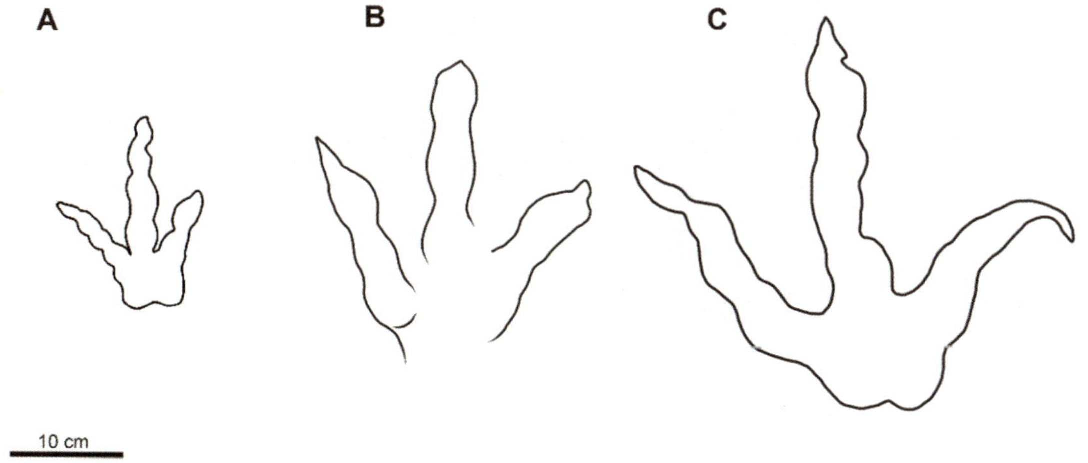

◆ 此次研究发现的兽脚类恐龙足迹点复原图。（云南大学 供图）

研究人员通过比对分析，发现同样出土于滇中盆地早侏罗世的盘古盗龙和中国龙为足迹点的潜在造迹动物。由此推断，较大的 B、C 型足迹可能属于体型更大的中国龙，而较小的 A 型足迹则可能属于盘古盗龙等小型兽脚类恐龙。

研究人员表示，兽脚类恐龙一般不会迁徙，而是有自己的领地。大小不同的足迹暗示了不同大小和类群的兽脚类恐龙曾在该区域内活动，它们可能是被此处的水源或食物所吸引。此外，恐龙的足迹要经过干燥、被新的沉积物掩埋才能留存下来，该足迹点的足迹保存于多个岩层中，表明该地区可能曾遭受周期性的干燥与洪水事件，同时也暗示不同时间段的恐龙曾不断造访此地。

◆ **科研人员发现兽脚类恐龙足迹点现场。（云南大学 供图）**

◆ 研究人员在兽脚类恐龙足迹点进行科考工作。（云南大学 供图）

目前云南产出的恐龙骨骼化石大多属于基干蜥脚型类恐龙，兽脚类恐龙较少。那么，为什么这个区域只发现了兽脚类恐龙的足迹，而没有蜥脚类恐龙的足迹？研究人员分析，兽脚类恐龙大多为肉食性恐龙，而蜥脚类恐龙大多为植食性恐龙，该足迹点有可能属于兽脚类恐龙的活动区域，因此，蜥脚类恐龙不会靠近这里。

研究人员表示，此次发现的兽脚类恐龙足迹可以为云南兽脚类恐龙多样性、行为及地理分布等问题提供证据，对研究该地区古生态具有重要价值。

破解“寒武霸主”演化之谜，科学家发现新证据

2022 年，云南大学宣布，由中国、美国、德国研究人员组成的国际研究小组使用显微 CT 扫描及计算机三维复原技术，发现了包括三叶虫在内的所有三叶形虫类祖先类群可能具有的形态特征，为三叶虫的早期演化及生态适应研究提供了新证据。

据研究人员介绍，三叶虫是寒武纪海洋中的霸主，在地球上生存了近 3 亿年才灭绝。三叶虫共报道有约 2 万个物种，如此高的分异度以及如此长的时间跨度，使三叶虫在古生物类群中的知名度很高，对三叶虫的研究也一直是古生物学研究中的热点。

尽管三叶虫物种数量如此之多，保存有关键结构的化石标本却屈指可数。化石的保存方式和保存质量极大地限制了古生物学界对三叶虫早期演化及生态适应的认识。因此，研究人员把目光投向了与三叶虫亲缘关系接近、形态类似的其他三叶形虫类动物。

◆ 产自世界各地的各类三叶虫。（云南大学 供图）

使用先进的显微 CT 扫描及计算机三维复原技术，研究人员对距今约 5.18 亿年前的云南澄江生物群中产出的稀有节肢动物物种——达子小盾形虫化石标本进行了高清扫描及精细复原，结果令人震惊。

达子小盾形虫体长仅 2 厘米，具有扁宽体形。研究显示，达子小盾形虫的附肢结构比原先所知的要复杂得多。其头部附肢除触角外，其余 4 对均具有特化现象，前 3 对的外肢呈细长杆状，基节内侧光滑，第 4 对外肢呈手掌状且具有带刚毛的片状结构，基节内侧具刺；躯干附肢及尾部附肢的外肢也呈手掌状且具有带刚毛的片状结构，基节内侧同样具刺，但内肢更为粗壮且末端爪有细刺。

◆ **达子小盾形虫复原图。（云南大学 供图）**

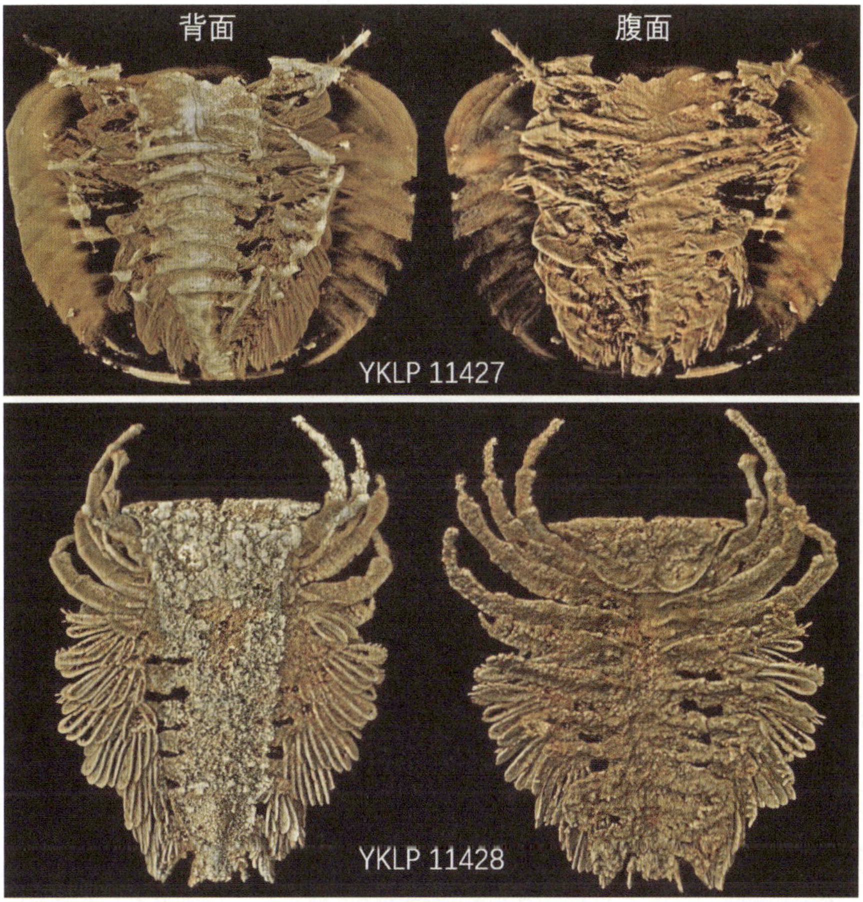

◆ 达子小盾形虫基于 CT 扫描数据的计算机三维建模。（云南大学 供图）

研究人员介绍，此次研究所发现的附肢形态应该是包括三叶虫在内的所有三叶形虫类的祖先类群形态特征，相关研究也为三叶虫的早期演化及生态适应研究提供了新证据。

1.9 亿年前这种身穿“铠甲”的恐龙，长啥样？

有甲类恐龙，是恐龙中十分受人关注的一类。这类身穿“铠甲”的恐龙常被认为生活在 1.5 亿年前的侏罗纪晚期，在近 2 亿年前的侏罗纪早期地层中，古生物学家们很少发现它们的身影。

2022 年 3 月，云南大学生命科学学院的脊椎动物研究团队在国

◆ 玉溪龙复原图。（陈瑜 绘）

◆ 玉溪龙复原图。（陈瑜 绘）

际生物学著名期刊《电子生命》上发表论文，介绍了一具生活在侏罗纪早期的有甲类恐龙化石骨架。依据其头骨、脊椎和肢骨的特征，古生物学家认为这是一个新的有甲类恐龙属种，取名“科氏玉溪龙”。

玉溪龙为植食性恐龙，主要靠四足行走，当需要时，它会站立起身，用前肢抓取植物嫩叶吃；它的身上布满密密麻麻的骨刺，有较强防御能力，这使得它在面对暴龙类恐龙时，依然可以平安脱困。

玉溪龙于 2017 年在云南省玉溪市易门县脚家店村被发现，化石埋藏在 1.9 亿年前的侏罗纪早期地层中。“这是截至目前，亚洲发现的迄今最早的有甲类恐龙。”论文通讯作者、云南大学研究员毕顺东说。

从发掘情况看，这件化石有较为完整的骨架，包括部分头骨、下颌、脊椎、肢骨和骨刺。其中，骨刺有 120 多个，且具有不同大小形态。“这充分说明，有甲类恐龙在侏罗纪早期就有遍布全身的厚重骨刺覆盖，形态已经趋于多样化。”毕顺东说。

系统发育分析表明，玉溪龙是剑龙和甲龙的祖先类型，与在

◆ 玉溪龙发掘现场——玉溪市易门县脚家店村。
（2019 年拍摄，云南大学 提供）

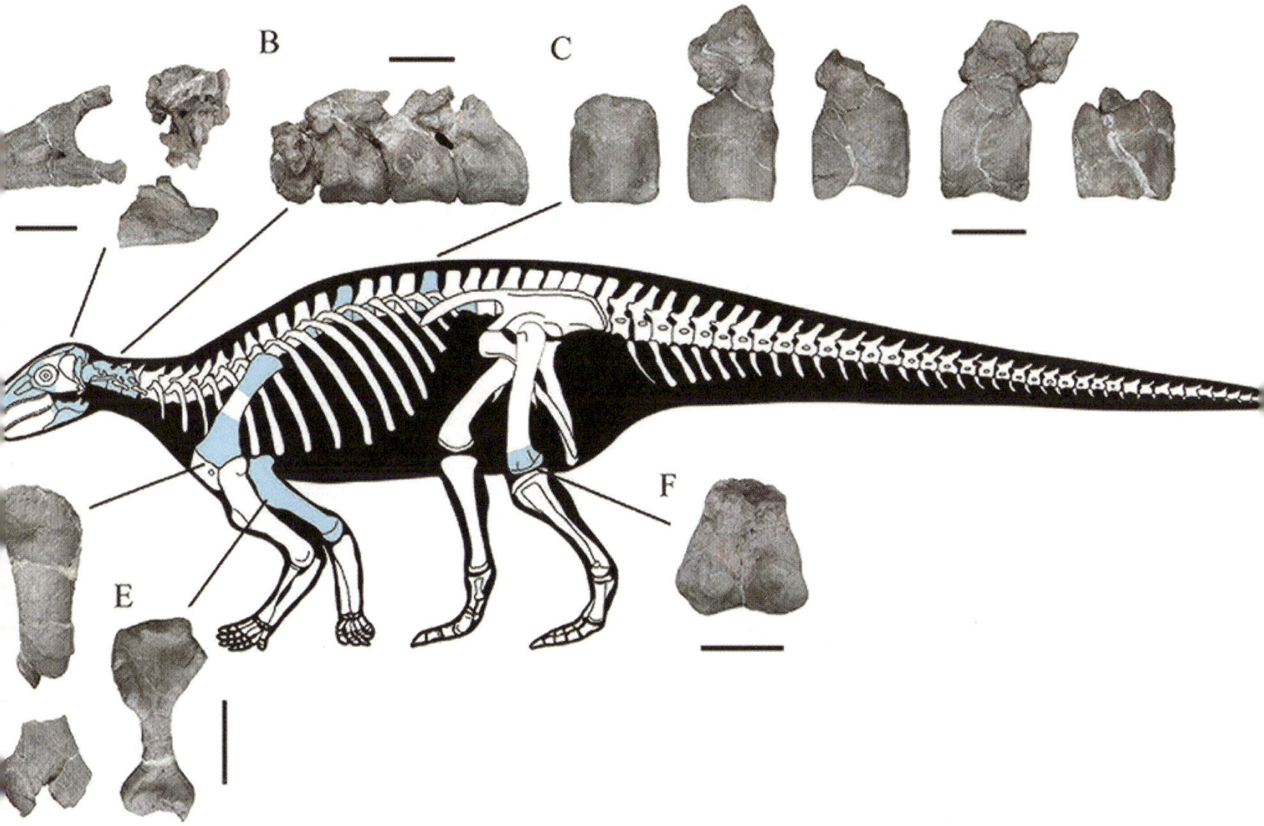

◆ 发现的玉溪龙化石与对应的复原图。（姚熙 绘）

德国发现的莫阿大学龙有“亲戚”关系，可以帮助人们了解有甲类早期成员的形态特征。

学界一直认为，有甲类恐龙起源于大约 2 亿年前，但具体起源地尚不明确，这次玉溪龙在亚洲被发现，表明此类群在出现之后，迅速分化并扩散，在不到 300 万年的时间里就在全球分布开来。

侏罗纪的古老角龙，是怎么换牙的？

哺乳动物（包括人类）一生只换一次牙。亿万年前，恐龙又是如何换牙的？2022年，中国地质大学（武汉）地球科学学院韩凤禄副教授研究团队联合中外科研人员，研究了早期角龙的牙齿形态和替换特征，揭秘了早期角龙的换牙方式。相关研究成果已在国际生物学期刊《电子生命》在线发表。

生活在白垩纪晚期的三角龙，因造型奇特而闻名，其口中牙齿数量最多可达800多颗。它们的牙齿终生都在替换，并且有着很快的替换速率，换一次牙仅需3个月左右。然而三角龙的祖先类群却缺乏这种复杂的牙齿系统。

韩凤禄告诉记者，为了研究早期角龙的牙齿替换，研究人员对 3 种主要生活在侏罗纪的早期角龙的头骨及牙齿进行了显微 CT 扫描，通过重建牙齿的 3D 模型，观察功能齿和替换齿的发育情况。

研究人员发现早期角龙具有和三角龙截然不同的牙齿特征：早期角龙有着极少的替换齿数量，说明早期角龙比晚期出现的三角龙的换牙频率低很多。早期角龙新

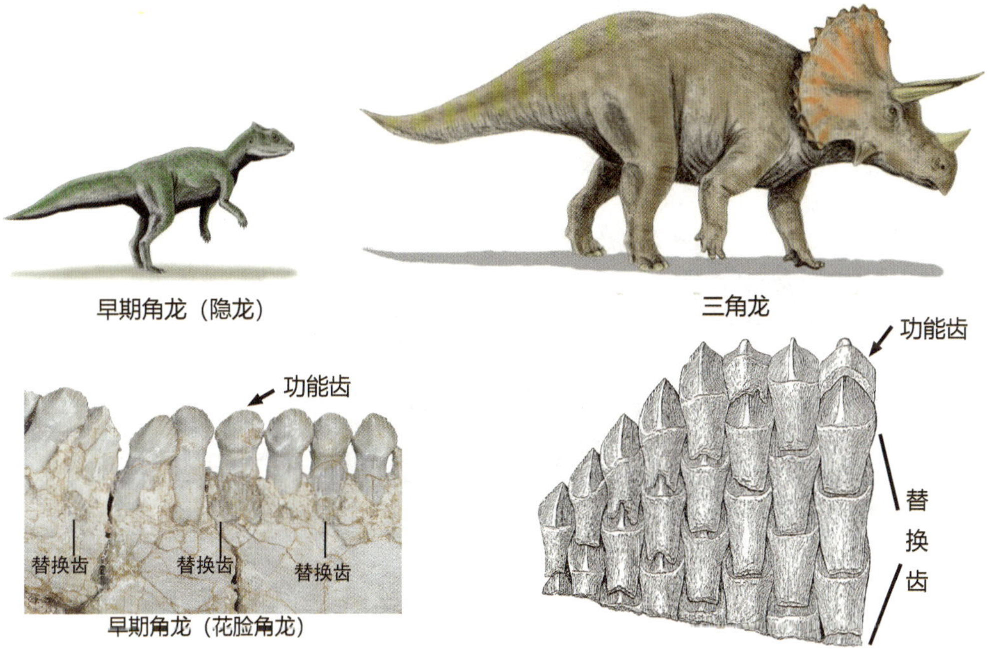

◆ 早期角龙（左）和三角龙（右）复原图及下颌牙齿形态对比图。（韩凤禄 供图）

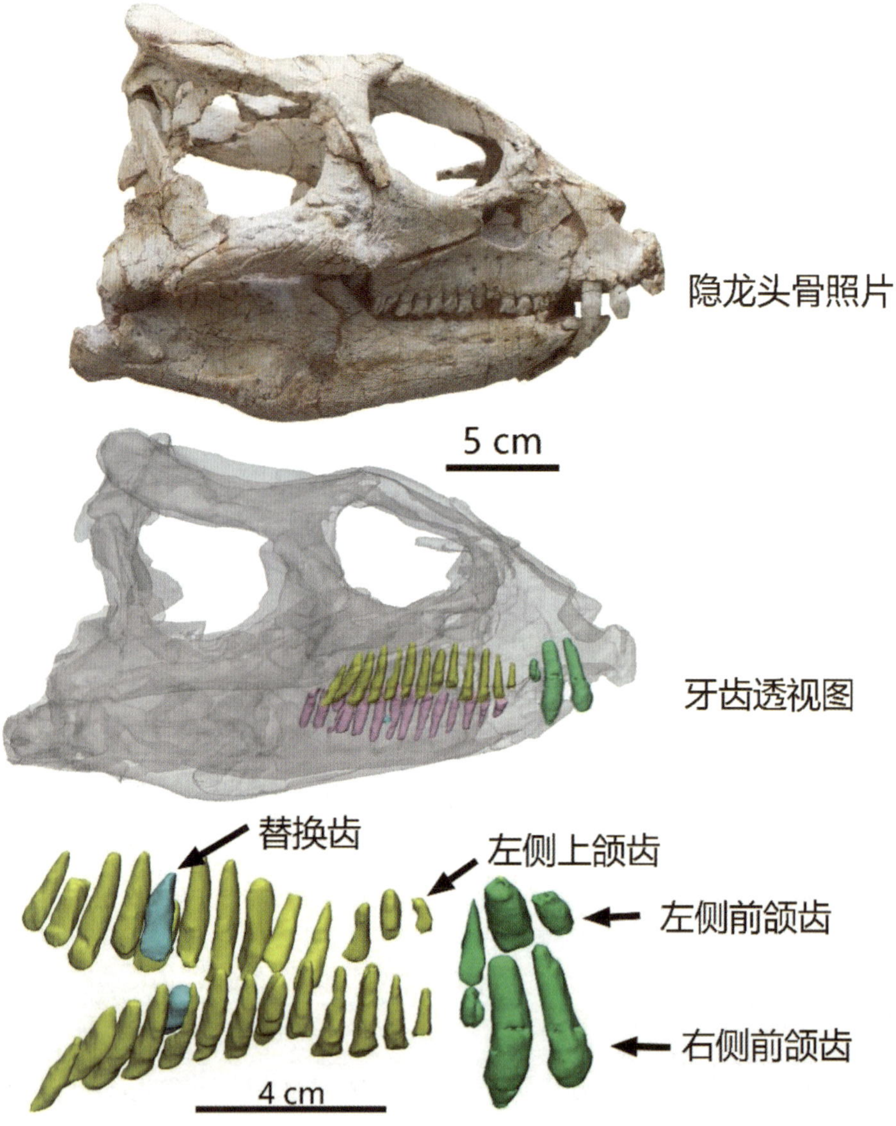

◆ 早期角龙类当氏隐龙的头骨、牙齿透视和上颌齿重建图。（韩凤禄 供图）

牙生长的位置也不同于三角龙，三角龙的新牙从旧牙的底部长出，而早期角龙的新牙从旧牙的内侧长出。

为什么早期角龙和三角龙的牙齿系统差异如此之大？韩凤禄认为，早期角龙体型较小，如当氏隐龙体长仅1.2米左右，而三角龙体长达到9米左右，体型增大导致三角龙对食物的需求变大，对牙齿有着更高的要求。

“三角龙的牙齿形态复杂，使得它们能够在口腔内对食物充分咀嚼，而早期角龙的牙齿形态简单，可能只有简单的切割植物的功能，功能的差异也导致了两者牙齿系统的差异。”韩凤禄补充解释，在当氏隐龙和另一种早期角龙鹦鹉嘴龙中还发现了胃石，这说明它们很可能像现代鸟类一样吞咽小石子进入胃中辅助消化，使得牙齿承担的压力更小，牙齿的磨损更慢。

【对比思考】

为什么早期角龙的换牙频率比晚期的三角龙低？这种差异对它们的饮食和生存有什么影响？

2.44 亿年前这条“龙”，尾巴好长……

全长 47 厘米、形似水生蜥蜴，超长的尾巴尤其特别——在云南省红河州，科学家发现了一种约 2.44 亿年前的海生爬行动物，命名为“长尾红河龙”。这是目前我国发现的肿肋龙科最古老的化石证据，相关成果发表在国际学术期刊《科学报告》上。

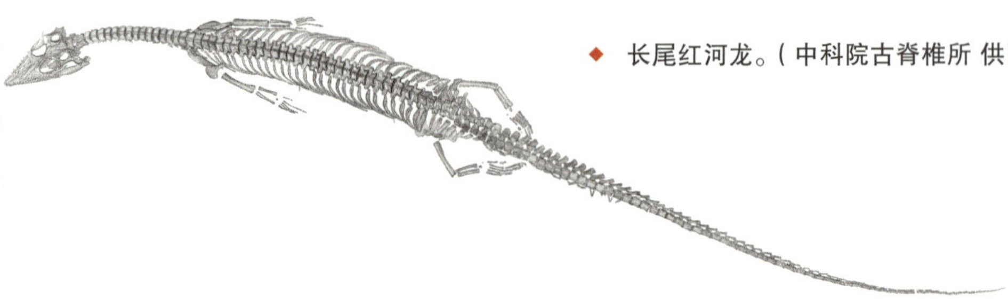

◆ 长尾红河龙。（中科院古脊椎所 供图）

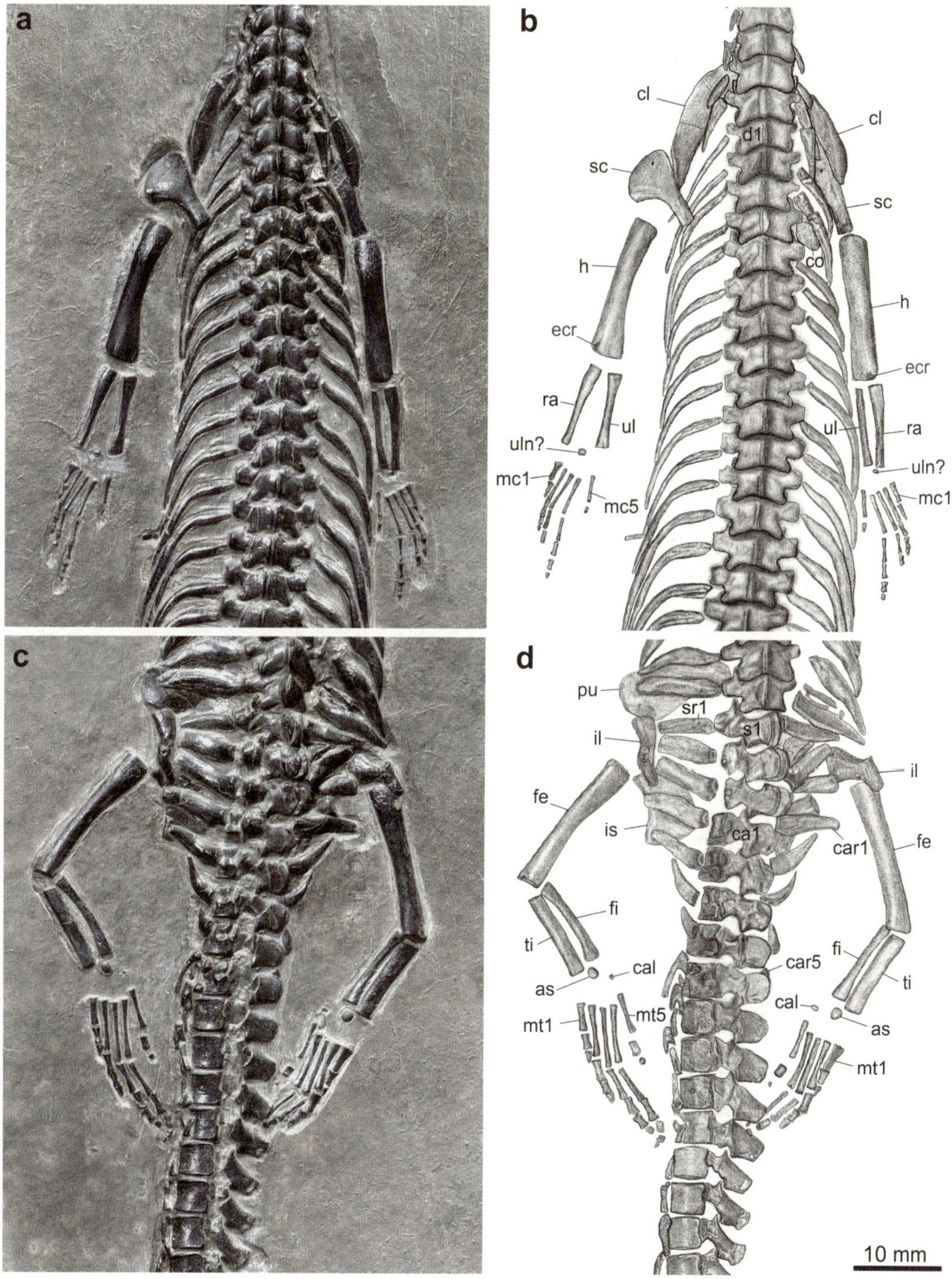

◆ 长尾红河龙前后肢部分。（中科院古脊椎所 供图）

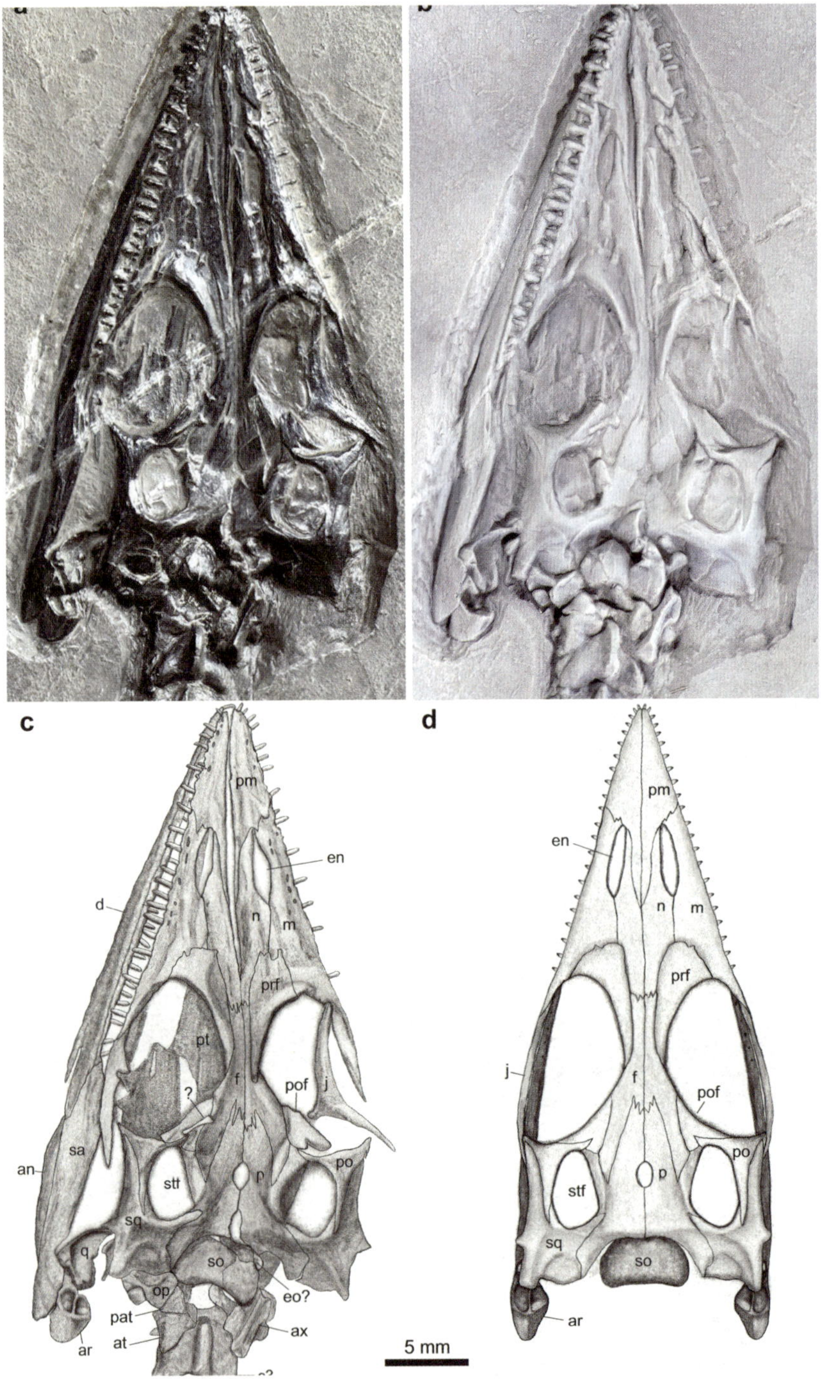

◆ 长尾红河龙头骨及复原图。（中科院古脊椎所 供图）

肿肋龙类包括肿肋龙科和贵州龙科。其中，肿肋龙科最早出现在中三叠世早期，在中三叠世末期灭绝。主导此项研究的中科院古脊椎动物与古人类研究所研究员徐光辉介绍，长尾红河龙共有 121 块脊椎骨，其中的 69 块组成了长长的尾巴，占全长的 54%，是世界上尾巴相对最长的肿肋龙类。

“长尾红河龙生活在浅海环境，吃小鱼小虾、软体动物等。”徐光辉说，从它长长的躯干和较纤细的前、后肢可以判断，长尾红河龙在浅海环境中主要采用侧向波动的方式前进，它超长的尾部可以进一步提高侧向波动的效率，帮助它们游得更快、更稳。

在约 2.52 亿年前的二叠纪生物大灭绝之后，海洋生态系统在三叠纪发生了重大变革，演化出包括肿肋龙类在内的种类繁多、门类丰富的海生爬行动物。

1854 年，欧洲就发现了肿肋龙类化石，我国最早命名的海生爬行动物也是肿肋龙类，即在 20 世纪 50 年代发现并命名的“胡氏贵州龙”。此次发现的长尾红河龙比贵州龙早约 400 万年，为研究当时的海洋生态系统和海生爬行动物演化提供了新的化石证据。

【知识补给站】

海生爬行动物形态各异，有的像鱼龙，身体呈流线型，适合快速游泳；有的如蛇颈龙，有着长长的脖子和短小的身体。它们生活习性多样，多数以海洋中的鱼类、贝类、虾蟹等为食，有的在浅海区域活动，有的则能潜入较深海域。

长尾红河龙的尾巴由 69 块脊椎骨组成，占全长 54%。在游泳时，它通过摆动长长的尾巴，与躯干和四肢配合，产生侧向推力，推动身体在水中前进。尾巴就像船桨，左右摆动时，划动海水，不仅让它游得更快，还能帮助它灵活转向，在浅海环境中更好地捕食和躲避天敌。

2 亿年前，恐龙或靠羽毛保暖挺过大灭绝

恐龙这一曾经的“地球霸主”早已为人熟知，但它们是如何崛起的？中美科学家 2022 年的一项研究发现，奥秘可能藏在“衣服”里。与人们印象中光秃秃的外表不同，恐龙天生就有羽毛。这些羽毛好比羽绒服，帮助恐龙挺过 2 亿年前导致众多物种灭绝的全球大寒潮，并迅速“上位”成为侏罗纪时期的霸主。

2 亿年前的三叠纪末生物大灭绝，是地质历史上五次生物大灭绝之一。当时的地球火山活动频发，火山灰等遮天蔽日。在此后的几年至几十年中，地球表面温度骤降，大量不适应严寒气候的生物迅速消失。

2022 年，科研团队在新疆准噶尔盆地的野外考察中发现

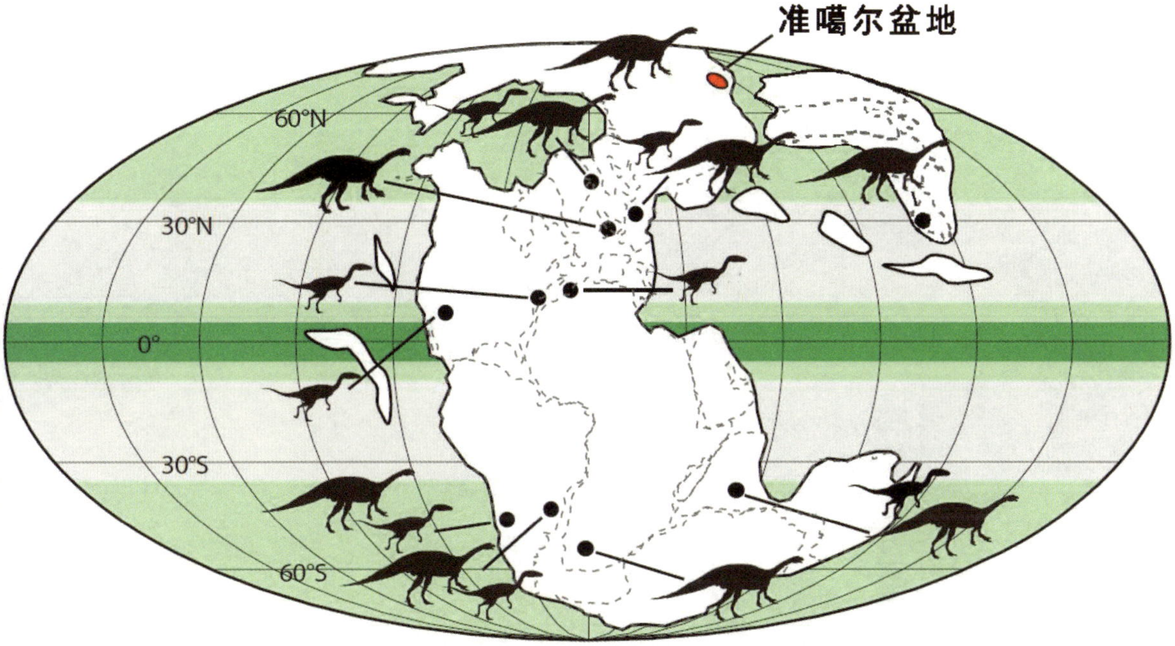

◆ 2 亿年前恐龙分布图及准噶尔盆地古地理位置。（中科院南京地质古生物研究所 供图）

了保存精美的恐龙脚印化石。在 2 亿年前，准噶尔盆地的古纬度位于北纬 71 度左右。这说明当时的恐龙已经有一套完备的御寒机制，让它们在寒冷的极地存活。

恐龙靠什么御寒呢？“靠长羽毛。”领导此项研究的中科院南京地质古生物研究所研究员沙金庚介绍，恐龙羽毛的形态结构明显不是用于飞行的，最有可能的功能是保暖。

可以推测，正是由于有羽毛保暖，恐龙得以在这场天灾中幸存，并迅速占据灾后的生态“C 位”。沙金庚说：“在三叠纪末生物大灭绝后，恐龙体积增大，分布范围扩张，总数量增加了近一倍。2 亿年

◆ 此次新发现的恐龙脚印化石照片。（中科院南京地质古生物研究所 供图）

前这场生物史上的浩劫，不经意间却为恐龙打开了通往食物链顶端的大门。从此，恐龙开始了长达约 1.3 亿年的称霸之旅。”

相关研究成果已发表于国际知名学术期刊《科学进展》。

【知识补给站】

恐龙的羽毛并非一开始就用于飞行，而是从简单的保暖结构逐渐演化而来。早期的羽毛类似于现代的绒羽，主要用于保暖和展示。随着时间推移，羽毛的结构变得更加复杂，出现了分支和钩状结构，最终演化出用于飞行的正羽。科学家通过化石研究发现，许多小型恐龙（如近鸟龙和小盗龙）已经具备了类似现代鸟类的羽毛结构，这表明羽毛的演化过程可能比我们想象的要早得多。羽毛主要有三种类型：绒羽、正羽和装饰性羽毛。绒羽主要用于保暖，结构简单；正羽用于飞行，具有复杂的分支和钩状结构；装饰性羽毛则用于展示，帮助恐龙吸引配偶或威慑敌人。科学家通过分析化石中的色素体，甚至能够推测出一些恐龙羽毛的颜色和图案，这为研究恐龙的生活习性提供了新的视角。

6600 万年前恐龙灭绝，原因或许是它……

6600 万年前的恐龙灭绝之谜一直是世人关注的热点问题，学界对此提出了多种假说，包括著名的小行星撞击假说等。2022 年 9 月，中国科学院古脊椎动物与古人类研究所的科学家对恐龙蛋的一项研究从恐龙多样性演化的角度出发，揭示了恐龙灭绝新机制。相关成果已作为封面文章发表在国际期刊《美国科学院院刊》上。

恐龙蛋作为恐龙在地球上繁衍生息的主要载体，不仅可以反映恐龙的繁殖习性，其在地层中的富集埋藏规律也能反映恐龙生存时期的古环境信息。由中科院古脊椎所、中科院地质与地球物理研究所、中国地质大学（武汉）等组成的科研团队，在我国恐龙蛋的一处富集埋藏地——陕西山阳盆地开展了系统的古生物学和地层学研究，为解答恐龙灭绝之谜提供了新的依据。

团队在该盆地采集了 1000 多件原位埋藏的恐龙蛋和蛋壳标本，此外这里还发现了少量暴龙类和蜥脚类骨骼。

对这些恐龙蛋和恐龙骨骼的分析表明，山阳盆地内的恐龙多样性在其灭绝前约 200 万年间一直处于较低水平。综合我国其他地区发现的恐龙化石，此次研究认为，在约 7200 万年前我国的恐龙多样性出现明显的降低趋势，这与北美西部的恐龙化石分布特征有相似之处。

这项研究结果为认识恐龙的灭绝过程和机制提供了新的依据和视角。恐龙属于卵生动物，恐龙蛋的孵化成功率直接决定了恐龙种群的繁盛与否。恐龙蛋的孵化需要合适的温度、湿度甚至二氧化碳浓度。因此，该项研究提出，在晚白垩世，随着自然生态系统和恐龙自身的协同演化，恐龙多样性发生了持续性衰退，降低了恐龙这个类群的环境适应能力，并导致其无法在由火山爆发或小行星撞击等重大灾害事件所引起的环境剧变中生存和复苏，从而最终走向灭绝。

福建发现大面积对板保存的恐龙“脚印”

2022 年 11 月，福建省龙岩市上杭县发现大面积正负模（对板）保存的恐龙足迹化石。这是当地恐龙足迹群化石科考取得的一项大发现。由中国科学院古脊椎动物与古人类研究所等单位人员组成的专家组表示，这一发现在全球较为罕见。

上杭恐龙足迹群化石于 2020 年 11 月被首次发现，经国家古生物化石专家委员会相关专家实地考察认定，这是中国发现的多样性最高的晚白垩世恐龙足迹群之一，也是福建省恐龙相关化石的首次发现。

此次科考现场考察发现的正负模（对板）出露的化石中，包括一块面积约 15 平方米的标本，其上保存了蜥脚类和兽脚类等多种恐龙足迹，以及代表湖相沉积环境的清晰对称波痕构造。据初步统计，相关化石上集中了 6 种恐龙的 30 多个足迹，保存的数量、清晰度均比较罕见，对研究晚白垩世恐龙的生活习性、生存环境等具有重要意义。

参与此次科考的中科院古脊椎所研究员汪筱林介绍，此前发现的恐龙足迹化石，大多只有在岩层上显示的恐龙踩下去的凹坑，或是上覆岩层翻转过来凸起的足迹，而非正负模同时保存。此外，之前国内

◆ 此次在上杭发现的恐龙足迹化石。（汪筱林 供图）

◆ 此次在上杭发现的恐龙足迹化石。（汪筱林 供图）

外发现的恐龙足迹化石大多属于侏罗纪和早白垩世，上杭发现的恐龙足迹属于晚白垩世，代表了恐龙灭绝前最后阶段的活动遗迹，具有重要的科学价值、科普价值和保护价值。

截至 2022 年，在上杭恐龙足迹群化石科考中，已发现多种恐龙足迹和至少 4 个层位，证明恐龙在这个地区有较长生活史。

这种白垩纪鸟类，长着恐龙头骨

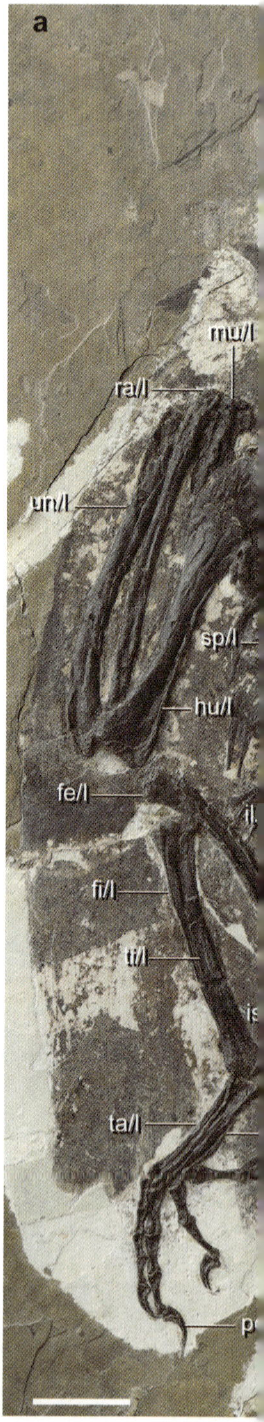

2023 年，中科院古脊椎动物与古人类研究所的科学家在辽西热河生物群新发现一种长着恐龙头骨和怪异身体的白垩纪鸟类，命名为“朱氏克拉通鸷”。这一发现为解答鸟类如何由恐龙演化而来并演化出独有的形态特征提供了新的化石证据。相关成果发表于国际期刊《自然生态与进化》。

研究人员介绍，在包括三叠纪、侏罗纪和白垩纪在内的中生代，鸟类的多样性演化主要发生在由反鸟类和今鸟型类构成的鸟胸类中。鸟胸类在当时已演化出大量与现生鸟类相似的形态特征，与原始的鸟类始祖鸟在形态上差异巨大。演化位置介于二者之间的非鸟胸类鸟类（简称基干鸟类）为填补这一鸿沟提供了重要信息。本次发现的朱氏克拉通鸷正是属于基干鸟类巾帼鸟科的新属种。

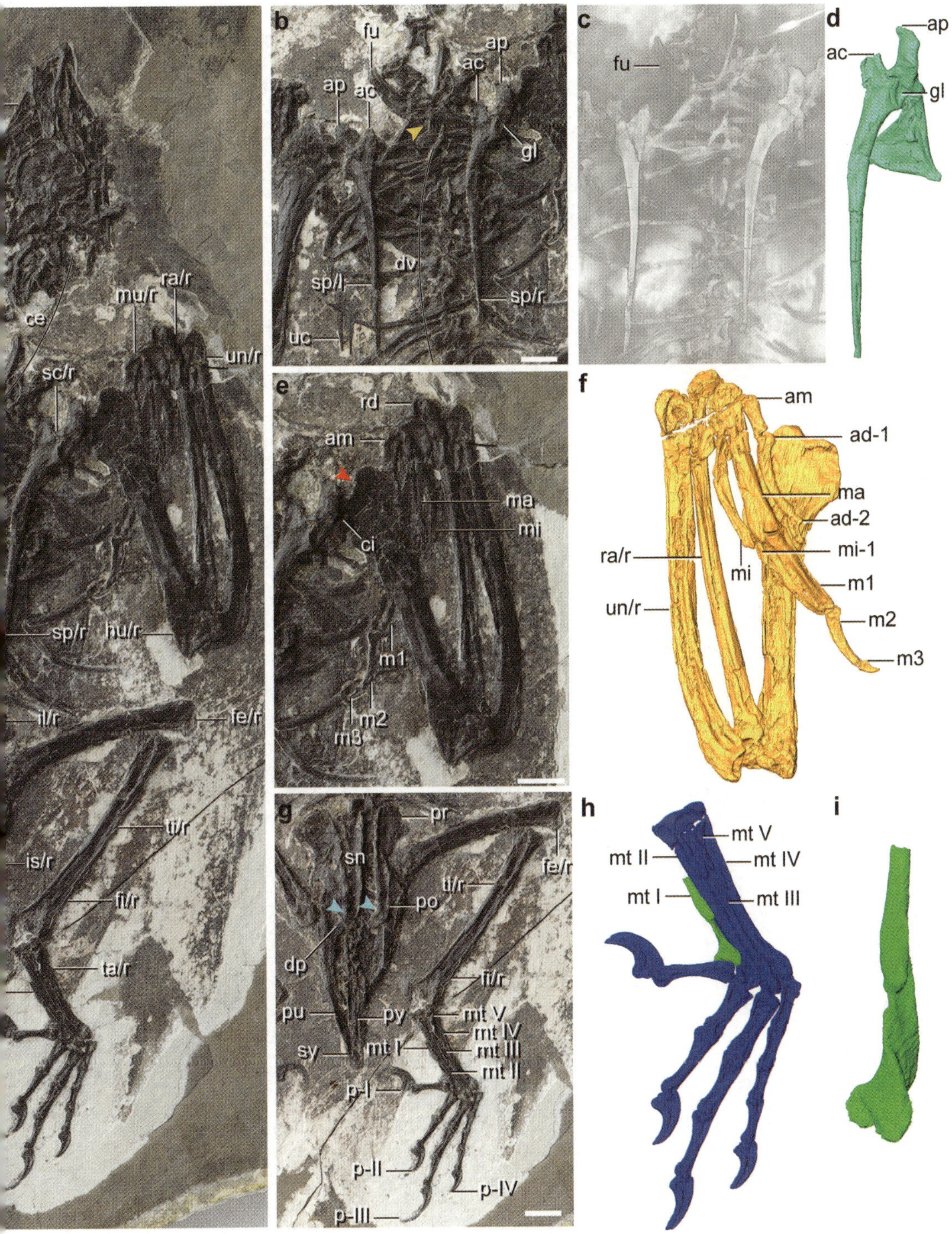

◆ 朱氏克拉通鸷正型标本。（中科院古脊椎所 供图）

朱氏克拉通鸷复原图。（赵闯 绘）

研究发现，克拉通鸷兼具原始与进步的特征。“它与兽脚类恐龙在头骨形态上相差无几，具有原始主龙类双颞孔的结构。这些原始特征表明，克拉通鸷并未演化出现生多数鸟类具有的头骨可动性。”论文通讯作者、中科院古脊椎所研究员王敏介绍。头骨可动性，即上颌可以独立于脑颅和下颌发生运动。这一特征在今鸟型类中已经出现，是鸟类得以利用鸟嘴完成大量精细动作的重要原因。

与之相对，克拉通鸷的头后骨骼却已具有大量鸟类的进步特征，包括骨化的胸骨、加长的前肢、缩短的尾骨、对握的脚爪等，表明其头骨和身体具有模块化的演化特征，头骨特别是颞区和腭区在演化上比较保守。

此外，克拉通鸷的身体结构也十分怪异，具有异常长的肩胛骨和第一跖骨（相当于脚掌最内侧的骨骼）。肩胛骨是鸟类飞行结构的重要组成部分，此次研究认为，克拉通鸷加长的肩胛骨可能是其适应飞行的一种尝试，以此扩大控制向下扇动翅膀的肌肉的附着面积。同时，克拉通鸷第一跖骨的相对长度远超其他鸟类和多数恐龙，可能与其类似猛禽的生态习性有关。

2 亿多年前的奇异罗平龙“现身”

2023 年，我国古生物学家在云南罗平县发现了距今 2.44 亿年的全新爬行动物物种，将其命名为“奇异罗平龙”。这也是多指节型鳍龙类最早出现的化石记录。

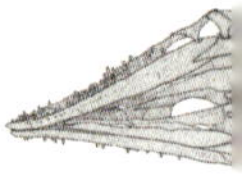

奇异罗平龙尖嘴长吻，形似“四脚蛇”，全长超半米。它的体形像水生蜥蜴，是一种新的肿肋龙科爬行动物。

中科院古脊椎动物与古人类研究所研究员尚庆华介绍，奇异罗平龙的吻端很长，超过头长的一半，与短吻的贵州龙差异较大，说明二者在摄食和运动上生态适应不同。

“奇异罗平龙进化出的尖嘴长吻，能帮助它们抓住猎物。因为在水中追逐快速游动的猎物时，这一特征能减少阻力。它为了解肿肋龙类的早期演化提供了重要的化石证据。”尚庆华说。

值得一提的是，奇异罗平龙前肢第三指上有五节指节骨，这有利于它增加桨状肢的柔韧性，以应对转向时脚蹼承受的力。而这种多指节现象在肿肋龙类中是首次发现，代表了迄今已知最古老的多指节型

◆ 奇异罗平龙正型标本及素描图。(徐光辉 供图)

鳍龙类化石记录。

此外，研究还发现，在演化过程中，肿肋龙类对于小鱼等猎物的侧向抓捕能力在逐步增加，但同时抓捕之后吞食的效率在逐渐减弱。

相关成果发表在国际学术期刊《科学报告》上。

通过研究哈密翼龙的这个部位 科学家揭秘翼龙的飞行机制

繁盛于中生代的翼龙是最早演化出动力飞行的爬行动物，比鸟类早约 7000 万年翱翔蓝天。翼龙的皮膜翼曾让早期的一些学者认为它们的飞行机制类似蝙蝠，但随着研究的深入，鸟类逐渐成为翼龙飞行研究的参照对象。2023 年，我国科学家对哈密翼龙肩带形态学与骨组织学的研究成果，揭示了翼龙的飞行机制。

该成果由中国科学院古脊椎动物与古人类研究所汪筱林、周忠和研究团队与中国科学院大学、中山大学生态学院合作完成，在线发表于国际学术期刊《解剖学记录》中国古生物专辑。

中科院古脊椎所研究员汪筱林介绍，地球上会飞的脊椎动物目前所知仅翼龙、鸟类和蝙蝠三种。此前研究已揭示，翼龙与鸟类具有更近的系统发育关系。翼龙具有一些与鸟类相似的肩带特征，包括马鞍状的肩臼窝、柱状的乌喙骨及非常发育的顶乌喙突等，但缺少叉骨、肩胛骨与背椎构成关节、有愈合的肩胛乌喙骨等特征则明显与鸟类不同。以往研究也注意到翼龙和鸟类的飞行机制之间可能存在差异，比如喙上肌可能不是翼龙翅膀上扬的主要动力，但这些结果并未得到广泛认可。

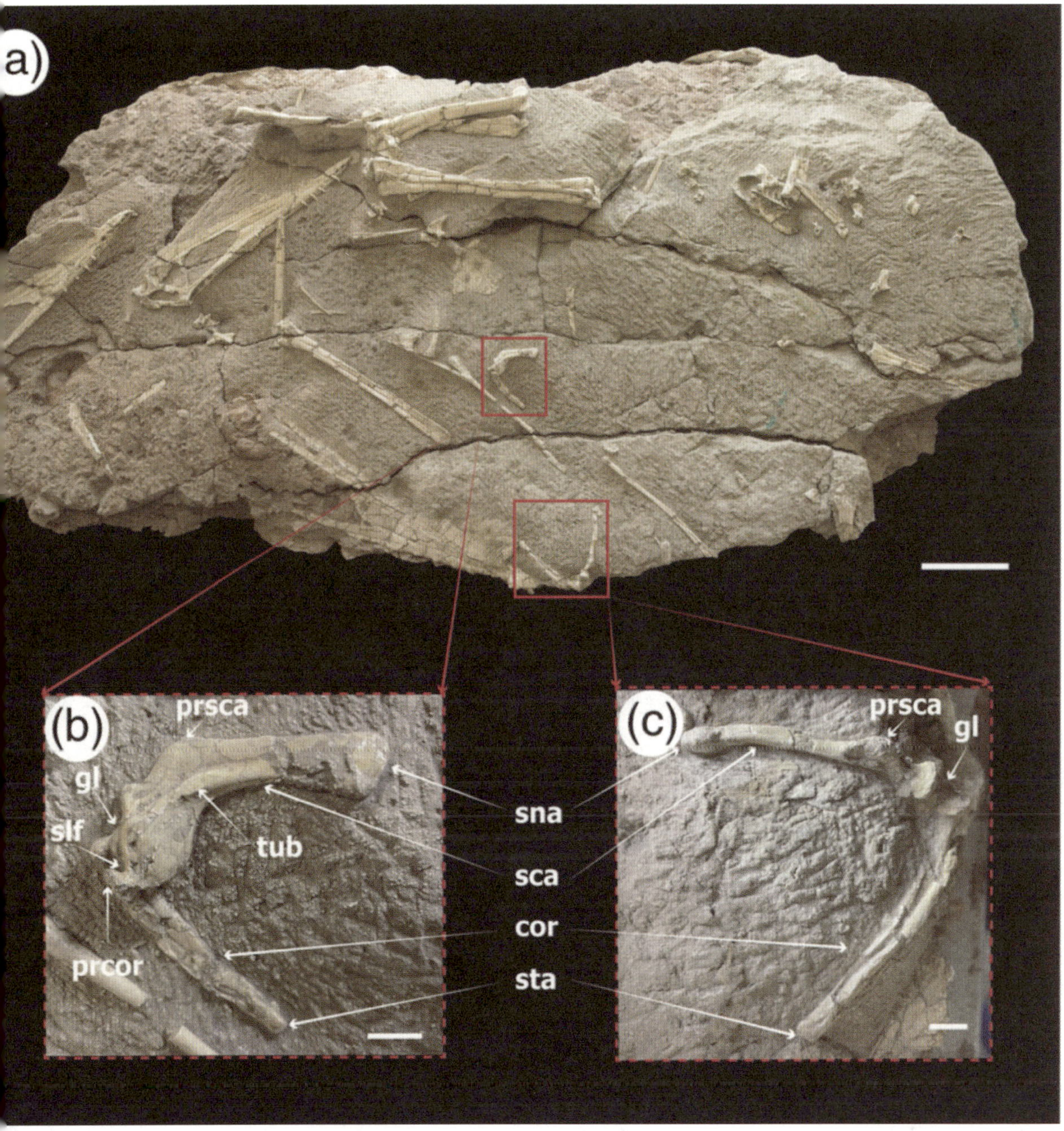

◆ 与哈密翼龙头骨等化石保存在一起的肩带标本。（中科院古脊椎所 供图）

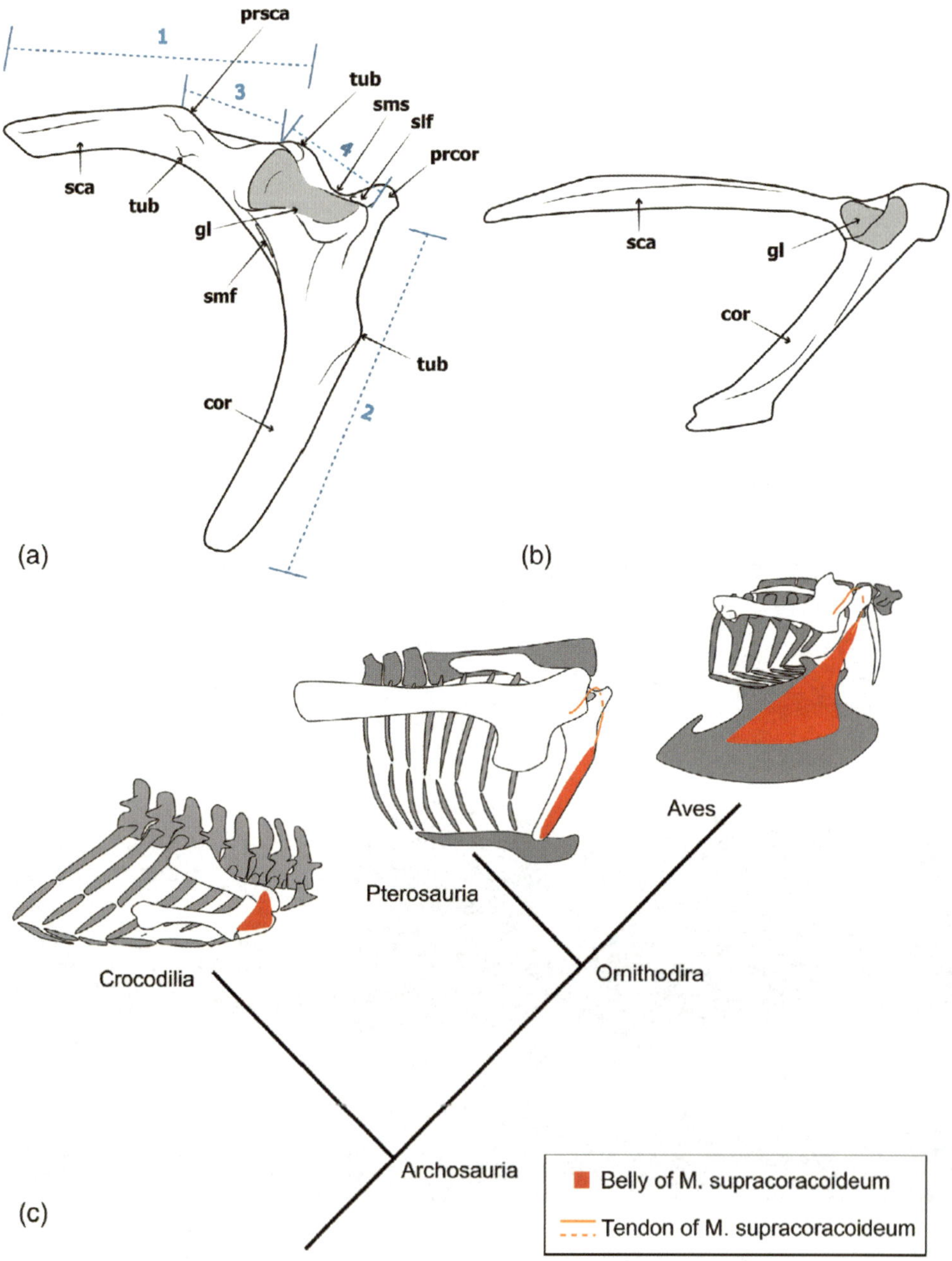

◆ 哈密翼龙肩胛乌喙骨与鸟类肩带形态对比，以及肩关节和喙上肌重建示意图。（中科院古脊椎所 供图）

此次，科研团队通过对新疆哈密早白垩世的湖相地层产出的哈密翼龙肩带进行研究发现，哈密翼龙的喙上肌如同鸟类一样绕行顶乌喙突内侧连接肱骨近端，顶乌喙突可能实现类似的滑轮功能，说明翼龙可能如鸟类一样利用喙上肌收缩实现翅膀上扬。研究还发现，哈密翼龙的肩臼窝疑似保留有软骨组织，表明翼龙的肩臼窝可能与鸟类一样具有厚实的关节软骨以缓冲飞行压力。

研究也发现了翼龙独特的飞行机制。与鸟类终生不愈合的肩胛骨与乌喙骨不同，哈密翼龙的肩胛骨与乌喙骨在个体成年之前就已经完全愈合，形成骨性结合的肩胛乌喙骨，代表了翼龙飞行演化过程中独特的肩带适应。同时，哈密翼龙肩臼窝和肱骨头均呈现凹陷的关节面，构成鞍状关节，导致肱骨头旋转可能受限，表明翼龙可能通过特殊机制控制前臂旋转，以便在飞行中改变翼面形态，减少飞行阻力。

“研究显示，翼龙的飞行机制既有与蝙蝠的相似性，又有与鸟类的相似性，还有自己的独特适应。”汪筱林说，在研究翼龙飞行适应机制时需要更加谨慎，综合对比研究，才能更好地去了解这一已灭绝的独特飞行爬行动物的生态习性。

【连一连】

翼龙的肩带结构和它的飞行有什么联系呢？

结构	功能
肩胛骨与乌喙骨在个体成年之前就已经完全愈合，形成骨性结合的肩胛乌喙骨。	可能通过特殊机制控制前臂旋转，以便在飞行中改变翼面形态，减少飞行阻力。
喙上肌如同鸟类一样绕行顶乌喙突内侧连接肱骨近端，顶乌喙突。	与鸟类一样具有厚实的关节软骨以缓冲飞行压力。
肩臼窝和肱骨头均呈现凹陷的关节面，构成鞍状关节，导致肱骨头旋转可能受限。	飞行演化过程中独特的肩带适应。
肩臼窝疑似保留有软骨组织。	如鸟类一样利用喙上肌收缩实现翅膀上扬。

中国龙家族再添新成员！两恐龙种被证实为中国龙属

中国龙家族再添新成员。2023 年 4 月，三叠中国龙、中国双嵴龙被证实为中国龙属的两个种，相关成果发表在国际学术期刊《历史生物学》上。

由中国科学院古脊椎动物与古人类研究所张泽川、尤海鲁以及禄丰市恐龙化石保护研究中心王涛共同研究撰写的论文《中国云南禄丰早侏罗世兽脚类恐龙三叠中国龙一新标本》登上国际学术期刊《历史生物学》。该文系统介绍了三叠中国龙的特征，并证实三叠中国龙、中国双嵴龙为中国龙属。

三叠中国龙是兽脚类恐龙中国龙属的三叠种，1938 年在云南禄丰被发现，并于 1948 年被命名。三叠中国龙模式标本保存不好，研究者一度认为三叠中国龙就是一种中国双嵴龙。

2015 年 11 月，研究者在禄丰大冲后山发现 1 个三叠中国龙完整头骨以及关联的 11 节颈椎化石，长期研究后发现三叠中国龙化石的三个独有特征：一是存在一条从上颌骨腹侧到鼻嵴发育的垂直嵴；二是眶前窗的腹侧边界主要由颧骨的前突围成；三是鼻骨、泪骨和前

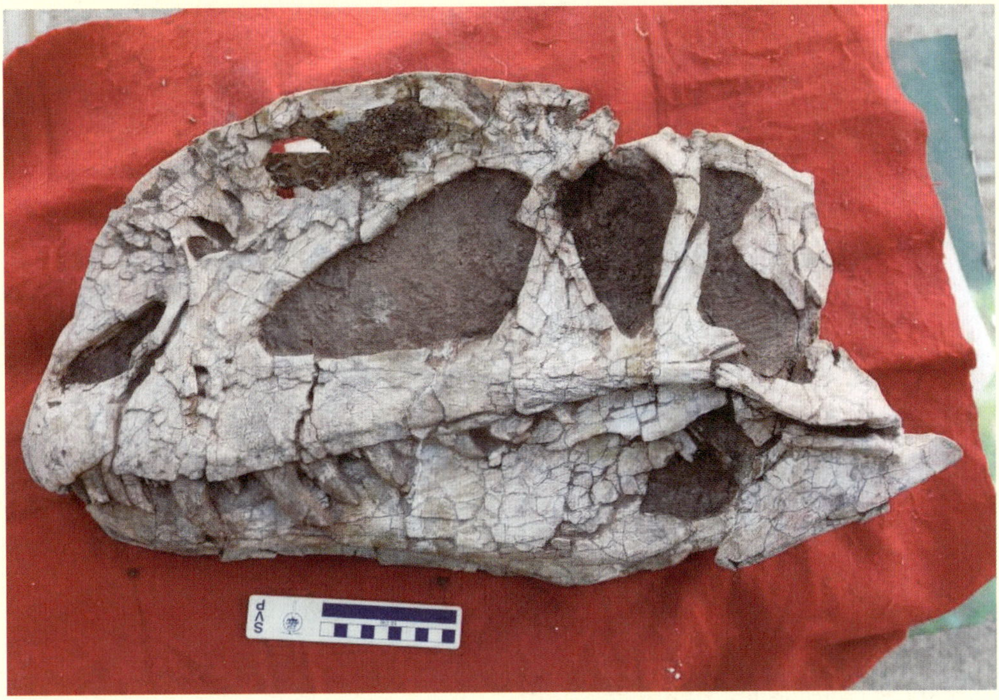

◆ 2015 年发现的三叠中国龙完整头骨化石。（禄丰市恐龙化石保护研究中心 供图）

额骨之间有个开窗。经确认，三叠中国龙是中国龙属一个有效恐龙种。

此外，该项研究还进一步证实云南省昆明市晋宁区发现的中国双嵴龙也是中国龙属，而非之前认为的北美双嵴龙属，三叠中国龙与中国双嵴龙这两种相似的恐龙原来是同一属下的不同种。两个物种得到确认，让中国龙家族再次壮大。

拥有夸张的“颈身比”，“长颈”龙家族又现新成员

在大自然中，长长的脖子能带来很多生存优势，如拓展视野、便于获取食物等。因此，从亿万年前的蛇颈龙到如今的长颈鹿，脊椎动物中产生了诸多“长颈”的类型。然而，地球历史上最夸张的“颈身比”，出现在一些三叠纪的主龙型类早期支系身上，以长颈龙和恐头龙为代表，它们的颈部长度超过其总体长的一半。

2023 年 4 月，中国科学院古脊椎动物与古人类研究所科研人员从化石标本中识别出一个区别于长颈龙、恐头龙的三叠纪主龙型类新属种。因其具有细长的颈部，又曾被误以为是恐头龙的幼年个体，于是被命名为“隐秘细颈龙”。相关成果发表于国际期刊《解剖学记录》。

对该标本系统发育的分析结果显示，这一新属种属于上述主龙型类早期支系，可能与巨胫龙、长颈龙等同属长颈龙科，而与梳齿龙、恐头龙等恐头龙科成

◆ 隐秘细颈龙的生态复原图。（中科院古脊椎所 供图）

员关系较远。但研究者也发现，细颈龙的颈椎数量超过 18 节，这种增加颈椎数量的发育策略与恐头龙趋同，与通过延长每节颈椎来加长脖子的长颈龙有明显差异。

论文第一作者、中科院古脊椎所副研究员王维推测，在这些长颈的主龙型类中，通过增加颈椎数量来增加颈部长度，是更先出现或更为普遍的现象，“纵观所有具有长颈的脊椎动物类群，通过增加颈椎数量来加长脖子的情况，似乎比通

◆ 隐秘细颈龙正型标本。（中科院古脊椎所 供图）

过延长每节颈椎更为常见。也许在胚胎发育时期，增加体节数量比塑造延长的椎体更容易实现，或更少带来危害。”

细颈龙的发现，也印证了在这些三叠纪主龙型类中，加长的颈部可能是对捕鱼的适应。脖子较短的巨胫龙、梳齿龙的齿列较为简单，牙齿呈短椎状且表面光滑；而具有超长颈部的细颈龙、长颈龙和恐头龙，牙齿呈长椎状，甚至有显著的獠齿，且表面具有纵纹，这些特征与食鱼密切相关。

干维说，由于这一标本保存信息有限，细颈龙在长颈龙科或恐头龙科的具体归属有待进一步核实。细颈龙的发现也为早期主龙型类的系统发育关系添加了更多的“干扰因素”，展现出在这类奇特的长颈海生爬行动物演化过程中，头骨和颈椎特征的交织和反复。

福建上杭首次发现恐龙蛋化石

福建省地质调查研究院科研团队于 2023 年在福建省龙岩市上杭县临城镇黄竹村，发现整窝恐龙蛋化石及零星恐龙蛋壳化石碎片。经中国科学院古脊椎动物与古人类研究所鉴定，本次发现的恐龙蛋为长形蛋类，产蛋母体为生存于白垩纪晚期的窃蛋龙类。这是当地在 2020 年发现恐龙足迹群化石后，首次发现恐龙蛋化石。

据参与此次恐龙蛋化石调查工作的福建省地质调查研究院总工程师陈润生介绍，上杭恐龙足迹群化石发现后，该院科研团队继续在上杭开展红层盆地恐龙化石调查，并在临城镇黄竹村发现整窝恐龙蛋化石。从目前保存的蛋片来看，至少保留了 6 枚恐龙蛋化石。

◆ 上杭县发现的恐龙蛋化石。（研究人员供图）

◆ 工作人员正在研究恐龙蛋化石。（研究人员 供图）

◆ 上杭县发现的恐龙蛋化石。（研究人员 供图）

中国科学院古脊椎动物与古人类研究所副研究员王强介绍，根据目前修复出来的蛋片情况判断，这是一个在孵化阶段或者是已经孵化过的蛋窝；发现的恐龙蛋呈孵化状态保存形态，蛋壳因孵化碎裂分布。同时，根据现场两个破损的蛋化石推断，这应该是一个原地保存下来的蛋窝。

相关专家表示，根据发现的恐龙蛋的宏观形态、蛋壳外表面纹饰和显微结构特征，可将其归入长形蛋科的长形蛋属，这一类恐龙蛋的产蛋母体为生存于白垩纪晚期的窃蛋龙类。上杭县恐龙蛋化石的发现，填补了福建省恐龙研究的又一空白，对研究福建乃至华南地区的古气候、古地理、古生态提供了宝贵的实物资料，也为进一步开展闽西地区恐龙化石资源调查提供了很好的依据。

对于此次发现的恐龙蛋化石，上杭县已委托福建省地质调查研究院联合中科院古脊椎所的专家进行了抢救性保护工作，并由国内专业技术人员进行了专业修复，以便作进一步研究。

四肢骨骼演化进一步揭示从恐龙到鸟的演化轨迹

2023 年，中国科学院古脊椎动物与古人类研究所的研究人员通过对鸟类起源过程中四肢骨骼的动态演化进行量化分析，进一步揭示了从恐龙到鸟的演化轨迹。相关成果发表于国际学术期刊《自然生态与进化》。

从恐龙到鸟的演化涉及大量骨骼系统、肌肉系统和表皮衍生物等结构的变化，多数都与飞行的起源相关。其中最为显著的就是以四肢骨长度（即前肢和后肢）所代表的体型改变，这也是认识“陆地奔跑的恐龙”成为“飞上蓝天的鸟类”这一重要转变的关键。

最早的鸟类出现于中生代时期。研究人员通过构建包含鸟类在内的大量中生代兽脚类恐龙肢骨的形态演化空间，并量化鸟类、非鸟类副鸟类和非副鸟类兽脚类恐龙这三个类群的肢骨多样性，发现早期鸟类四肢骨骼的整体多样性低于其他非鸟类兽脚类恐龙，类似的差异也反映在前肢上。但是当研究对象聚焦于后肢时，差异就不明显。

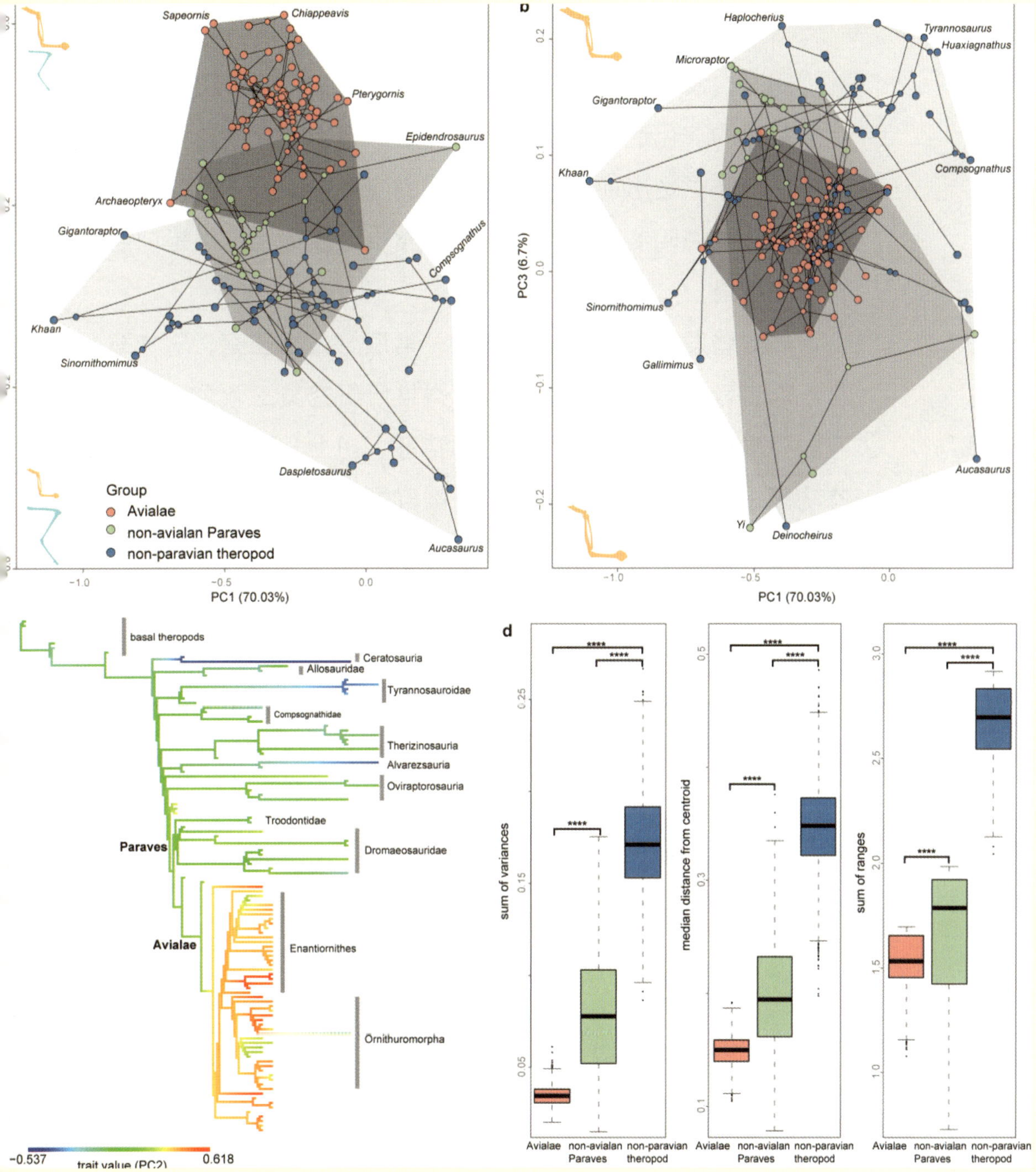

◆ 包括鸟类在内的中生代兽脚类恐龙肢骨形态演化空间和多样性的比较。（中科院古脊椎所 供图）

同时，演化速率的估算结果显示，中生代兽脚类恐龙前后肢整体的演化速率在接近鸟类的起源节点时变慢，同样的趋势在前肢中也出现，但是在后肢的演化中却没有类似的变慢趋势。这说明演化速率在原始鸟类中的放缓，仍然是前肢作用的结果。

“这些发现与演化生物学的‘常识’大相径庭。”文章第一作者及通讯作者、中科院古脊椎所研究员王敏介绍，当某一种具有“演化革新”意味的特征（如上、下颌）或者形态功能（如飞行、咀嚼）在某一类群中出现时，通常认为该类群的演化速率会变快，多样性也会增加。

上述分析显示，早期鸟类肢骨形态多样性的贫瘠和演化速率的降低，主要受前肢“拖累”。对于这一现象，该研究认为，为适应飞行中的空气动力学作用，原始鸟类的前肢只能够发生有限变化。随着许多和飞行相关的进步特征（例如和完成飞行精细动作相关的肌肉、韧带、骨骼的关节方式等）在演化后期出现，前肢的变化才能突破“瓶颈”，最终演化出现代鸟类所呈现的形态多样的前肢结构。

【连一连】

请将以下恐龙和鸟类的特征与对应的演化阶段连线

鸟类特征

①早期鸟类前肢骨骼多样性低

②前肢演化速率变慢

③（和完成飞行精细动作相关的肌肉、韧带、骨骼的关节方式等）相关的飞行特征逐渐出现

④前肢结构多样化

⑤以四肢骨长度（即前肢和后肢）所代表的体型改变

演化阶段

A. 恐龙到鸟类的过渡阶段

B. 鸟类起源节点

C. 演化后期

D. 现代鸟类阶段

福建首次发现恐龙化石
奇异福建龙填补鸟类起源的部分空白

2023 年 9 月，中国科学院古脊椎动物与古人类研究所王敏团队和福建省地质调查研究院徐立明团队合作，在福建首次发现恐龙化石并命名为“奇异福建龙”，这是已知世界上侏罗纪最晚期、地理位置最南的鸟翼类恐龙，填补了鸟类起源的部分空白。

鸟类至少在晚侏罗世就和非鸟类兽脚类恐龙发生分化。而鸟翼类包括所有现代鸟类以及中生代的原始鸟类，因此侏罗纪的鸟翼类对研究鸟类的起源和演化至关重要。已知的侏罗纪鸟翼类仅有近鸟龙和其相似物种，多在我国东北地区距今 1.66 至 1.59 亿年的燕辽生物群，这与约 1.3 亿年前白垩纪早期出现的大量鸟类在时间上有长达 3000 万年的空白。

2021 年起，中国科学院古脊椎所与福建省地质调查研究院在福建开展古脊椎动物化石调查工作，于 2022 年 10 月在政和晚侏罗世地层发现了一件保存近乎完整的恐龙化石。经过近一年的修复和分析研究，研究团队认为这一新物种属于鸟翼类，并将其命名为“奇异福建龙”，这也是福建省内首次发现恐龙化石。

奇异福建龙和政和动物群生态复原图。（中国科学院古脊椎所 供图）

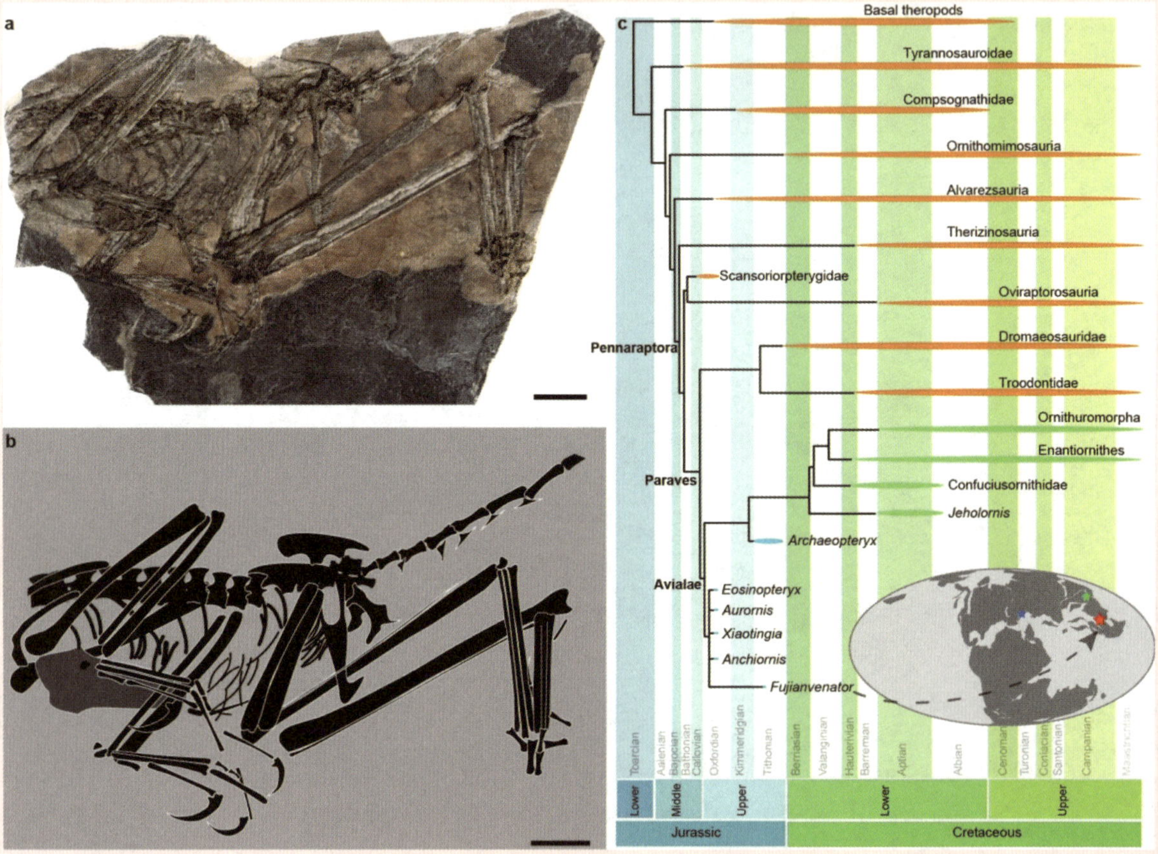

◆ 奇异福建龙正型标本、分支系统树和古地理图。（中国科学院古脊椎所 供图）

福建省地质调查研究院高级工程师徐立明带队开展的综合地质考察和同位素测年工作，将奇异福建龙生活的时间限定为晚侏罗世提通期；中国科学院古脊椎所研究员王敏等通过古地理位置复原，确定了它是目前已知全球地理位置最南的侏罗纪鸟翼类。奇异福建龙的发现，弥补了鸟类起源在时间和空间上的部分空白。

系统发育分析显示，奇异福建龙与近鸟龙有着很近的亲缘关系，构成了近鸟龙科，是鸟翼类最早分异的一支。奇异福建龙最为特殊的是其后肢构造：股骨短，胫骨和跖骨细长。结合比较分支系统学的分析，王敏等发现奇异福建龙的体型结构和其他鸟翼类相近，在体型空间上介于恐龙和鸟类之间。

“我们认为奇异福建龙是一类善于奔跑或生活在水边的小型兽脚类恐龙，这样的生活习性完全区别于学界关于鸟类起源伊始‘树栖’生态习性演化的认识。奇异福建龙的发现增加了原始鸟翼类的生态多样性。”王敏说。

此外，中国科学院古脊椎所和福建省地质调查研究院组成的考察团队还在福建政和地区发现了大量保存完好的爬行动物，包括水生 / 半水生的龟鳖类、离龙类。基于如此高的化石丰度和多样性，以及确切的年代学框架，研究人员将其命名为“政和动物群”。这也是目前全球已知侏罗纪最晚期、地理位置最南的保存有鸟翼类的动物群。

相关研究成果发表于国际学术期刊《自然》。

【选一选】

关于奇异福建龙的发现及其对鸟类起源研究的影响，下列说法正确的是：

A. 奇异福建龙是一类善于奔跑或生活在水边的小型兽脚类恐龙

B. 奇异福建龙与近鸟龙有着很近的亲缘关系，构成近鸟龙科

C. 奇异福建龙是目前已知全球地理位置最南的侏罗纪鸟翼类

D. 奇异福建龙的发现填补了鸟类起源在时间和空间上的部分空白

答案见 P151

距今约 1.9 亿年的
恐龙胚胎蛋窝研究揭示恐龙蛋起源

2023 年 11 月，由云南大学徐星教授、中国地质大学（武汉）韩凤禄副教授及贵州省博物馆王新金等人组成的研究团队，从距今约 1.9 亿年的恐龙胚胎蛋窝化石中，发现了恐龙蛋起源的奥秘。首次提出并论证了恐龙革质蛋壳起源假说（不同于软壳蛋和硬壳蛋起源）。

据徐星介绍，贵州省博物馆王新金、蔡回阳等人于 1999 年在贵州安顺市平坝区早侏罗世（约 1.9 亿年前）特异埋藏的恐龙化石群中，发现了早期蜥脚型类恐龙的骨骼和蛋窝化石，基于这些化石发现，研究团队命名了一种新的蜥脚型类恐龙——守护黔龙。

恐龙化石群中包含 3 具成体骨骼及 5 窝含胚胎的蛋化石。标本显示出与其他早期分异的蜥脚型类恐龙不同或未知的重要生殖特征，比如相对大的蛋，由突出的乳状锥体组成的相对较厚的钙质壳，同步孵化以及介于鳄类和现存鸟类之间的孵化前胚胎姿态。最重要的是，这些早侏罗世的化石为“最早的恐龙蛋是革质蛋”的观点提供了强有力的证据。

为研究恐龙及其他爬行动物在繁殖方式上的宏演化规律，研究人员在前人研究的基础上，收集了 210 种爬行动物的蛋信息，建立了迄今最

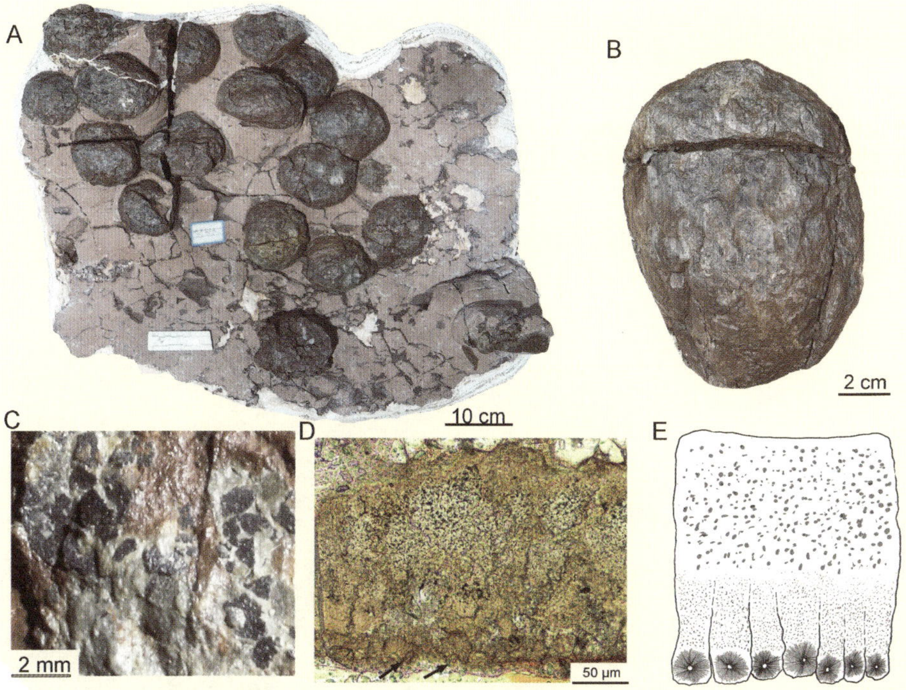

◆ 守护黔龙的蛋窝和蛋壳结构。A. 清理后的恐龙蛋窝；B. 一枚保存较完整的守护黔龙蛋；C. 蛋壳碎片；D. 蛋壳显微结构；E. 素描图。（韩凤禄 供图）

大的爬行动物蛋数据库，并对这些爬行动物的蛋壳类型和蛋壳厚度等指标进行了统计分析。在此基础上进行祖先状态恢复分析，结果表明最早的恐龙蛋为革质蛋，与先前提出的软壳蛋和硬壳蛋的起源不同。这些最早的恐龙蛋应该呈椭圆形并且相对较小，但是壳单元相对较长。

分析显示，鳄类、恐龙和翼龙在演化的过程中蛋的相对大小呈现递增趋势。而在蛋的形态变化上，最早的恐龙为亚圆形或椭圆形，兽脚类恐龙明显有延长的趋势。在向鸟类的演化过程中，爬行动物蛋形态最显著的变化发生在兽脚类演化的早期，而不是在鸟类起源附近。

新研究还揭示了众多早期恐龙行为方式，包括集群繁殖、同步孵化和行走姿态的转化等。相关研究成果发表在学术期刊《国家科学评论》上。

远古世界曾有这么多“龙”

Z-BHG2-037
模块达尔文翼龙
Darwinopterus modularis
时代：中晚侏罗世　产地：辽宁建昌
Age : Middle to Late Jurassic
Locality : Jianchang, Liaoning
提供者：北票翼龙博物馆
脊椎动物门　爬行纲　距今约 1.5 亿年

虽然生肖中的龙是虚构出来的，但在亿万年前的远古世界中，的确有一群或能翱翔天际、或能畅游水底、或在陆地上称霸的“龙”。

南京古生物博物馆展陈部主管贺一鸣介绍，现今发现的各类化石证据显示，真实的远古世界中，出现过许多名字中带龙的动物。它们是一大批生存在远古时期，尤其是中生代的爬行

◆ 南京古生物博物馆展出的部分翼龙化石。（新华社记者 李博 摄）

南京古生物博物馆展出的鱼龙化石。（新华社记者 李博 摄）

动物。虽然名字类似，但这些“龙”在分类学上属于很多个不同的爬行动物分支，样貌、体形乃至生活环境天差地别。比如，生活在海洋中的沧龙、鱼龙、蛇颈龙，分别属于蜥形纲爬行动物下的鳞龙类、鱼龙类、鳍龙类，彼此在演化关系上相去甚远。飞翔在天际的翼龙，与恐龙是近亲，二者在三叠纪时期分开演化，翼龙选择了天空作为生存领地，而恐龙则成为陆地的霸主。

众多“龙”族中，称霸陆地的恐龙无疑是最受关注的“C 位明星”。在分类学上，恐龙属于爬行动物中主龙类的蜥臀目和鸟臀目，它们最显著的共同特征是四肢直立于身体之下，而非往两旁撑开。作为统治地球长达 1.6 亿年的霸主，恐龙家族内部也进化出惊人的个体差异。与大家想象中威风凛凛的霸气形象不同，最小的恐龙之一——近鸟龙，体长仅 34 厘米，重 110 克。

“当然，在远古‘龙’族中，有很多类群进化出极其庞大、壮观的体形，这些类群更为人所熟知。比如体长可能超过 35 米的阿根廷龙、超龙、中加马门溪龙等；翼展近 12 米的风神翼龙，是生命史上最大的飞行动物；还有近 20 米长的萨斯特鱼龙，长 15 米左右的蛇颈龙和沧龙，大小不输于现代海洋中的鲸类，是当之无愧称霸陆、海、空的霸主。”贺一鸣说。

中国现在已成为多种远古“龙”化石的发现和研究大国。特别是恐龙的发现种类，目前已跃居世界首位，这其中凝聚了几代中国古生物学者的不懈努力。中国科学院古脊椎动物与古人类研究所副研究员赵祺介绍，1938 年，我国古脊椎动物学奠基人杨钟健先生在云南禄丰发现我国第一具完整的恐龙骨骼化石，即被称为“中国第一龙”的“许

南京古生物博物馆展出的马门溪龙模型。（新华社记者 李博 摄）

◆ 中国古动物馆展出的许氏禄丰龙化石。（中国古动物馆 供图）

氏禄丰龙”。此后，著名古生物学家董枝明踏遍祖国大地，主持了多次恐龙国际联合考察，也是第一个在北极圈里发现恐龙化石的科学家。中国科学院院士、中国科学院古脊椎动物与古人类研究所研究员徐星，率领团队发现、命名了超过 70 种恐龙，是目前世界上研究、命名恐龙有效属种最多的学者之一。

“统计显示，世界上已经发现的上千种恐龙化石中，由中国发现的有 300 多种，位居世界第一。现在，我们可以自豪地说，中国是世界上第一恐龙大国，中国学者的‘龙’研究还在继续。”赵祺说。

远古世界中的“龙”在分类学上属于哪些不同的分支？

沧龙　　鱼龙　　蛇颈龙　　翼龙　　恐龙

鳞龙类　　鱼龙类　　鳍龙类　　主龙类

P141 答案：ABCD

现代鸟类的起源可追溯到恐龙时代

鸟类是当今世界上物种多样性最高的陆生脊椎动物，现生种类约1.1万种，其起源和演化此前普遍被认为发生在恐龙灭绝之后，有猜想认为起源于恐龙时代。2024年，由中美科学家联合开展的一项基因组学研究用新的证据验证了这一观点：现代鸟类的起源可以追溯到恐龙时代。

该研究由江苏师范大学伍少远教授研究团队、中国科学院古脊椎动物与古人类研究所周忠和院士与来自美国哈佛大学、佐治亚大学等机构院所的科学家共同完成，研究成果在线发表于国际学术期刊《美国国家科学院院刊》。

研究人员从124种鸟类基因组序列中提取到25640个不同遗传位点的DNA序列数据，结合不同地质历史时期的化石记录，通过系统进化树构建、分子钟演化时间估算、物种多样性分化速率等分析，重建了现代鸟类的演化历史和轨迹。

在涵盖了近95%现代鸟类物种多样性的新鸟小纲中，研究人员发现了一支全新的鸟类进化谱系，并将其定名为水陆鸟类，包含了水鸟及其近缘种类。水陆鸟类与早期研究发现的陆鸟类一起构成了新鸟小纲的两大谱系。

研究发现，在距今约8700万年前的晚白垩纪时期，这两大鸟类谱系已演化成形并开始分道扬镳，远早于约6600万年前的恐龙灭绝事件。同时，企鹅、海鸥等现代海洋鸟类的演化更替，则受到了距今约5500万年前的一次全球变暖事件的深远影响。

◆ 现代鸟类的起源可以追溯到晚白垩纪时期，与恐龙共存。（中国科学院古脊椎所 供图）

“传统理论一直将现代鸟类的进化历史与约6600万年前的恐龙灭绝事件联系在一起，而这次研究发现，现代鸟类的起源可以追溯到晚白垩纪时期，与恐龙共存。它们在大灭绝事件中展现出惊人的适应能力，并成功繁衍至今。这一发现让我们对鸟类演化的时间线产生了全新的认知。”伍少远说。

研究表明，相较于先前普遍认为的快速进化模式，现代鸟类的演化更倾向于缓慢而连续的过程，通过自然选择逐渐变化。这一发现也支持了达尔文物种演化渐变理论，为全球气候环境变化对生物多样性演化的影响提供了新的例证。

【想一想】

如果现代鸟类起源于恐龙时代，那么恐龙身上的哪些特征可能遗传给了现代鸟类？观察身边的鸟类，寻找与恐龙相似的地方。

鸟臀类恐龙如何换牙？

亿万年前，恐龙是如何换牙的？2024 年，中国地质大学（武汉）地球科学学院韩凤禄副教授研究团队联合中国科学院古脊椎动物与古人类研究所、云南大学、中国地质大学逸夫博物馆的研究人员，深入研究了早期鸟臀类恐龙上园热河龙的牙齿形态和替换模式，揭示了鸟臀类恐龙在演化过程中的牙齿替换规律。相关研究成果在线发表在国际生物学期刊《BMC 生态与进化》上。

论文通讯作者韩凤禄介绍，上园热河龙是一种小型的植食性恐龙，它们两足行走，身体纤细，善于奔跑，具有扇形的牙齿和明显的锯齿。研究人员利用显微 CT 扫描技术对上园热河龙幼年个体到亚成年个体共 6 个标本进行了扫描，透过其上、下颌骨来观察齿槽内牙齿的整体情况，并通过重建这些牙齿的 3D 模型，观察牙齿的发育情况。

韩凤禄说，研究人员发现上园热河龙幼年个体颌部总共有 63 颗功能齿和 44 颗替换齿，而亚成年个体有 81 颗功能齿和 74 颗替换齿。在生长过程中，上园热河龙亚成年个体还出现了第二代替换齿，即单个齿槽中同时存在三颗牙齿，反映出上园热河龙较快的牙齿替换速率。

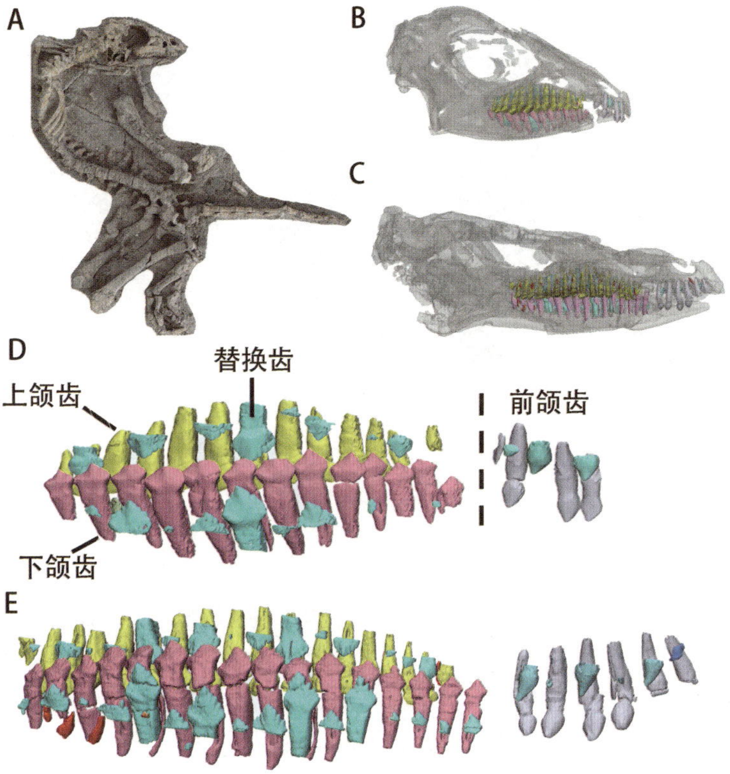

◆ 上园热河龙骨架（A）、幼年个体牙齿透视图（B）和齿系重建图（D，舌侧视图）、亚成年个体牙齿透视图（C）和齿系重建图（E，舌侧视图）。【中国地质大学（武汉）地球科学学院 供图】

进一步研究显示，上园热河龙幼年个体的前颌齿替换速率约为 25 天，而亚成年个体则为 33 天（前颌齿）和 46 天（上颌齿）。

此外，研究团队还发现鸟臀类恐龙的几个主要分支剑龙类、甲龙类、角龙类和鸟脚类恐龙的牙齿替换模式存在一定差异，并有各自独特的进食植物的方式。比如，甲龙类、剑龙类恐龙的替换齿较少，且只有一代替换齿，可能依赖功能强大的胃或者胃石来辅助消化。鸟脚类和角龙类恐龙则是通过增加整体替换齿的数量以及每个齿槽中牙齿的数量，来适应进食高纤维植物。

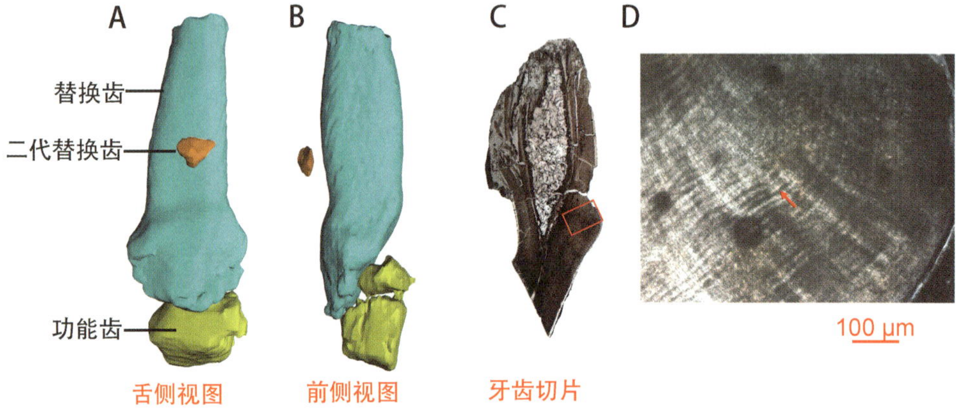

◆ 上园热河龙上颌齿二代替换齿示意图和牙齿切片。【中国地质大学(武汉)地球科学学院 供图】

在第一篇论文中，研究人员对内蒙古道虎沟中侏罗纪时期（1.68亿年至1.64亿年前）的两个标本进行了研究，建立了一个蜀兽新属种“周氏近柱齿兽”，并根据牙齿研究的系列证据提出了一种新的解释：蜀兽的假磨楔齿与南方磨楔齿类无关，而与另一种已灭绝的哺乳动物的臼齿模式同源。该研究对单孔类的起源提出了新的观点，改写了哺乳动物生命树早期演化的结构。

◆ “周氏近柱齿兽”正、副型标本。（中国科学院古脊椎动物与古人类研究所 供图）

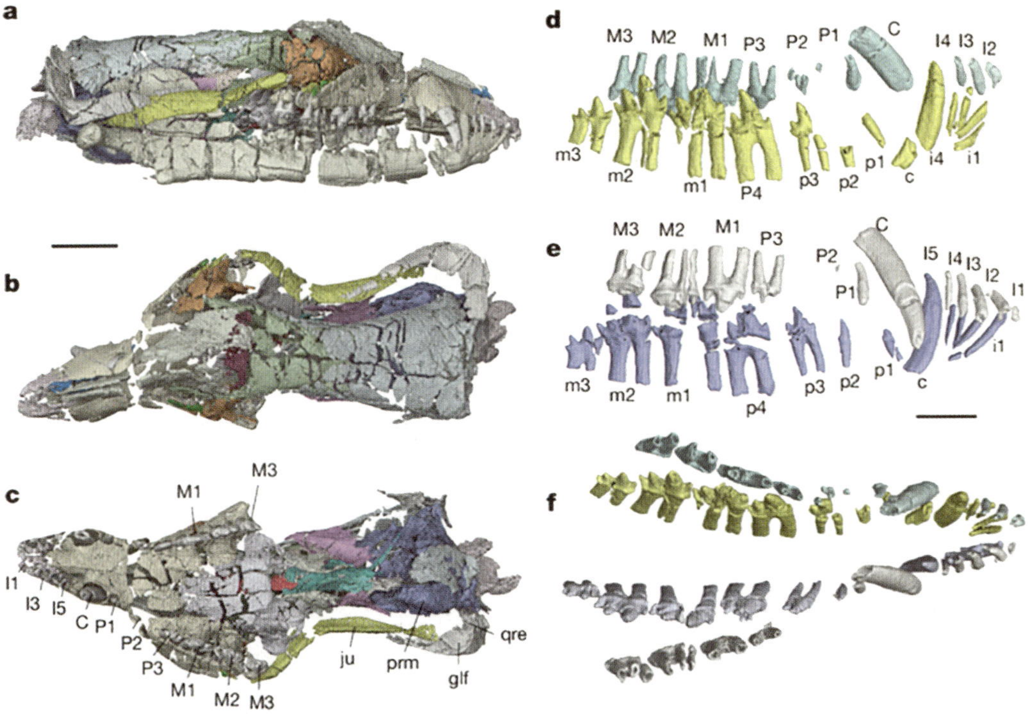

◆ “杨氏滇尖齿兽”头骨及齿列重建。（中国科学院古脊椎动物与古人类研究所 供图）

第二篇论文研究了来自云南禄丰早侏罗纪（2.01 亿年至 1.84 亿年前）的第二种新发现的、更原始的哺乳动物“杨氏滇尖齿兽”和上述“周氏近柱齿兽”的中耳。这两个新属种的标本，提供了迄今为止中生代哺乳形动物中保存最为完整的下颌中耳结构，补上了从双颌骨关节到过渡型中耳单颌关节中间缺失的演化证据。

“研究为哺乳动物中耳演化这个世界难题提供了以中国材料为基础的完整证据链。”毛方园说，中耳演化和牙齿演化的成果，将促进早期哺乳动物演化研究翻开新篇章。

这种“明星龙”揭开从龙到鸟的秘密

恐龙统治地球长达 1.6 亿年之久，远远超过人类和其他哺乳动物。它们彻底消失了吗？收藏在南京古生物博物馆里的一块“明星恐龙”化石——原始中华龙鸟，或能揭开恐龙去向之谜。

走近原始中华龙鸟化石，如果不看标识牌，很难把它跟头脑里霸气的恐龙联系起来。化石里的“龙鸟”总身长约 70 厘米，拖着细长的尾巴，头部高高扬起。

这只“明星恐龙”生活在距今 1.25 亿年前，化石于 1995 年在我国辽宁被发现。中华龙鸟化石保存在灰白的火山凝灰岩当中，其模式标本化石分为凹面和凸面两块，1996 年，两块化石被分别送至北京的中国地质博物馆和南京的中国科学院南京地质古生物研究所。

南京古生物博物馆展陈部主管贺一鸣介绍，中华龙鸟最令人震惊的是化石上保存完好的“羽毛”。这是人类第一次发现明确的带羽毛的恐龙化石，最早的研究者们认为这可能是一种长相酷似恐龙的“鸟”，因此给它起名“原始中华龙鸟”。

◆ 中国科学院南京地质古生物研究所标本馆收藏的原始中华龙鸟模式标本化石（左）和南京古生物博物馆展出的原始中华龙鸟模式标本模型（右）。（左图：中国科学院南京地质古生物研究所 供图　右图：新华社记者 李博 摄）

1996 年的北美古脊椎动物学会第 56 届年会期间，中国科学院南京地质古生物研究所陈丕基研究员向国外同行展示了原始中华龙鸟的凸面化石照片，这个长着毛发的怪“鸟”轰动了国际古生物学界。

随着研究不断深入，研究人员发现，这只“鸟”前肢短、尾部很长，其骨骼特征与鸟类的亲缘关系较远，属于恐龙家族的美颌龙类。长羽毛的恐龙这一伟大发现，再次轰动整个生物界。

◆ 根据新科研成果复原出的2亿年前身披羽毛的恐龙。(Larry Felder 绘)

“中华龙鸟的发现颠覆了我们之前对恐龙的固有形象认知，羽毛不再是鸟类的专属，它的发现揭开了恐龙和鸟类起源研究历史的新篇章。”中国科学院古脊椎动物与古人类研究所副研究员赵祺说。

目前科学界已经普遍认定，鸟类起源于恐龙，具体说是恐龙中兽脚亚目的手盗龙类。中华龙鸟发现之后，在我国辽西及邻近地区又发现很多侏罗纪晚期、白垩纪早期的恐龙和早期鸟类化石，这些化石为研究鸟类起源提供了关键信息。

现在，我们对恐龙向鸟演变的过程已经有了更深入的了解。比如，中华龙鸟身上的原始羽毛可能与飞行无关，其主要功能是保温或展示；但在小盗龙身上，其全身从前肢、后肢到尾部都覆盖有羽毛，四肢上附着不对称的飞羽，有明显辅助飞行的功能。这一时期，很多小型兽脚类恐龙的骨骼、身体组织结构也在发生改变，展现出从龙到鸟的一系列过渡特征。

贺一鸣介绍，恐龙身上的毛发、身体的恒温和优秀的行动能力，使它们具备了迁徙和对抗地球自身气候变化的能力。6600 万年前的大灭绝，终结了非鸟恐龙、翼龙和海生爬行类的统治，一小部分恐龙的后代——鸟类却幸免于难，并在之后的新生代统治了天空，它们种类发展到了现在的 11000 多种，接近哺乳动物的两倍，并最终成为我们熟悉的现代鸟类。

【想一想】

假设你是发现中华龙鸟化石的古生物学家，当第一次看到化石上的“羽毛”痕迹时，你会有怎样的猜测和研究思路？

蛋里的鸭嘴龙“宝宝”长啥样？

长着像鸭子一样扁平嘴巴的鸭嘴龙类，有着怎样的发育特点？科学家在 2022 年发表的论文中披露了两件距今约 7200 万至 6600 万年的完整鸭嘴龙胚胎化石，并得出结论：小型的蛋与晚成雏龙是鸭嘴龙类的原始性状，此类胚胎在孵化较长一段时间后，四肢骨骼才完全长成。

福建省英良石材自然历史博物馆、中国地质大学（北京）、台湾自然科学博物馆和加拿大自然博物馆的学者，在国际学术期刊《BMC 生态与进化》联合发表了相关论文。

研究团队介绍，鸭嘴龙类胚胎并非在全球范围内首次发现，但是这两件鸭嘴龙胚胎化石是迄今为止在同类中保存得最好的。胚胎所在的蛋为长径约 9 厘米的椭圆体，容积约 660 毫升，胚胎部分约占整个蛋的 40%，胚胎蛋有着约 0.4 毫米厚的蛋壳，微观结构显示其属于圆形蛋科。

化石标本现馆藏于福建省英良石材自然历史博物馆，博物馆将这组标本昵称为“英贝贝”。它们发现于江西赣州，距今约 7200 万至 6600 万年。根据胚胎的头骨、脊椎和四肢骨骼的独特形状，科学家推断出蛋中包含的化石胚胎属于鸭嘴龙类。这是一类生活在恐龙时代末期的大型植食性恐龙。

鸭嘴龙类传统上被分为两类：头骨上有精致空心脊冠的赖氏龙亚科，以及没有这种脊冠的栉龙亚科或鸭嘴龙亚科。一般来说，鸭嘴龙

◆ 在福建省英良石材自然历史博物馆内陈列的鸭嘴龙胚胎化石。（新华社记者林善传 摄）

◆ 根据化石复原的鸭嘴龙类胚胎图。（受访者 供图）

亚科所产的蛋比赖氏龙亚科要小许多（容积分别为 900 毫升和 4000 毫升），因此孵出的雏龙也较小。

不仅如此，鸭嘴龙亚科的雏龙被认为比赖氏龙亚科的发育程度更低，特别是在肢骨的形成方面。也就是说，鸭嘴龙亚科的雏龙是晚成的，它们在孵化后，经历较长一段时间，四肢骨骼才完全长成。相比之下，体型较大的赖氏龙亚科雏龙则是早成的，出生之后可以很快加入龙群。

经过对比，研究团队得出结论，此次发现的“英贝贝”胚胎蛋中，蛋和胚胎都很小，与鸭嘴龙亚科相似，这表明小型的蛋与晚成雏龙是鸭嘴龙类的原始性状，而赖氏龙亚科更大的蛋与早成雏龙是衍生的。

【知识补给站】

鸭嘴龙类在恐龙家族中属于鸟脚类恐龙，它们具有独特的牙齿结构，适合磨碎植物。鸭嘴龙的嘴巴宽阔，嘴里有数百颗牙齿，这些牙齿不断替换，能高效处理坚韧的植物纤维。而且，鸭嘴龙的生活方式也很有趣，它们可能是群居动物，这样能更好地保护自己和寻找食物。在防御方面，虽然鸭嘴龙是植食性恐龙，但它们庞大的体型和群体的力量也能抵御一些捕食者。